弗洛姆学说的核心是：现代人的困境与出路。
由于他对现代社会和现代人的热切关怀、他深邃的洞察力和
热情洋溢的文风，其影响远远超出了学术的范围。

孤立无援的现代人

弗洛姆人本主义精神分析

郭永玉 著

心理学名家述评

生活·讀書·新知 三联书店 出版有限公司
生活书店

图书在版编目（CIP）数据

孤立无援的现代人 / 郭永玉著. — 北京 : 生活书店出版有限公司, 2023.2
ISBN 978-7-80768-350-6

Ⅰ. ①孤… Ⅱ. ①郭… Ⅲ. ①人本主义 Ⅳ. ①B087

中国版本图书馆CIP数据核字（2021）第034015号

丛书策划 李 娟
责任编辑 杨学会
装帧设计 高 瓦
责任印制 孙 明
出版发行 生活書店出版有限公司
（北京市东城区美术馆东街22号）
邮 编 100010
经 销 新华书店
印 刷 三河市腾飞印务有限公司
版 次 2023年3月北京第1版
2023年3月北京第1次印刷
开 本 880毫米 × 1230毫米 1/32 印张16.375
字 数 320千字
印 数 0,001–4,000册
定 价 65.00元
（印装查询：010–64052612；邮购查询：010–84010542）

代序

弗洛姆人本主义精神分析的启蒙价值[1]

我们生活在启蒙的时代，但不是已经启蒙的时代。
——康德（康德，1784/2014；盖伊，1995/2019，p.31）

埃利希·弗洛姆（Erich Fromm，1900—1980）是20世纪的学者，他始终抱有强烈的问题意识，那就是：现代人的困境与出路。由于他对现代社会和现代人的热切关怀、他深邃的洞察力和热情洋溢的文风，其影响远远超出了学术的范围。他的著作在西

1 本文原载：郭永玉.(2022). 弗洛姆人本主义精神分析的启蒙价值. 心理学报，54(2)，205-218.

方社会广泛传播，在中国也拥有众多读者。因而无论在西方还是在中国，弗洛姆都是一位知名度相当高，而且对现代人的精神生活影响相当大的人物。弗洛姆的思想背景十分庞杂，他千方百计地把不同的思想捏在一起，对它们进行创造性加工，形成一种新思想。对其产生最大直接影响的思想家是马克思和弗洛伊德，即马克思的历史唯物主义和弗洛伊德的精神分析心理病理学。这两种学说好像互不相干，但弗洛姆从中提炼出一些核心的元素，它们其实是欧洲文化的基本材料（弗洛姆，1986/1987，王建朗，胡晓春译，第153、171页）：理性主义、人本主义、批判精神和救世情怀。理性主义和人本主义是相伴而生的，二者都是批判和改造现存社会文化的武器和原则，救世主义则是目的和归宿。它们又源自犹太–基督教和启蒙运动（郭永玉，1993）。弗洛姆与马克思和弗洛伊德都是犹太人，都受到近代德国及欧洲启蒙思想的深刻影响，尽管他们的思想存在巨大差异。弗洛姆用这些基本材料并借助精神分析的心理病理学进行创造性加工所得出的综合物就是人本主义的精神分析学说。

这种学说所持的价值理想就是理性主义和人本主义，弗洛姆一生的事业就是用这种理想的标准来剖析他所处的社会和身边的人，并探索实现理想的途径。这个工作很容易让人联想起17、18世纪的启蒙学者，因为启蒙运动的核心概念正是理性主义和人本主义（邓晓芒，2003）。为什么到了20世纪，弗洛姆还要重拾旧业？这是因为启蒙运动过去了，但启蒙的任务并没有完成。启蒙的本意和目标，也就是人的潜能和自由的充分实现是永无止境的。况且，20世纪的人类世界偏离启蒙理想的事件和现象太多、危机太深重、教训太深刻了。即使到了21世纪的今天，我们重温弗洛姆的思想，不仅没有感到过时，有时反而更强烈地感到其现实针对性。以下论述是作为20世纪启蒙学者的弗洛姆的理论对于21世纪仍然重要的几个主题。

1　现代人的不安全感

弗洛姆理论的一个核心概念是个体化（individualization），就是说无论个体成长还是社会发展，总趋势都是个人独立性和力量感的增强。但这一过程还包含另一面，就是人与自然、与他人、与自己的关系日益疏远，因而越来越孤独。为了克服孤独，人又产生了一种回归和倒退的倾向。所以人“永远摆脱不了两种相互冲突的倾向：一种是脱离子宫离开动物的存在状态而走向人的存在状态，离开束缚走向自由；另一种是回到子宫，回到自然，回到确定性和可靠性”（Fromm，1955，p.33；弗洛姆，1955/1988，欧阳谦译，第25页）。前行还是退行，要自由还是要安全？这就是人的存在的悖论（弗洛姆，1947/1988，孙依依译，第57页）。人在精神上始终被这两种相反的倾向和力量折磨着。

弗洛姆认为，古代社会的生产方式和社会关系能给人带来安全感。生产工具和劳动技能主要从前辈那里继承下来，革新和发展的过程是缓慢的，竞争也不激烈。人与人、个人与社会的关系是确定的。个人一开始就是一个部落、一个家族、一个宗教团体的一员。这样的社会限制了个人的自由，却给人带来安全感。其实，这里所说的“个人”，是从现在的眼光看的。古代人不把自己当作一个“个人”，也不把他人看作“个人”（弗洛姆，1941/1987，陈学明译，第63页）。自己和他人都是某群体的一员或一部分。

到了现代社会，人类逐步征服了大自然，人在统治自然的能力方面已达到了相当高的程度。但人在征服自然的过程中创造了一种新的物质世界，这一世界矗立在大自然之上，人生活于这一世界之中而与大自然越来越疏远。人建造了高楼、开设了工厂、发明了汽车以及各种工业品。但是这些人所制造的东西却反过来主宰了人。因为这些东西不受人的意志控制，而受经济规律控制。人用自己的双手创造的成果反过来成了他的上帝（弗洛姆，1941/1987，陈学明译，第159页）。

从人与人的关系来看，弗洛姆认为，传统社会那种坦率的、富于人情味的关系越来越少见，取而代之的是相互利用和相互操纵。市场规律也统治着所有的社会关系和人际关系。很显然，竞争对手之间的关系必然建立在互不关心乃至相互漠视或敌对的基础上，必要时应毫不犹豫地将对方置于死地。雇主和雇员之间的关系同样充满了冷漠和敌对，为了实现各自的经济利益，他们彼此间互相利用。商人和顾客的关系也不例外，在商人眼里，顾客只是被操纵的对象，商人只关心赚钱，对于顾客的需要能否得到满足这一问题不感兴趣。不仅在经济活动中，而且在所有的社会生活中，人与人的关系实质上都变成了物与物的关系（弗洛姆，1941/1987，陈学明译，第161页）。

从人与自我的关系来看，弗洛姆认为现代人会把自己也当作商品。体力劳动者出卖体力，商人、医生和职员则出卖“人格”。就是说要使自己在劳动力市场（中国人常说“人才市场”）上取得成功，自己就必须具备一些人格特征，如精力充沛、有能力、有创新精神、能给人留下好印象等等。像其他商品一样，是市场在决定着这些人格特征的价值。假如某人所具有的人格特征不被市场所接受，那他就会一无所有。如同一件卖不出去的商品，虽然有使用价值，但没有交换价值，分文不值（弗洛姆，1955/1988，欧阳谦译，第143—144页）。

20世纪以来，资本主义发展到一个新的阶段，上述趋势愈演愈烈，同时发展出新的特征。弗洛姆也将其笔墨更多地放在其同时代。此时，传统的束缚越来越少了，个人感到前所未有的自由，但他取得经济成功的可能性也越来越小了。因为资本高度集中，社会的极少数人掌握着大量的资本，他们操纵着社会大多数成员的命运。广大的中产阶级成员受到威力无穷的垄断资本的威胁，在庞大的垄断巨人面前，简直不堪一击。白领工人的人数随着企业的大型化而不断增加，他们的工作具有一定的创造性，也有发挥聪明才智获得成功的机会，但他们从事的是非常专业化的工作。他们只是企业这台大机器上的一个零件，这台机器迫使他们跟着运转，但他们不能控制这台机器。大型企业那威力无穷的力量也使工人的处境发生了变化。在一个拥有数千名职工的现代化大企业中，工人们很可能从未见过老板，即使他知道老板是谁，老板也不大可能认识他。老板在他的心目中只具有抽象的特性，只是一个间接与他发生联系的无形权力。在这种无形的权力面前，一个工人根本就是无足轻重的。现代人的无足轻重之感与作为一名顾客的感受也有很密切的关系。作为一名顾客到现代化的商场去买东西，“他会被气派十足的大楼、琳琅满目的商品、多不胜数的营业员弄得晕头转向，面对着这一切他马上会自惭形秽，一种自我渺小感油然而生。他区区一人，对偌大的百货商场而言太微不足道了”（弗洛姆，1941/1987，陈学明译，第166—171页）。

2　现代人应对不安全处境的心理策略

因此资本主义解除了传统社会强加在个人身上的束缚，个人的独立和自由增加了，但人的孤独无助、渺小无能、不安全、无意义等消极情感也增强了。人在这种矛盾处境中会有哪些心理与行为反应？这个问题是弗洛姆心理学的核心部分。弗洛姆曾经深入分析了现代人试图通过信奉威权主义、民族主义和消费主义等策略来缓解甚至消除上述消极情感，这些心理结构和行为方式到今天甚至愈演愈烈，这让我们深感弗洛姆理论的深刻性和前瞻性。其后的一些研究者对弗洛姆心理学中的有关主题进行了实证研究，这些研究一方面受到弗洛姆的理论启发，另一方面为弗洛姆的理论提供了新的证据。

2.1 威权主义

威权主义（authoritarianism）是一个多学科的社会科学概念。在心理学中，它是指一种性格或人格，体现在社会的人际关系中。威权主义性格的主要特征反映在个人对待权威的态度上。一方面他仰慕权威，愿意屈从于权威；另一方面又渴望自己成为权威，迫使他人屈从于自己。权威（authority）是指某种人与人的关系，在这种关系中，一个人被视为是至高无上的。权威的本质在于权力（power）。只要手握权力（无论这权力是属于个人还是属于组织），就会自动地引起别人的爱慕、倾倒，无权的人也就自动地受到别人的轻视。威权主义性格既崇尚权力，又蔑视权威，既屈从，又反抗，二者似乎相反，其实是完全一致的（弗洛姆，1941/1987，陈学明译，第223—224页，第228页）。屈从和反抗都是为了争夺权力，为了使自己成为权威。屈从和反抗一样，都出于对权力的依赖、崇拜和追求。

威权主义性格的矛盾性可以用心理病理学的施虐和受虐概念来加以揭示。受虐倾向的人深感自卑、软弱无力和无足轻重（弗洛姆，1941/1987，陈学明译，第188页），通过使自己屈从于某种强大的、具有永恒价值的外在势力（教会、家族、国家、组织等），并使自己成为这个势力的一部分，以克服自我的弱小和孤单以及生命的短暂和无常带来的不安全感。因而对具有威权主义性格的人来说，服从是最高的天职。在强调威权主义文化的社会里，往往有现成的"理论"来为这种性格倾向做出"合理的"解释，如宗教（政党）

领袖、帝王往往被视为正义、理想、天意或民族精神的化身。施虐是与受虐相对立的倾向，它有三种类型（弗洛姆，1941/1987，陈学明译，第191页）：一是强迫他人依赖自己，把他人当工具使用；二是不只是统治他人，而且还榨取别人的物质、情感和智慧；三是看到他人痛苦就幸灾乐祸，把自己的快乐建立在他人的痛苦之上。

受虐与施虐虽是对立的两极，但这两种倾向往往不可分割，因为二者有共同的根源，即个人的渺小、孤独和不安全感；还有共同的基础，即相互依赖，谁也离不开谁。这种现象叫作“共生（symbiosis）”，即一个人与另一个人（或与外在的任何其他力量）以这样的方式结合在一起：双方都使对方丧失了个人的完整性，一方离开了另一方就不能独立存在。所不同的是受虐者通过受压迫来获得安全，施虐者则通过压迫别人来寻求安全（弗洛姆，1941/1987，陈学明译，第209页）。由于施虐与受虐具有共同的根源和基础，所以不难理解为什么两种倾向往往可以存在于同一人身上。集这两种倾向于一身的人见到强者就退缩，见到弱者就欺负；在权力大的人面前就情不自禁地谄媚，在权力小的人面前就不由自主地逞强（弗洛姆，1941/1987，陈学明译，第228页）。世界是由有权者和无权者、高贵者和卑贱者这种对立的两极所构成的。人要么统治他人，要么被他人统治，别无他择。弗洛姆就是通过“施虐－受虐性格（sado-masochistic character）”（Fromm，1941，p.164）来揭示威权主义性格的心理病理机制的。这种病理机制的实质是个体独立性的发展受到压制，并使人的未成年状态的依附关系不仅不能得到克服，反而得到鼓励。

后来的研究者受到这些理论观点的启发，开展了相关实证研究。如对于威胁与威权主义，弗洛姆（Fromm，1941）曾提出经典假设，即在威胁的情况下，以威权方式社会化的个人倾向于服从权威。曼奇等人（Manzi et al.，2017）的研究从这一假设出发，整合了先前的研究者对该假设的研究证据，进而考察了威权主义的形成过程。他们在研究中首先测量了参与者的家长自主支持水平，接着通过材料启动的方式对参与者感知到的社会威胁进行操纵，并进行了操纵检验，最后测量了参与者的威权主义。结果发现，对于报告了较低水平的父母对自身自主性支持的参与者，当他们感知到较高水平的社会威胁时，会倾向于使用威权主义的方式应对，即倾向于支持权威、维护权威，而报告了较高水平家长自主性支持的参与者往往不会以威权主义的方式应对社会威胁。这一研究结论支持了弗洛姆（Fromm，1941）的观点：以威权化方式社会化的个人倾向于服从权威。

从世界历史的潮流看，威权主义与启蒙运动和资产阶级革命以来的价值观背道而驰，它不是现代的，更像是传统社会的遗毒。但它一直没有从世界上消失，有时还成为一些国家社会政治生活的基本特征。这正是弗洛姆担忧并离开德国的原因，也是促使他写作《逃避自由》（1941）的动力。沿着弗洛姆学术思想启发的方向，后来的研究者通过在不同国家和社会的研究验证了弗洛姆理论的前瞻性。弗洛姆（Fromm，1936）曾提出，权威是一种假性安全，可以在面临威胁的情况下发挥缓冲作用。德克尔等人（Decker et al.，2013）的研究以此为出发点，结合社会科学质化方法和精神分析方法，对面临经济危机的德国社会中潜在的用以抵御繁荣消失后的威权主义倾向进行了调查分析。结果发现，在经济衰退或危机时期，经济繁荣对社会产生的凝聚作用丧失，右翼极端主义态度在社会中凸显。又比如弗洛姆（Fromm，1941）曾将右翼威权主义界定为一种心理-政治机制，人们可以借助它来弥补对周围环境失去的个人控制，在理论上确立了社会威胁与威权主义之间的联系。曼奇等人（Manzi et al.，2015）在此基础上，于意大利开展了一项研究试图验证此观点，他们通过材料启动的方式操纵参与者的社会威胁感知，而后测量他们的控制感和威权主义。结果发现，遭遇了外部安全威胁的人体验到更低的控制感，继而促使他们去信奉权威、崇拜权力。这一研究再次验证了弗洛姆（Fromm，1941）关于威胁与威权主义之间的关系的经典观点，同时也发展了这一观点，证明了控制感在其中起到的中介作用，以及生活意义感的调节作用。更大规模样本的研究也为此提供了证据支持，罗卡托等人（Roccato et al.，2014）利用38个欧洲国家的大规模调查数据分析发现，在欧洲的一些高犯罪率的国家（即处于高安全威胁环境中），人们的威权主义倾向会更可能引发其威权行为（如种族、政治与道德上的不宽容）。米勒（Miller，2017）利用世界价值观调查（World Values Survey，WVS）的数据进行分析发现，伴随社会威胁出现的，是民众更强烈的威权主义倾向，经济发展状况糟糕（如高失业率、高通货膨胀）国家的公民更有可能明确地反对民主政治体制，并且更有可能倾向于支持威权政府和政治强人。弗洛姆的理论深刻揭示了人类文明要真正从文化心理上实现启蒙的理想，其过程是多么艰难。因为人性中前行与退行两种力量永远是并存的，个体化的两面性也是与人的存在并存的。

2.2 民族主义

民族主义（nationalism）也是一个多学科的社会科学概念。从心理学来看，它是对本民族的认同，虽包含认知，但更基于情感。情感是比认知更深层、更原始的部分。因此它往往与母亲、家庭、家乡、氏族、种族、国家、教会等有密切的联系，起源于对血缘和土地的依恋以及与此相关的童年经验。

从弗洛姆心理学的视角理解民族主义，就要从人的基本需要及其满足方式入手。除了生理需要，人的基本需要都起源于人的处境，特别是个体化的困境，也就是一方面走向自由和独立，另一方面又感到孤立无援和微不足道。在这种自由与不安全并存的处境下，人有5种基本需要：植根的需要、关联的需要、超越的需要、认同的需要和定向的需要。每一种需要的满足都有健康和不健康两种途径或方式。健康的途径或方式包含母爱、人之爱、创造、自我认同和理性定向，不健康的途径或方式包含乱伦、自恋、毁灭、一致性认同和非理性定向（Fromm，1955，pp.35–66；弗洛姆，1955/1988，欧阳谦译，第26—64页）。在具体的人身上，决定一个人是健康还是不健康取决于哪一面占优势。那些不健康的特征更多地与民族主义相联系。

植根（rootedness）的需要是指人的成长意味着与母亲和自然的分离，同时又有一种回到母亲怀抱、回归大自然的需要。正如一个孩子要成为一个独立的人，就要离开母亲，但同时又深深地依恋母亲。母亲象征着自然、大地、温暖。这种与母亲的血缘关系所带来的安全感和归属感往往被延伸到家庭、氏族、民族、国家以及教会，个人依靠这些组织，感到它们是自己生存的根基。健全的人渴望母爱又不为这种依恋所束缚。如果过于依恋母亲形象，受血缘、自然和土地的束缚，独立性和力量感得不到充分发展，就陷入了乱伦的精神病态，强烈地依赖母亲形象，这种依赖往往表现为融合了种族或民族偶像崇拜的国家崇拜，即排斥、敌视其他种族或民族的民族主义。民族主义是我们这个时代的乱伦形式（弗洛姆，1955/1988，欧阳谦译，第57页）。

关联（relatedness）的需要是指人为了克服孤独，就要与他人建立联系。人之爱是随着年龄的增长逐步发展起来的与他人、与世界联系起来的健康情感。建立爱的关系意味着在保持自己的独立性和完整性的同时又与他人结为一体，这是一种与他人共享、共同拥有一个世界并使个人更坚强、更幸福的状态。如果没有建立起爱的关系，似乎还停留在婴儿状态，总是像婴儿一样将他人视为满足自己欲望的工具，以自己为中心来建立与他人的关系，而不是将他人视为值得尊重的与自己平等的独立的人，这就是自恋（narcissism）。所谓“巨婴”就是这种状态，永远只知道自己的需要，他人和整个世界都是准备好随时满足自己需要的对象，永远不能从对方的立场去看问题。自恋是与爱相对立的另一种与他人关联的方式。按照精神分析的心理病理学，自恋也是一种心理发展固着或停滞的表现，停留或退回到婴儿时代是获得安全感同时避免长大、避免独立承担责任的途径。它与乱伦一样也是人性中的一种原始的力量，而要发展起人之爱则需要成长的努力。几乎每个人都保留着不同程度的自恋，在不太严重的限度内是正常的。但严重的自恋可能导致自我毁灭，像希腊神话中的美少年那喀索斯（Narcissus）一样。如果个体自恋转变为对部落、民族、国家、宗教等的集体自恋，将自恋的能量用于这些群体的利益上，就既满足了个体自恋，又避免了被孤立的危险。当一个人说“我”如何聪明、善良、勤劳、勇敢、伟大，别人都如何愚蠢、恶毒、懒惰、怯懦、渺小时，他是令人生厌的。但他把“我”换成“我的国家（或民族、人民、宗教和政治团体）”，并对其他群体加以贬斥时，他就会受到拥护（弗洛姆，1964/1988，都本伟，赵桂琴译，第69页）。一个有天赋的自恋者，往往就这样成了一个领袖，但这一结果仅仅对其个人有利，并不会对群体内其他成员有益。后来的研究者直接引用了弗洛姆关于集体自恋的论述（Fromm，1973，1980），开展了大量实证研究，发现集体自恋对于内外群体均会产生消极后果。如齐霍茨卡和西斯拉克（Cichocka & Cislak，2020）引用了弗洛姆（Fromm，1973）关于集体自恋的观点，即集体自恋是创造一种理想化的群体，旨在弥补个人的缺点。在此基础上从政治、群际关系、内群体关系三方面，研究者列举大量实证研究阐述了集体自恋的消极影响。在政治方面，集体自恋与对民粹主义领导人和政党的支持有关（Federico & Golec de Zavala，2018；Marchlewska et al.，2018），集体自恋者甚至愿意支持那些从长远来看可能伤害他们内部团体的政策；在群际关系方面，集体自恋与外群体威胁的夸大感知，以及对此做出敌对反应的倾向有关（Golec de Zavala et al.，2013），这可能导致个体对威胁的敏感性增加，从而可以解释对外群体阴谋论的信奉（Cichocka et al.，2016；Golec de Zavala & Federico，2018）；在内群体关系方面，集体自恋者会不惜一切代价保持自己在群体中的积极形象（Whitehouse，2018），他们往往会高估内群体成员的英雄事迹以及内群体对世界历史的总体贡献（Putnam et al.，2018）。该文回顾了大量的实证研究，证明源于弗洛姆的集体自恋在理解当前的民族主义与民粹主义中起到启发作用，即集体自恋是补偿性的，既不服务于外群体成员，也不服务于内群体成员。相反，集体通过提供一种基于群体的自我提高策略来满足个人的心理需求（Cichocka & Cislak，2020）。

超越（transcendence）的需要是指人作为一种生物又要超越生物被动状态的需要。这种需要驱使人去恋爱和生育，去种植东西、生产物品、创造精神产品。毁灭则是生产与创造得不到实现的表现，也是一种与生命成长方向相反的过程。人的毁灭冲动往往表现为破坏性，很可能导致更不利的后果，所以不得不将其压抑下去。等到终于有了正当的理由，不是因为自己，而是出于责任、良心、正义感，是为了民族、国家或崇高的教义，那种被压抑的激情就找到了正当的理由释放出来，他会感到强烈的兴奋、快乐，甚至崇高和伟大。几乎所有的侵略战争都是在民族、国家或神圣教义的旗帜下发起的。弗洛姆还进一步从病理学上将这种倾向表述为恋尸癖，但主要不是在性变态的意义上，而是从迷恋暴力、鲜血、死亡、战争的意义上去分析这种人。这种人与真正为真理或正义而牺牲的人的区别在于，后者是别无选择，除了放弃正义或真理没有任何其他活路；前者则不同，在这些人的观念中，牺牲生命本身就是最崇高的（弗洛姆，1964/1988，都本伟，赵桂琴译，第21—22页）。基于以上分析，如果一个民族的社会心理结构中更多地包含毁灭、破坏和死亡冲动，而不是创造、建设和生命之爱，那么特定的意识形态和政治领袖就可能将其汇聚成一种危险的民族主义灾难。

认同（identity）的需要是指人在脱离母亲和自然的“原始束缚”过程中，形成了自我意识，人需要认识自己，需要回答“我是谁”这个问题。自我意识健全发展的人能够逐步意识到自己的独特性，并不断增强自我的力量感，“我是我自己”。但人身上也有相反的一面，就是向家庭、氏族、民族、职业、阶级、国家、宗教等寻求认同，与这些群体的成员保持一致性或顺从性而失去了自我的独立性。在民族认同上，弗洛姆是一个犹太人，且因此受到纳粹迫害而不得不流亡国外。他当然认同自己的犹太人身份特别是犹太传统文化，青年时代还加入过犹太复国主义组织，但当他发现这种组织与他的理念相冲突后，就坚决放弃了所有犹太民族主义的抱负，并且在以后的年代里他还积极为巴勒斯坦人争取权益（Thompson，2009，p.6）。这与希特勒形成强烈对比。当一个民族或国家的成员自我意识得不到充分发展，也就是停留在童年时代，不能将个人自由和独立置于优先地位，而是集体性地认同自己的民族，就形成了民族主义的社会心理基础。

定向（a frame of orientation and devotion）的需要是指人需要为自己确定一个目标，从而赋予生命一种意义。定向即对意义的追求。人不能过一种生物的自生自灭的无意义的生活。有的人能够客观地认识世界、他人和自己，因而他的目标是符合实际的，真有意义的，即理性的。理性的发展需要教育条件和自己的持续努力，非理性则基于本能。所以很多人的认识发展不能达到客观性，他们相信某种图腾动物的力量，某种神的启示或自己种族、民族、国家的优越性，从而得到某种目标，即非理性的目标。当然人们会将不合理的目标解释为合理的，但这种合理是表面的，实质是非理性的。政治领袖往往把所发动的政治、军事行动解释为正义的、神圣的、崇高的，并将其与社会成员的非理性价值观相结合，就有可能将民众引向危险的方向，导致政治心理学中的“乌合之众”现象。民族主义就有这种危险性。

因此，弗洛姆系统论证了民族主义是社会成员心理发展不成熟的表现。一个民族主义高涨的社会，其成员的心理结构中充满着乱伦、自恋、毁灭、一致性认同和非理性定向这样一些停滞于童年或者退行性的心理力量，也就是人性中原始的、幼稚的、无须努力就存在着的那些东西，而独立、平等、创造、自我意识和理性定向这样一些朝向成长的努力向前的心理力量，也就是启蒙精神所鼓励的人性的力量，是需要学习、努力和超越意识引导的力量。当然在具体的人身上，两种力量都是存在的。一个人总体上朝向成长还是朝向退化，取决于两种力量何者占优势。一个社会也是如此。民族主义只有在个人或社会成员朝向成长的力量占优势并且为了保护民族成员免受奴役，为了保护民族成员的个人生命、自由、尊严的时候才是健康的和必要的。

2.3　消费主义

如果说弗洛姆对威权主义和民族主义的研究主要是基于他早年在欧洲的生活经验，那么他对消费主义（consumerism）不知疲倦地批评则主要是基于他后半生在美国的生活经验。战后以美国为代表的西方经济生活的重要特点是尽可能生产和尽可能消费。消费成为经济增长的重要引擎之一。现代人被那种买到更多、更好和更新的物品的可能性所迷惑。这种消费本质上是人为刺激起来的幻想的满足，是一种与真实自我相异化的虚幻活动，是借助于物质占有和感官满足来获得暂时的安全感。社会通过传媒和市场机制控制着大众的生活方式、生活内容和内心世界，大众只是被动地接受和消费。“世界是我们欲求的对象，是一个大苹果、一个大瓶子、一个大乳房；我们是一些只知吸吮的乳儿，总是期待着、渴求着……”（弗洛姆，1955/1988，欧阳谦译，第167页）。沃德等人

（Ward et al.，2012）对来自澳大利亚不同地区的44户家庭的主要负责采购食物的成员进行了半结构化访谈。结果发现，为了推销而对食物提供多种信息会破坏人们对其原本的认识，并可能导致有害健康的消费行为。消费者不断被信息轰炸，以至于他们不知道自己“应该”吃什么，只好听从广告的推荐。这一研究结果与弗洛姆对消费社会的描述不谋而合。

当人要提高自己的文化和生活水平，要有更多更好的食品、艺术作品和书籍时，这样的消费需要是合理的。但我们现在的消费欲望已经脱离了人的真正需要。本来，消费水平的提高是为了使人过上幸福的生活，但现在消费变成了目的本身。不断增长的消费需求迫使我们不断地去购买。与弗洛姆的思想一致，有学者指出，消费在当今变成了一种狂欢，而狂欢式消费令我们变得冲动，我们渴望立即满足，而不去关注这种行为潜在的负面后果（Passini，2013）。实证研究表明，非理性消费行为带来的后果之一便是主观幸福感和生活满意度的下降（Bauer et al.，2012；Tsang et al.，2014）。这两项研究虽未直接以弗洛姆关于消费主义的理论观点作为理论基础，但其结果却恰恰反映了弗洛姆对消费主义负面后果的担忧还没有过时。

闲暇时间的娱乐也成为一种消费。这些娱乐活动并没有在内心引起什么真正的反响，没有对宇宙人生的创造性感悟，没有什么审美的喜悦或崇高感。一个带着相机四处游玩的“旅行者”，只是忙于拍照，除了通过照相机镜头得到的印象，他实际上什么也没有看到。自动相机“操作简单到只需轻轻一按”，除此之外不用做什么，也不需要知道什么。照相机代替他观光，他由“愉快”旅行得到的收获除了照片，什么体验、灵感也没有（弗洛姆，1955/1988，欧阳谦译，第138页）。

弗洛姆将人的生存方式区分为重占有（to have）的生存方式和重存在（to be）的生存方式。前者关注的是占有对象（包括物、人、精神）。我不是我自己，而是我所占有的对象所体现出的我。重存在的生存方式则关注生命的存在本身，以人的潜能（爱和理性）的实现为生存的目的（弗洛姆，1976/1988，关山译，第19—20页）。每个人都有占有和存在两种倾向，但不同的人占主导地位的倾向不同。弗洛姆指出，占有与存在是两种基本的生存方式，是对于世界及自我所采取的两种不同的价值取向。在重占有的生存方式中，人与世界的关系是一种据为己有的关系。重占有不重存在是消费社会的人的特征。在这个社会里，生活的中心就是对金钱、权力和荣誉的追求。表面上看，占有与消费似乎是矛盾的，占有意味着保存旧的，消费意味着替换新的。但在消费主义的时代，二者没有矛盾。因为消费时代的占有欲望具有喜新厌旧的特点。占有一样东西很快会令人厌烦，因为很快市场上又推出了新的型号或款式，占有的欲望就会被新的产品所吸引。弗洛姆特别分析了当时西方人对于汽车的这种消费主义态度，人们一两年换一台汽车是常见的现象。一个人之所以去买一辆新车，只是因为旧车不新潮了（弗洛姆，1976/1988，关山译，第78页）。如果弗洛姆能活到今天，不知他对今天人们的消费行为会怎样痛心疾首！

要理解消费主义对人的影响，我们需要了解市场经济规律。物物交换本来是一种最古老的经济机制。但传统的地方市场与现代资本主义市场有本质的区别。传统的市场为人们提供了以交换商品为目的的机会。生产者和主顾们是互相熟悉的，生产者多少了解主顾的要求，所以能按照主顾的具体要求来生产。现代市场所反映的需要往往不是人的真正需求，而是人们不断变化的“口味”，而人们的“口味”更新周期越来越短。除了追求“新奇”，人的“口味”几乎无规律可循，而什么样的“新奇”能对得上人们的“口味”则无法预知。因此，现代市场上起决定作用的往往是交换价值而不是使用价值，是“品牌”而不是产品质量。

这种市场机制对城市中产阶级的性格形成发生着深刻的影响，进而影响社会各阶层人的性格形成。市场的价值观念，即强调交换价值而不是使用价值，使人们对他人，尤其对自己也形成了类似的价值观念。作为性格特征的市场倾向（marketing orientation）的本质就是把人当作商品并以交换价值来衡量人的价值（弗洛姆，1947/1988，孙依依译，第79页）。一个人即使有真才实学，如果不善于推销自己，不能在市场上卖到好价钱，那他的真才实学就不能得到承认。一个人无论当教师还是当推销员，他都是那样一个人，他的“使用价值”不会一夜之间翻10倍。但他放弃当教师而去做推销员，他的“交换价值”即他的收入就可能在一夜之间翻10倍，尽管当推销员所发挥的才能可能比当教师时要少。

如果一个人感到他自身的价值首先不是由他所具有的人之特质所构成，而是取决于瞬息万变的竞争市场，那他就不能确立自尊，因为他不断地需要他人的肯定。因而，人们被无情地驱使着去为成功而努力，任何挫折对其自尊都是一种严重的威胁。结果就产生了孤立无援之感、不安全感、自卑感。桑德斯（Saunders）和芒罗（Munro）（2000）开发了桑德斯消费者定向表（Saunders Consumer Orientation Instrument，简称SCOI）用以测量弗洛姆（Fromm，1955）所提出的市场倾向的性格，研究发现，SCOI水平越高的人，其物质主义水平就越高，同时也预示着更高水平的抑郁。也有研究发现，如果一个人的自尊与消费能力挂钩，自尊就变得商品化。伊萨克森（Isaksen）和罗珀（Roper）（2012）对英国约100名青少年开展了一项质性研究，揭示他们对于消费的态度和感受，尤其是对于时尚的消费。结果发现，在这些青少年群体中，自尊已经被商品化，未能跟上消费趋势的个体就会感受到更高水平的社会排斥、来自同伴的负面评价和更低水平的自尊。该研究虽未直接提及弗洛姆的理论对其影响，但其研究结果恰恰能够证明消费主义对于青少年的消极影响，与弗洛姆关于市场性格的理论相一致。

今天，我们需要更迫切地重视弗洛姆的观点，因为在弗洛姆的时代，消费主义只是被视为个人与社会的问题，它在当今则成为一个全球关注的问题，因为伴随着全球化的发展，消费主义所主导的生活方式被推销到世界各地，消费文化和消费主义思潮在当今世界产生的影响无处不在（张文富，2012），过度的“占有”倾向正在威胁地球和人类的生存（Thompson，2009，p.154）。卡拉斯科（Carrasco）和比拉尔（Bilal）（2016）通过弗洛姆对“have”和“being”概念的区分（Fromm，1976）来理解当前研究者们为何热衷于研究社会资本而非社会凝聚，试图剖析这种倾向对公共健康的影响。他们认为社会资本与“have”有关，而社会凝聚与“being”有关，对社会资本的强调导致与社会凝聚对立的倾向，进而可能会伴随着公共健康水平的下降（Kerrigan et al.，2015）。在中国，伴随着改革开放与全球化进程，消费主义深深影响着中国人的价值观和行为方式。从积极的方面来看，消费主义刺激了消费者的购买欲望，拉动了消费，扩大了市场，客观上推动了生产的发展。但是，消费主义的消极影响更值得警惕，有学者认为，消费主义在中国具有三种危害，分别是：（1）作为服务于资本逻辑的附属性意识，导致物质主义、享乐主义价值观的流行，不利于社会主义精神文明建设（鲍金，2013；张文富，2011）；（2）形成大量浪费的消费模式，给生态环境造成沉重负担（赵玲，高品，2018；刘敏，2011）；（3）过度崇尚消费自由，构建一个消费自由的乌托邦，成为所谓“阶级平等”的保护色（余保刚，2016；马尔库塞，1964/2008，刘继译）。从现实来看，大量的年轻人在消费主义文化的影响下形成了扭曲的价值观，错误地将消费能力等同于个人价值，在无休止的消费中寻求价值的实现（林江，李梦晗，2021）。令人感到忧虑的是，科技的进步和移动新媒体的发展为消费主义信息的即时传播提供了便利条件（吴义周，2017）。商家通过无形的网络监控为不同消费群体量身定制的商品营销广告铺天盖地而来（蔡昉，2019；Zuboff，2019），大量年轻人抵抗不住诱惑被怂恿去购买商品，用无止境的消费来满足自尊的需要、身份的认同，最终背负上沉重的债务。

3　弗洛姆的社会改革方案

弗洛姆认为，从古典时代、中世纪一直到19世纪的文学作品以及哲学、神学著作，都力求说明理想的人和理想的社会应该是什么样子。20世纪这类描述明显减少了，而把重点放在对人和社会的批判分析上。尽管这种批判分析是必要的，而且它本身蕴含着应该是什么样子的判断，但由于没有正面勾画出什么是理想的人和社会，就动摇了人对自己和未来的信念。因此，弗洛姆在对现代社会和人进行批判的同时，总是明确指出应该是什么样的标准。

弗洛姆在对现代人的性格进行批判分析的同时，还提出了成熟、健康的性格倾向，叫作生产性倾向（productive orientation）。生产性是一种基本的人生态度，是人在一切领域中对客体的反应方式，包括对他人、对自己、对事物的心理反应方式，它关心人的理性和爱的潜能的实现。那些不成熟、不健康的性格倾向都是非生产性的（nonproductive）（弗洛姆，1947/1988，孙依依译，第73页）。生产性是个体化的积极方面，是前行的力量和过程；非生产性是个体化的消极方面，是退行的力量和过程。威权主义、民族主义和消费主义都属于非生产性倾向。

人虽然能适应不同的社会环境，但不健全的社会造成了人的心理疾病，这本身就是人性对病态社会的一种反抗。一方面社会结构塑造了人，另一方面人性中又有一种力量反过来改造社会环境。因此，面对社会，个人的两大使命是适应和改造，这也是心理健康的两大基本内涵。只讲适应不讲改造和只讲改造不讲适应，都是片面的。一般认为能适应现实社会的人就是健康的人。按照这个逻辑，那些成功适应现实社会的人是健康的，但在弗洛姆看来，“在异化世界的范畴中被看作健康的人，从人本主义的观点看来，可能是病入膏肓的人”（弗洛姆，1955/1988，欧阳谦译，第204页）。而那些被异化社会视为病态的人反而是健康的。弗洛姆的最后谈话就是以《病人是最健康的人》为题发表的（关山，1980）。当然，弗洛姆这里是从社会批判的角度而言的，而不是从心理病理学的角度而言的。“病人最健康”是一种极端愤世嫉俗的论断。较为完整的心理健康的概念是，在一定适应的基础上谋求成长和发展，并增进自我与他人的生产性潜能的充分实现。

弗洛姆继承了人本主义传统——他认为这种传统正是人性中不断促进社会进步的力量——提出了一套改革社会从而促进人的心理健康的理论。弗洛姆理想中的健全社会是“人本主义的民主的社会主义（humanistic democratic socialism）”。这个社会是在资本主义已经取得的成就的基础上，为克服资本主义和苏联模式的弊端而建立的。弗洛姆认为苏联和东欧的社会主义不是在资本主义基础上进步的体制，而是比资本主义更落后的体制。因为这种社会的现实是，庞大的官僚机构掌控着国家的经济体系，相应的官僚集团获取着最大的经济收益，在这个体制中个人只能绝对服从（弗洛姆，1963/1986，张燕译，第149—150页）。以瑞典为代表的“全面福利官僚主义”也不符合弗洛姆的标准（弗洛姆，1976/1988，关山译，第188页）。他说：“马克思主义的目的在于建立一个超越资本主义社会的人本主义社会，一个以全面发展人的个性为宗旨的社会主义社会”（弗洛姆，1963/1986，张燕译，第149页）。简言之，健全社会的标准就是自由而又安全，充分个体化而又社群团结，也就是克服了人的存在悖论的社会。

为了实现这样一个健全的社会，必须进行社会的经济、政治和文化心理各个领域的变革。只有当经济和政治体制、精神和哲学方向、社会结构和文化活动同时发生变革，社会才能达到健全和心理健康。只注重一个领域的变化而排除或忽略其他领域的变化，对整个变化而言是有害的。

弗洛姆主张在经济上，要保证每个人的收入水平都达到能够维持人的尊严生活的起码程度，即不再用饥饿去迫使人们接受他们根本不愿意接受的劳动条件。人要生存下去，必须拥有、保留、维护和使用某些物品，比如说身体、食品、住房、衣服和工具，这些都是为保证生活所必需的。但要避免消费主义生活方式所造成的浪费，要通过渐进的启蒙教育来鼓励健康的消费（弗洛姆，1976/1988，关山译，第187页）。收入平等是不切实际的也是不值得追求的，但可以做到不用饥饿的经济威胁去迫使人们接受根本不愿意接受的劳动条件或违心地屈从于一个权威。要消除这样一种依附关系：不听话，就敲你的饭碗。同时，那些有天赋、想建立一种崭新生活方式的人也有机会实现自己的愿望，只要他愿意过一种简朴的生活。只有消除了劳动中和社会关系中的经济上的强制力量，个人才能得到自由发展（弗洛姆，1955/1988，欧阳谦译，第345—346页）。

在政治上，弗洛姆主张不能把民主仅仅理解为几年一次的普选投票，而应把民主原则切实贯彻到社会生活的各个领域。作为这个原则的基础是保证所有人特别是工人和农民都能积极参与整个生产和管理过程。现代民主社会的选举不能保证公民真正参与决策。他只是在若干争夺选票的候选人之间，简单地表达他的偏爱。选举人除了表示同意或不同意之外，不能再做什么。民主制度有必要在现有普选的基础上进一步发展。弗洛姆进一步提出“参与民主制”的设想，认为真正的民主意味着所有成员都能全面了解情况、自己做出判断、积极参与决策。这在大众投票的气氛中是不可能实现的。要实现这一目标，需要付出巨大的努力。弗洛姆认为还是可以做到的，例如可以建立成千上万的面对面群体，每一群体500人左右。在这种群体中，重大的问题可以得到彻底的讨论，成员之间能够相互接触和了解，那些非理性的蛊惑人心的因素很难左右人们的思想。每个成员都必须掌握一切重要的信息，对专门问题进行充分讨论之后，再投票表决。只有用人本主义的管理来取代官僚主义的管理，人们才能积极负责地参与决策（弗洛姆，1976/1988，关山译，第190—194页）。弗洛姆的这种设想到了技术高度发达的今天，已经不是一件困难的事情了。

在文化上，要建立一种以人本主义心理学为基础的人本主义伦理学，把自古以来的人本主义理想变成社会生活的具体准则，并使这些准则成为人的信仰，即在人本主义伦理学的基础上建立一种人本主义宗教，这种宗教不是偶像崇拜，而是这样一种生活态度："把人的一生献给生活的最高原则的实现——这种最高原则就是爱和理性，其目的是把人造就成应该而且可能成为的那种人，一个同上帝相类似的人。"这里的"上帝"象征着充分实现了人的潜能的全面发展的人（弗洛姆，1950/1988，郑维川译，第110页）。

传统的威权主义伦理学以服从为最大的善，不服从为最大的恶，视反抗为不可宽恕的罪行。人本主义伦理学则主张"为了识别何为善何为恶，就必须懂得人性"。因为这种伦理学相信道德规范应该以人性为依据。这样，判别善恶的标准就在于是否促进了人的解放、人的自由、人的全面发展，是否促进了人的潜能的实现（弗洛姆，1947/1988，孙依依译，第29—34页）。

传统的威权主义宗教把神视为无所不能和至高无上，人则被视为无能为力和微不足道，人面对神只能服从、敬畏和崇拜。人本主义宗教则强调的是人自身的力量，将人视为生活的最高价值。人本主义宗教的体验，是个人与全体浑然一体的感受，这种体验建立在个人与世界的密切关系的基础上，建立在理性与爱的基础上（弗洛姆，1950/1988，郑维川译，第41—42页）。当然，弗洛姆并非要创立一种新宗教并将自己视为教主，他只是将人类文明传统的各种宗教加以人本主义的诠释并将其发扬光大。

4 弗洛姆启蒙思想的当代意义

威权主义、民族主义和消费主义三者之间的关系与其说是基于理论逻辑的，不如说是基于实际生活的。威权主义和民族主义主要见于二战前欧洲特别是德国，消费主义主要见于战后的美国及各发达资本主义国家。三者对于具有悠久传统文化又处于快速现代化并融于全球化过程的中国都具有一定启发意义，并且有助于我们理性地回应当今一些西方人士对中国崛起的警觉。从理论逻辑上的确难以揭示三者之间的关系，但从心理机制上则可以更深入地揭示三者之间的关系：其实都是以消极的、逃避的即退行的方式、不健康的方式去应对不安全感的现实处境。威权主义借助于权力的力量，民族主义借助于国家（群体）的力量，消费主义借助于物质占有和感官满足，都是通过依靠外力来获得暂时的安全感。但由于都不是通过内在理性和爱的能力的成长，所以在弗洛姆看来也就都不是健康持久的获得安全感的途径。这些方式只是为了克服不安全感，而真正健康的方式应该是得到安全感，也就是致力于理性和爱的潜能实现的个体化的方向，这是一条前行的不归路，而不是朝向传统父权制等级社会、朝向母亲及其象征物、朝向物质占有和感官满足的方向退行。这里的健康与不健康，积极与消极，前行与退行，都应该被置于弗洛伊德的人格发展理论框架下加以理解，即健康的发展是理性和爱的能力随着年龄增长而成长，不健康的发展是理性和爱的能力没有随着年龄的增长而成长，反而固着在或退行到口唇期、肛门期或性器期。极端的退行不仅是退行到童年，而且要退行到母亲的子宫（当然是心理上的、象征性的）以克服不安全感。弗洛姆发展了弗洛伊德的心理发展理论和病理学思想，将其运用于揭示社会现象的心理病理机制，将传统父权制等级社会、母亲及其象征物、财富占有与消费视为朝向过去的、退行方向的目标。

弗洛姆去世40年了，21世纪的今天，人的自由没有增加，不安全感也没有减少，威权主义阴魂不散，民族主义狂飙突进，消费主义愈演愈烈。我们读他的著作，完全没有隔世之感。对此，我们应该感到悲哀，还是应该感到鼓舞？我们应该感到悲哀，因为弗洛姆所热爱的人类社会并没有因为他深切的批判而明显变好；我们也应该感到鼓舞，因为弗洛姆的著作远没有过时。当然，世界历史发生了深刻的改变，弗洛姆深深忧虑的冷战结束了，核威胁大大减少了，但新的国际冲突没有停歇过，新冷战正在形成。“过去四个世纪的历史表明，尽管面临压制、备受曲解，启蒙运动的火焰一旦被点燃就不可能再熄灭。启蒙运动至今仍然是人们挑战权威、解放思想的有力武器，是全世界革命者的灵感之源，是做出改变的有效方法，是变革的价值准绳。”（伯恩斯，2013/2019，祝薪闲译，第8页）弗洛姆基于启蒙价值即理性主义和人本主义的原则，结合他对社会和人性的专业研究所提出的变革思想，对于21世纪人类的进步事业仍然具有启发性。“弗洛姆对我们共同人性的价值观深信不疑，这是我们向21世纪传递的重要信息。虽然我们可能不完全同意弗洛姆的所有观点，但它们……为加深我们对

人类处境的了解提供了一种途径，并指明了一些建设性前进的路径。”（Thompson，2009，p.140）

弗洛姆的思想在21世纪仍然充满生机与活力，不仅在社会大众的生活中持续发挥着影响力，而且在民粹主义兴起、全球化倒退、物质主义盛行的当下越来越受到学界的多方关注（e.g.，Cichocka & Cislak，2020；Golec de Zavala et al.，2020；McLaughlin，2019；Silver，2019）。社会学学者麦克劳克林（McLaughlin，2019）指出，在危机四伏的当今世界，作为弗洛姆思想特色的社会心理视角（psychosocial perspective），即整合社会学与心理学的理论视角，尤其对当今社会科学领域的研究者具有启发意义。在心理学界内部，弗洛姆无疑一直是精神分析传统的经典理论家，近年来其思想还启迪或催生了一系列实证研究（e.g.，Carrasco & Bilal，2016；Jasko et al.，2017；Golec de Zavala & Federico，2018；van Tilburg et al.，2019）。需要指出的是，包括前文提及的研究在内，这方面多数的实证研究并非直接照搬弗洛姆的理论，对其进行检验，研究者更多是在特定研究主题下引用弗洛姆的观点作为提出假设的理论背景或依据之一（e.g.，Jasko et al.，2017；van Tilburg et al.，2019）。尽管如此，还是有不少研究者（e.g.，Golec de Zavala et al.，2020）更为直接地检验并扩展了弗洛姆的理论观点，有些成果还发表在了诸如《人格与社会心理学杂志》这样的顶尖期刊上。这些研究更多地涉及人格与社会心理学特别是精神分析病理学的具体主题，而不在本文论及的范围。至于弗洛姆的人格理论则仍然在当今的教科书中占有一席之地（Schultz & Schultz，2005；艾伦，2006/2011，陈英敏等译），这种人格理论正是弗洛姆对启蒙思想的科学贡献。通过国际弗洛姆学会（International Erich Fromm Society）官网，以及网站Erich Fromm online，我们可以了解有关弗洛姆的著作和丰富的研究文献、当代的研究者及其活动以及弗洛姆广泛的世界影响。国际弗洛姆学会自1985年成立至今一直致力于在社会科学、精神分析、哲学和宗教等领域推进对弗洛姆思想的学术研究，官方出版物是年鉴*Fromm Forum*，有英语和德语两种版本，1990年至今已经出版了31期，主要刊发研究弗洛姆学术思想的文章。自1987年起，该学会组织来自哲学、心理学、教育学和社会学等领域的研究者们相继出版了研究弗洛姆在教育、宗教与伦理、社会、精神分析方面学术思想的专著13本。此外，该学会不定期召开国际弗洛姆研究会议（International Erich Fromm Research Conference）、国际弗洛姆研讨会（International Erich Fromm Seminar for Doctoral Students and Postdocs）。自1995年起，该学会每年颁发弗洛姆奖（the Erich Fromm Prize），用以表彰那些在学术研究或社会活动领域维护或复兴弗洛姆传统中的人文思想上取得卓越成就的人，曾获奖者中既有著作等身的学者，如著名哲学家诺姆·乔姆斯基（Noam Chomsky），也有致力于社会进步的政治活动家，如德国前内政部长格哈特·鲍姆（Gerhart Baum）。该学会还在德国图宾根市建立了弗洛姆研究所（Erich Fromm Institute Tuebingen），用以存放和管理弗洛姆文献遗产以及学会的出版物。2016年12月13日，柏林国际精神分析大学（IPU）的弗洛姆研究中心（Erich Fromm Study Center）成立。该研究中心旨在进一步促进对弗洛姆社会心理思想和理论的教学和研究，并通过国际弗洛姆研究会（International Erich Fromm Seminar）促进弗洛姆社会心理思想研究的国际交流。本文前述相关研究和这些学术活动的开展都是弗洛姆的思想所具有的魅力和强大的生命力的表现。

弗洛姆从其成名作《逃避自由》开始，在长达40年的学术生涯中，他的价值标准和学术使命始终清晰而坚定。他是一位典型的启蒙学者。依据康德的经典定义，启蒙是人类脱离自己招致的未成年蒙昧状态。因为人处于未成年状态简直是太安逸了！启蒙则意味着要敢于认识，敢于去发现，毫无拘束地行使批判的权利，并甘于自主自立的寂寞，进而将自己当作一个成人，一个能够承担责任的人（康德，1784/2014，张国敬译；康德，1784/1991，盛志德译；盖伊，1995/2019，刘北成，王皖强译，第13—14页）。这就意味着，只要人还有提升的空间，只要哲学家所说的“人的可完善性”仍然存在，启蒙运动就仍将在人类自我实现的过程中扮演重要角色，成为人类不断进步的先决条件（伯恩斯，2013/2019，祝薪闲译，第9页）。无论作为个人，还是作为人类，一方面自我的成长永无止境，另一方面也要永无止境地去克服人性中倒退的力量。人一方面要成为一个独立的人，一个充分个体化的人，另一方面又有意无意地要退回到童年甚至婴儿。只要这种矛盾存在着，启蒙的任务就没有完成，弗洛姆的理论也就会以其独特的视角和感染力继续给人们以启示。

参考文献

艾伦，B. P.（2006/2011）．**人格理论：发展、成长与多样性**（第5版）（陈英敏 等 译）．上海：上海教育出版社．

鲍金．（2013）．揭开消费主义的意识形态面纱．**马克思主义研究**，（11），108–113．

伯恩斯 J. M.（2019）．**启蒙：思想运动如何改变世界**（祝薪闲 译）．上海：文汇出版社．

蔡昉．（2019）．经济学如何迎接新技术革命?．**劳动经济研究**，7（2），3–20．

邓晓芒．（2003）．西方启蒙思想的本质．**广东社会科学**，（4），36–45．

弗洛姆，E．（1986）．**在幻想锁链的彼岸：我所理解的马克思和弗洛伊德**（张燕 译）．长沙：湖南人民出版社．

弗洛姆，E．（1987）．**逃避自由**（陈学明 译）．北京：工人出版社．

弗洛姆，E．（1988）．**为自己的人**（孙依依 译）．北京：生活·读书·新知三联书店．

弗洛姆，E．（1988）．**精神分析与宗教**（郑维川 译）．昆明：云南人民出版社．

弗洛姆，E．（1988）．**人之心**（都本伟，赵桂琴 译）．沈阳：辽宁大学出版社．

弗洛姆，E．（1988）．**健全的社会**（欧阳谦 译）．北京：中国文联出版公司．

弗洛姆，E．（1988）．**占有还是生存**（关山 译）．北京：生活·读书·新知三联书店．

弗洛姆，E．（1987）．**说爱：一位精神分析学家的人生视角**（王建朗，胡晓春 译）．合肥：安徽人民出版社．

盖伊，P.（2019）．**启蒙时代：人的觉醒与现代秩序的诞生**（刘北成，王皖强 译）．上海：上海人民出版社．

关山．（1980）．弗洛姆的最后谈话．**国外社会科学动态**，（12），12–16．

郭永玉．（1993）．论弗洛姆心理学说的时代背景和思想渊源．**教育研究与实验**，（1），48–51+36．

康德，I.（1991）．什么是启蒙?（盛志德 译）．**世界哲学**，（4），3–6．

康德，I.（2014）．何为启蒙？我之管见（张国敬 译）．**中译外研究**，（1），55–70．

林江，李梦晗．（2021）．“精致”人设的自我呈现：青年超前消费问题探析．**中国青年研究**，（3），61–67+75．

刘敏．（2011）．**当代中国居民消费方式变革的理论与实践研究**．北京：线装书局．

马尔库塞，H.（2008）．**单向度的人：发达工业社会意识形态研究**（刘继 译）．上海：上海译文出版社．

吴义周．（2017）．消费主义的移动新媒体传播及其引导．**思想教育研究**，（5），58–61．

余保刚．（2016）．消费主义思潮的困境与超越．**南京师大学报（社会科学版）**，（6），81–86．

张文富 . (2011) . 消费主义是如何侵蚀马克思主义意识形态领导权的?. 前沿, (19), 34–37.

张文富 . (2012) . 消费主义与资本的隐形统治——全球化时代的消费主义及其影响 . 求实, (11), 39–42.

赵玲, 高品 . (2018) . 消费主义的中国形态及其意识形态批判 . 探索, (2), 65–73.

Bauer, M. A., Wilkie, J. E., Kim, J. K., & Bodenhausen, G. V. (2012). Cuing consumerism: Situational materialism undermines personal and social well-being. *Psychological Science, 23*(5), 517–523.

Carrasco, M. A., & Bilal, U. (2016). A sign of the times: To have or to be? Social capital or social cohesion? *Social Science & Medicine, 159*, 127–131.

Cichocka, A., & Cislak, A. (2020). Nationalism as collective narcissism. *Current Opinion in Behavioral Sciences, 34*, 69–74.

Cichocka, A., Marchlewska, M., Golec de Zavala, G., & Olechowski, M. (2016). 'They will not control us': Ingroup positivity and belief in intergroup conspiracies. *British Journal of Psychology, 107*(3), 556–576.

Decker, O., Rothe, K., Weissmann, M., Kiess, J., & Brähler, E. (2013). Economic prosperity as "Narcissistic Filling": A missing link between political attitudes and right-wing authoritarianism. *International Journal of Conflict and Violence (IJCV), 7*(1), 135–149.

Erich Fromm online：https://fromm-online.org/

Federico, C. M., & Golec de Zavala, A. (2018). Collective narcissism and the 2016 us presidential vote. *Public Opinion Quarterly, 82*(1), 110–121.

Fromm, E. (1936). *Studien* über *autorität und familie: Sozialpsychologischer teil.* Stuttgart: Deutsche Verlagsanstalt.

Fromm, E. (1941). *Escape from freedom.* New York: Rinehart and Winston.

Fromm, E. (1955). *The sane society.* New York: Holt, Rinehart & Winston.

Fromm, E. (1973). *The anatomy of human destructiveness.* New York: Holt, Rinehart & Winston.

Fromm, E. (1976). *To have or to be.* New York: Harper & Row Publishers.

Fromm, E. (1980). *Greatness and limitations of Freud's thought.* New York: HarperCollins.

Golec de Zavala, A., Cichocka, A., & Bilewicz, M. (2020). The paradox of in-group love: Differentiating collective narcissism advances understanding of the relationship between in-group and out-group attitudes. *Journal of*

Personality, 81(1), 16–28.

Golec de Zavala, A., Cichocka, A., & Iskra-Golec, I. (2013). Collective narcissism moderates the effect of in-group image threat on intergroup hostility. *Journal of Personality and Social Psychology, 104*(6), 1019–1039.

Golec de Zavala, A., & Federico, C. M. (2018). Collective narcissism and the growth of conspiracy thinking over the course of the 2016 United States presidential election: A longitudinal analysis. *European Journal of Social Psychology, 48*(7), 1011–1018.

Golec de Zavala, A., Federico, C. M., Sedikides, C., Guerra, R., Lantos, D., Mroziński, B., Cypryańska, M., & Baran, T. (2020). Low self-esteem predicts out-group derogation via collective narcissism, but this relationship is obscured by in-group satisfaction. *Journal of Personality and Social Psychology, 119*(3), 741–764.

International Erich Fromm Society: https://www.fromm-gesellschaft.eu/index.php/en/

Isaksen, K. J., & Roper, S. (2012). The commodification of self-esteem: Branding and British teenagers. *Psychology & Marketing, 29*(3), 117–135.

Jasko, K., LaFree, G., & Kruglanski, A. (2017). Quest for significance and violent extremism: The case of domestic radicalization. *Political Psychology, 38*(5), 815–831.

Kerrigan, D., Kennedy, C. E., Morgan-Thomas, R., Reza-Paul, S., Mwangi, P., Win, K. T., ... Butler, J. (2015). A community empowerment approach to the HIV response among sex workers: Effectiveness, challenges, and considerations for implementation and scale-up. *The Lancet, 385*(9963), 172–185.

Manzi, C., Roccato, M., Paderi, F., Vitrotti, S., & Russo, S. (2017). The social development of right-wing authoritarianism: The interaction between parental autonomy support and societal threat to safety. *Personality and Individual Differences, 109*, 1–4.

Manzi, C., Roccato, M., & Russo, S. (2015). Meaning buffers right-wing authoritarian responses to societal threat via the mediation of loss of perceived control. *Personality and Individual Differences, 83*, 117–121.

Marchlewska, M., Cichocka, A., Panayiotou, O., Castellanos, K., & Batayneh, J. (2018). Populism as identity politics: Perceived in-group disadvantage, collective narcissism, and support for populism. *Social Psychological and Personality Science, 9*(2), 151–162.

McLaughlin, N. (2019). The coming triumph of the psychosocial perspective: Lessons from the rise, fall and revival of Erich Fromm. *Journal of Psychosocial Studies, 12*(1), 9–22.

Miller, S. V. (2017). Economic threats or societal turmoil? Understanding preferences for authoritarian political systems. *Political Behavior, 39*(2), 457–478.

Passini, S. (2013). A binge-consuming culture: The effect of consumerism on social interactions in western societies. *Culture & Psychology, 19*(3), 369–390.

Putnam, A. L., Ross, M. Q., Soter, L. K., & Roediger, H. L. (2018). Collective narcissism: Americans exaggerate the role of their home state in appraising U.S. history. *Psychological Science, 29*(9), 1414–1422.

Roccato, M., Vieno, A., & Russo, S. (2014). The country's crime rate moderates the relation between authoritarian predispositions and the manifestations of authoritarianism: A multilevel, multinational study. *European Journal of Personality, 28*(1), 14–24.

Saunders, S., & Munro, D. (2000). The construction and validation of a consumer orientation questionnaire (scoi) designed to measure Fromm's (1955) "marketing character" in Australia. *Social Behavior & Personality, 28*(3), 219–240.

Schultz, D. P., & Schultz, S. E. (2005). *Theories of personality* (8th ed.). Belmont, CA: Wadsworth, Thomson Learning.

Silver, C. (2019). Rethinking Erich Fromm's analysis of power relations in socio-psychological research and through the Social Third in the clinical encounter. *Fromm Forum (English Edition), 23*, 230–243.

Thompson, A. (2009). *Erich Fromm: Explorer of the human condition.* New York and London: Palgrave Macmillan.

Tsang, J. A., Carpenter, T. P., Roberts, J. A., Frisch, M. B., & Carlisle, R. D. (2014). Why are materialists less happy? The role of gratitude and need satisfaction in the relationship between materialism and life satisfaction. *Personality and Individual Differences, 64*, 62–66.

van Tilburg, W. A., Igou, E. R., Maher, P. J., & Lennon, J. (2019). Various forms of existential distress are associated with aggressive tendencies. *Personality and Individual Differences, 144*, 111–119.

Ward, P. R., Henderson, J., Coveney, J., & Meyer, S. (2012). How do South Australian consumers negotiate and respond to information in the media about food and nutrition? The importance of risk, trust and uncertainty. *Journal of Sociology, 48*(1), 23–41.

Whitehouse, H. (2018). Dying for the group: towards a general theory of extreme self-sacrifice. *Behavioral and Brain Sciences, 41*, e192.

Zuboff, S. (2019). *The age of surveillance capitalism: The fight for a human future at the new frontier of power.* New York: Public Affairs.

目录

一

作为大学教授和心理医生的弗洛姆

埃利希·弗洛姆（Erich Fromm，1900—1980）是20世纪著名心理学家、社会学家和哲学家，人本主义精神分析学说的创始人。在心理学中，他是精神分析社会文化学派的代表人物和集大成者；在哲学中，他又是法兰克福学派和“西方马克思主义”的代表人物之一。弗洛姆学说的核心是：现代人的困境与出路。由于他对现代社会和现代人的热切关怀、他深邃的洞察力和热情洋溢的文风，其影响远远超出了学术的范围。他的著作在西方社会广泛传播，在中国也拥有众多读者。因而无论在西方还是在中国，弗洛姆都是一位知名度相当高，而且对现代人的精神生活影响相当大的人物。

1　生命历程

孤独的逃亡者

弗洛姆于1900年3月23日出生在德国美因河畔的法兰克福。美因河是著名的莱茵河的支流，它流经法兰克福后就很快与莱茵河汇合了。所以法兰克福处于非常重要而又得天独厚的地理位置上。12世纪以来，法兰克福就经常是国王就职之地。1562年后，法兰克福大教堂曾经是皇帝加冕场所。1815年后，法兰克福曾经是德意志联邦议会所在地（Meinert，1984）。总之，法兰克福是德国重要的政治、经济、文化中心之一。

弗洛姆的父亲叫拿弗他利·弗洛姆（Naphtali Fromm），是一位酒商。这是一个正统的犹太人家庭，父系和母系的祖先有很多都是犹太教学者，父母都是虔诚的犹太教教徒。弗洛姆在逝世前不久接受记者采访时说："我生活在一个充满着犹太人传统的世界里，这个世界说到底是一个中世纪的世界，还不是资产阶级的世界。就是在这样一个中世纪的世界中，我形成了自己的传统，有了自己的理想和崇拜的对象。我所生活过的那个世界，一半是古老的，因为它具有真正的犹太人传统；一半是现代的，因为我是在德国上的学，在法兰克福，因而我又具有当时每一个德国青年所具有的东西。但是，我仍然很孤独。这并不仅仅是犹太人在德国总是被人另眼看待的缘故。无论是在我自己生活的天地里，还是在那个传统的古老的世界里，我都感觉到不自在。”（关山译，1980）[1]

童年的弗洛姆之所以会感到孤独，还有一些重要的原因。他说：“我是一个独生子，我的父亲性情急躁、喜怒无常，我的母亲则情绪低落、郁郁寡欢……”（张燕译，1986，第1—2页）弗洛姆出生时，他父母年龄已较大了，正在盼子心切之时，而且他们再没有生养第二个孩子。奇怪的是，他的孤独感还与他的父亲是一个商人有关。他说：“我父亲是一位商人，我对此甚感惭愧。因为他总想成为一个名副其实的犹太教教徒。当我年纪还小的时候，如果我听到有人说‘我是商人’，那么我就很替他害羞，因为我想他自己一定也很惭愧，因为他只知道为赚钱而活着。这是一种中世纪的观念，这种观念与现在的观念是极为不同的。于是，我就变成了一个很孤独的孩子。我一直期待着什么东西能把我从这种孤独中拯救出来。”（关山译，1980）

在弗洛姆的童年时代，《旧约》里的故事就给他留下了深刻的印象。他说，这些故事“叩响了我的心弦，它比我所接触到的任何事物都更使我激动”（张燕译，1986，第3页）。他开始相信这样一

1　本书正文的参考文献括注中，凡不注明著者只注明译者的，表示该文献来自弗洛姆著作的中文译本。

些预言和观念，如：期望救世主时代的到来，救世主将会给我们带来一个更美好的世界。他特别幻想着天下太平，幻想着狮子和羊羔和平相处。他说，传统的犹太人都抱着这种愿望，而且很强烈。这种愿望是一种信念，即相信世界不会以灾难而告终，世界将会得到拯救，将会变得比今天更美好。先知们就是这样预言的。

弗洛姆就这样孤独地幻想着。这些宗教性的幻想对弗洛姆一生的学术生涯都产生了深刻的影响。它像一个幽灵，在弗洛姆的所有著作中时隐时现。这种幻想也为儿时的弗洛姆提供了安慰和精神支柱。他说："在那样谨小慎微的父母身边我没有发疯，这就要感谢上帝和归功于其他方面对我的影响了。"（关山译，1980）

在《旧约》故事中，引起弗洛姆的崇敬和赞同的是这样一些故事：亚当和夏娃不服从上帝而偷吃禁果，亚伯拉罕恳求上帝解救罪恶之地的居民们，约拿出使尼尼微，等等。那些预言家的预言深深地感动了弗洛姆：到那个时候，各族人民"将把剑铸成犁头，把矛铸成枝钩刀，而不再大动干戈，相互残杀，更不会再发动任何战争"；到那个时候，四海之内皆兄弟，"大地到处都充满了上帝的智慧，就像大海装满了圣水一样"。弗洛姆说："各民族之间普遍友好地和平共处的图景，深深地打动了我这个十二三岁少年的心。"（张燕译，1986，第3页）

有关世界和平及兄弟般情谊的预言之所以使弗洛姆感到激动，是因为他作为一个犹太人的儿子，曾耳闻目睹了一些反犹太人事件，他发现这些事件的对立双方都怀有一种宗派小集团的情绪，这使他讨厌宗派主义，渴望和平友爱的生活。同时，竭力想要克服他从小就形成的孤独感，也是增强他这种渴望的重要原因。

大约12岁的时候，有一件事对弗洛姆的刺激很大，这件事一直清楚地保留在他的记忆里。这件事的经过是这样的：弗洛姆认识一位年轻女子，芳龄25岁左右，是他家的朋友。这姑娘是一位画家，漂亮而又富有魅力。但她订婚不久就解除了婚约，且总是陪伴着她那位丧妻的父亲。在弗洛姆看来，她的父亲是一个其貌不扬、索然寡味的老人。弗洛姆后来回忆这件事时说，他的这种印象可能因为忌妒而带有某种偏见。一天，弗洛姆听到一个令人震惊的消息：她父亲去世了，不久她也自杀了，并且留下遗嘱说要同父亲合葬在一起。

弗洛姆后来谈到这件事时说："我从未听说过俄狄浦斯情结（Oedipus complex），也未曾听说过女儿与父亲之间的乱伦固着（incestuous fixation）。但是这件事深深地触动了我。我非常喜欢这位妙龄女郎；我讨厌那位其貌不扬的父亲。在这以前，我也根本不知道人还会自杀。于是，一种疑问使我深感痛苦：'这怎么可能？'一位年轻漂亮的姑娘怎么可能如此爱恋着她的父亲，以至宁愿与她父亲合葬，也不愿活着享受人生与绘画的乐趣呢？"（Fromm，1962/1985，p.4）

当然，弗洛姆在当时没有找到任何答案，但他被"何以可能"这个问题苦恼着。大约十年后，弗洛姆在大学里一接触到弗洛伊德（Sigmund Freud，1856—1939）的学说，便对它产生了浓厚的兴趣，他觉得他似乎在弗洛伊德的学说中找到了这段令人困惑又害怕的经历的答案。

1914年夏天，第一次世界大战爆发的时候，弗洛姆14岁，正在上中学。他从自己的亲身经历中萌生了许多疑问，战争使他感到疑惑和苦恼，促使他思考人类行为的根源，促使他走向了探索人性与社会生活的规律性的道路。这种探索使他后来接受马克思的学说并成长为一位研究现代人与现代社会的思想家。他说，如果第一次世界大战不发生的话，以上所说的童年和少年时代的经历也就不会那样深刻、持久地影响他。“正是第一次世界大战，而不是别的任何事件决定了我的成长道路。”（张燕译，1986，第4页）1918年，战争结束时，弗洛姆已步入青年时代了，但这是一个陷入重重困惑之中的青年人。

就这样，弗洛姆带着重重困惑进入了大学。在大学里，他深受弗洛伊德和马克思的著作的影响。他说，正是他的这些经历和困惑使他在20岁时一接触到弗洛伊德和马克思的学说，便迫不及待地研究起来。在海德堡大学，弗洛姆学习了心理学、哲学和社会学。除了弗洛伊德和马克思，他还研究了最主要的经济、社会和政治理论家的著作，特别是马克斯·韦伯（M. Weber，1864—1920）和斯宾塞（H. Spencer，1820—1903）的著作。

1922年，弗洛姆便在海德堡大学获得了哲学博士学位。由于对弗洛伊德学说的兴趣，1923年，弗洛姆又到慕尼黑大学专门学习精神分析。随后，他又到著名的柏林精神分析研究院（Berlin

Institute for Psychoanalysis）接受精神分析的正规教育，这种正规教育包括理论的和临床的两大方面。他是一个循规蹈矩的学生，在学习期间是一个地道的弗洛伊德主义者，所以能在非常正统的柏林精神分析研究院获得学位。该研究院传统的形成是与弗洛伊德的著名弟子卡尔·亚伯拉罕（K. Abraham，1877—1925）的工作分不开的。后来成为精神分析社会文化学派创始人的卡伦·霍妮（K. Horney，1885—1952）就是于1914年至1918年在此接受亚伯拉罕的指导的。霍妮于1918年至1932年在该研究院任教，并结识弗洛姆，后来他们都成为精神分析社会文化学派的代表人物。1925年，弗洛姆加入了由弗洛伊德领导的国际精神分析协会（International Psychoanalysis Association，IPA）。

在随后的几年里，在一套普及读物中，弗洛姆初步表述了他的人格理论。他把人格描绘成是在人的童年，由影响个体的社会力量，以及已经影响了人类种族发展的历史力量所决定的。弗洛姆写道："依据我们生活于其中的社会的必然性，我们就成为我们不得不是的那个样子的人。"（Evans，1966，p.9）鉴于社会文化力量是如此重要，那么为了理解这个社会的个体的人格结构，就应该去分析这个社会的结构。文化是什么样子，个体也就是什么样子，不管人格是健康的，还是不健康的，都由文化所决定。（舒尔兹著，李文湉译，1988，第84页）。

1929年至1934年，弗洛姆回到法兰克福，在法兰克福精神分析研究院任教并从事心理治疗，并且成为法兰克福社会研究院（Frankfurt Institute for Social Research）的成员。1930年在弗洛伊德主办的《意象》杂志上发表关于基督教教义的演变及宗教的社会心理功能的精神分析的长篇论文。他还受到法兰克福社会研究院负责人霍克海默（M. Horkheimer，1895—1973）的邀请，参加社会批判理论的研究，成为该学派的杂志的主要撰稿人之一。1932年霍妮接受美国芝加哥精神分析研究院院长弗兰兹·亚历山大（F. Alexander，1891—1964）的邀请赴美任该院副院长。第二年该院就邀请弗洛姆赴美讲学。1934年，为逃避纳粹迫害，弗洛姆定居美国并加入美国籍，加入到逃亡美国的德国犹太人行列。

职业生涯：教授和医生

20世纪30年代，弗洛姆还在德国的时候，就一边从事心理治疗，一边在大学任教，这两种工作伴随他度过了五十年的学术生涯。

弗洛姆逃亡美国后，先后在许多著名大学和研究机构任职。1934年任教于哥伦比亚大学国际社会研究院，1940年被该大学聘为教授。1941年到佛蒙特州本宁顿学院（Bennington College）任教，同时也在美国精神分析研究院任职。该研究院是于同年由霍妮创办的。霍妮因背离了弗洛伊德的路线，被纽约精神分析研究院开除，但她迅速创立了自己的机构，并且取名为“美国精神分析研究院（American Institute of Psychoanalysis，AIP）”。该院创建时，弗洛姆就到那里任职，说明他是站在霍妮一边的。他俩在事业上志同道合，在情感上发展了一段浪漫的亲密关系。

1945年，弗洛姆到怀特精神医学研究院（William Alanson White Institute of Psychiatry）任职，该院创办人怀特（W. A. White，1870—1937）是美国著名精神医学家。精神分析社会文化学派的另一代表人物沙利文（H. S. Sullivan，1892—1949）曾于1922年担任过怀特的助理，并称怀特为恩师，认为怀特的最大贡献是将心理疾病与社会生活的广泛领域联系在一起。随后我们也可以看到，弗洛姆也是朝这一方向努力的一位杰出人物。1947年，弗洛姆出任该研究院院长，说明他在精神医学界获得了相当高的地位。

1949年，弗洛姆到耶鲁大学任教授。两年后他到墨西哥国立自治大学医学院精神分析学系任教授，1955年任该系系主任。1957年任美国密歇根州立大学教授。1962年任纽约大学精神医学教授。1965年退休后被聘为墨西哥国立自治大学荣誉教授。1971年后移居瑞士。1980年3月18日在瑞士洛迦逝世，结束了他漫长的、活跃的、富于创造性的学术生涯。

弗洛姆特别得意的是，他一直是一位开业的精神分析学家，就是说他一直未离开过心理治疗的临床实践。他仔细研究了到他那里接受分析的人们的行为、自由联想和梦。他的著作都是建立在精神分析实际工作的基础上的，是以对人的行为的实际观察为基础的。他还抓住存在主义者在这一方面的不足对其加以批评，他说，萨特（J. P. Sartre，1905—1980）的心理学思想虽然显赫一时，但毕竟是肤浅的，因为它没有坚实的临床基础。某些存在主义精神分析学家也是如此。

弗洛姆继承了弗洛伊德的传统，把临床经验视为精神分析的生命源泉，也将其作为挡箭牌以抵挡来自各方面的对自己学说的批评。

才华横溢的著作家

弗洛姆著述等身，共出版20多部著作。更为重要的是，弗洛姆的几乎每一部著作都很有名，被译为多种文字，且一再重印，在世界范围内传播。之所以如此，就在于弗洛姆热切关注的是现代人的心理困境，在于他的深邃而敏锐的洞察力，在于他那明快而富于生命气息的文风，在于他表达出的对现代社会的忧患与批判而又不失乐观进取的人生态度。

弗洛姆在1930年写了一篇名为《基督的教义》的长篇论文，后来从德文译成英文并与其他有关论文合成一个集子，以那篇文章的篇名为书名于1963年在美国出版。在这篇早期论文中，弗洛姆通过考察基督教中有关基督的教义的产生和发展历史，认为宗教具有为群众提供虚假满足，为统治者提供政治手段的社会功能，因而不能通过思想和意识形态来理解持此种思想和意识形态的人，而必须通过持此种思想和意识形态的人的社会经济境况来理解这种思想和意识形态。

20世纪30年代初，弗洛姆应邀为法兰克福学派的核心刊物《社会研究杂志》撰稿，他写了一系列论文。在这些论文中，最为重要的内容是，他试图将精神分析与历史唯物主义结合起来，用以研究社会问题。这一期间的几篇重要论文后来被弗洛姆收入到一本名为《精神分析的危机》的文集中，于1969年出版。

1941年，弗洛姆出版《逃避自由》一书，这本书使他一举成名，被人誉为将精神分析运用于社会学的杰作（Fine，1979，pp.562-563）。这本书一再重印，仅仅到1961年，就印了22次之多。在这本书中，弗洛姆提出了一个著名的观点：古代社会安全而不自由，现代社会自由而不安全，所以现代社会的人要逃避自由。正是这种逃避自由的倾向构成了法西斯主义产生的社会心理基础。

1947年，《为自己的人》（一译《寻找自我》），弗洛姆称该书为《逃避自由》的续篇。这本书的副标题是“对伦理的心理学研究”，它在性格研究的基础上提出了一套“人本主义的伦理学”观点。弗洛姆在序言中指出，他的实践经验使他坚信，无论在理论上还是在治疗上，对人格的研究都不能回避伦理问题或价值问题。人们是根据其价值判断来行动的，而且人的心理健康（mental health）和幸福也有赖于价值判断的正确性。神经症（neurosis）[1]本身是道德失败的一种症状，是道德冲突的特殊表现，它的治愈依赖于道德问题的解决。

1950年，《精神分析与宗教》出版，弗洛姆将其视为《为自己的人》的续篇。所不同的是这本书着重研究的是宗教问题，而《为自己的人》一书着重研究的是伦理问题。显然，伦理与宗教是

1 神经症是一种心理疾病（mental disease）或心理失常（mental disorder），相对于精神病（psychosis），它的症状较轻，还没有失去自知能力，如强迫症、恐怖症等等。过去，中国医学界称其为神经官能症。要注意把它与神经病（neuropathy）区别开来，神经病是器质性的或生理性的疾病。弗洛姆著作的中译者们常常不加区分地使用这些概念，读者应特别加以注意。

紧密联系的。他在书中提出，生活对于每个人都不是一件容易的事，人在一生中要面临各种困境，这些困境使人痛苦，人必须去寻找答案。一个人如果不以解决他所面临的这些矛盾为目标，生活就会失去意义，他就会无所适从。这是人们产生宗教需要的心理基础。宗教是人摆脱生存困境的一种努力，一种寻找答案的尝试。过去，人们遇到困惑就去找牧师；现在有了精神分析学家，有的人去找牧师，有的人去找精神分析学家。可见，精神分析与宗教之间有密切的关系。另外，精神分析的治疗也不能回避来访者的宗教体验。弗洛姆将宗教体验区分为威权主义宗教和人本主义宗教。前者是人放弃自我，将自己看得微不足道，服从、敬畏、崇拜那凌驾于自己之上又控制着自己命运的无形力量。而在人本主义的宗教体验中，上帝是人本身的力量的象征，而不是统治人的力量的象征，人感受到并发挥出自己的爱和理性的潜能，并与他人和世界融为一体。很显然，弗洛姆提倡人本主义宗教。

1951年，弗洛姆将自己在怀特精神医学研究院对接受训练的研究生所发表的演讲，以及在本宁顿学院对学生所发表的演讲中有关梦、童话和神话的内容汇集成一本书，叫作《被遗忘的语言》。弗洛姆认为梦、童话和神话都是以象征性的语言来表达人的愿望和观念，然而这种语言被现代人遗忘了，但在潜意识（unconscious）领域，这种语言仍然发挥着作用，精神分析可以帮助人们理解它们的象征性含义。梦的分析是精神分析治疗的重要途径，弗洛伊德在1900年出版的《梦的解析》一书为此奠定了基础。后来荣格（C. G. Jung，1875—1961）将梦的分析与对神话的理解广泛地联系起来。弗洛姆将这一领域的研究又向前推进了一步，提出了自己的独到见解。

1955年，弗洛姆出版《健全的社会》一书，他将此书视为《逃避自由》和《为自己的人》的续篇。确实，如果只想了解弗洛姆人本主义精神分析学说的基本体系并有选择地阅读他的著作，这三本书是最重要的。在这本书中，弗洛姆进一步分析了现代人的处境和精神危机，并且提出了一套社会改革的方案。

1956年，《爱的艺术》一书出版，这大概是弗洛姆著作中发行量最大的一本。当这本书发行40万册还供不应求时，当时联邦德国《明镜》周刊评论说："弗洛姆著作出版上的成功表明他的思想已经成为时代精神。"（陈学明，1989，第280—281页）这本书在中国的发行量也十分惊人，仅笔者所在大学的图书馆，就有六种中译本。这六种译本的印数总计达494530册。这本书的畅销证明了弗洛姆抓住了现代人精神生活的一个重要方面，也证明了弗洛姆在书中所表达的一个观点：缺少爱、渴望爱，又不知道如何爱。

作为一位以探讨"爱的艺术"著名的心理学家，他本人的爱情经历一定饶有情趣。可惜的是这方面的文献十分缺乏。我们只知道他一生经历了三次婚姻。1926年6月16日，他与一位叫弗瑞达·莱奇曼（Frieda Reichmann）的女子结婚，但这是一次失败的婚姻，以离婚而告终。1944年弗洛姆再婚，但他们只在一起生活了八年，妻子于1952年不幸去世。1953年12月18日，弗洛姆第三次结婚，妻子叫爱尼丝·弗瑞曼（Annis Freeman），她陪伴弗洛姆直到他生命的最后一息。弗洛姆逝世后，爱尼丝还将弗洛姆的文稿整理出版，以此纪念弗洛姆。

1960年，《禅宗与精神分析》一书出版。该书是以弗洛姆与日本著名禅学大师铃木大拙（1870—1966）及其弟子马蒂诺（R. de Martino）三人在墨西哥库埃纳瓦卡（Cuernavaca）举行的精神医学和心理学讨论会上所做的讲演为基础整理而成的。禅宗是在中国形成的一个佛教派别，铃木大拙用英文向西方人介绍禅宗，产生了广泛的影响。弗洛姆从中受到启发，认为禅宗与精神分析都是关于人之本质的理论，又是导致人之幸福的实践方法，二者的相互影响和相互促进，将为解决当代西方的精神危机做出重大贡献。

1961年，弗洛姆出版了一部政治性作品《人能占优势吗》，本书针对东西方冷战，特别是核战争的威胁，提出了自己的批评性意见，呼吁人们特别是各国领导人理性地、有预见地、主动地应对人类所面临的危机，以避免灾难的发生。

1964年，《人之心》一书出版。在这本书中，弗洛姆以其长期的临床经验为基础，进一步剖析了现代人的各种心理病态，并将其统称为“退化综合征”，表现为对暴力的热衷、对生命的漠视、对机械的迷恋等等，同时也提出了人性的健康发展的特征和途径。

1968年，在西方世界是一个动荡的年头，日益加剧的各种社会问题引起了一系列抗议浪潮（我们将在本章的下一节介绍相关的背景和事件）。弗洛姆在这一年出版了《希望的革命》一书，力图挽狂澜于既倒，为人们指出一条摆脱困境的希望之路。

1973年，弗洛姆出版了一部570多页的大部头《人的破坏性的剖析》，这是笔者见到的弗洛姆的最厚的一本书，弗洛姆用了五六年的时间才写成这本书。全书系统研究了与暴力和战争密切相关的人的攻击性和破坏性问题，讨论了以弗洛伊德和洛伦兹（K. Lorenz，1903—1989，以研究动物的攻击性行为而著名，诺贝尔奖得主）为代表的本能主义者（instinctivist）和以斯金纳（B. F. Skinner，1904—1990）为代表的行为主义者（behaviorist）对人的攻击性和破坏性的研究，吸取了神经生理学、古生物学以及人类学等学科的有关成果，探讨了攻击行为的生物的，特别是环境–社会的根源，认为人的破坏性植根于人所处的社会结构。弗洛姆在本书中还用了一章的篇幅分析希特勒的破坏性和攻击性。

1976年，《占有还是生存》（一译《占有或存在》）一书出版了。弗洛姆在本书中将人的生存方式和价值观区分为重占有（to have）与重存在（to be）两种取向。前者关注的是对财产、权力或荣誉的占有，认为生命的目的和意义在于尽可能的占有；后者关注的是生命的存在本身，以潜能的实现和发自内心的积极主动的生活作为人生价值之所在。

除了以上著作，弗洛姆的重要著作还有：《你应像神》（*You Shall Be as Gods*，1966）、《一个墨西哥村落的社会性格》[与麦科比（M. Maccoby）合著]等。另外弗洛姆还写了几本研究马克思和弗洛伊德的人格和学说的著作，这些著作也产生了广泛的影响。当然，弗洛姆在这些著作中通过研究马克思和弗洛伊德从而表达了自己的思想。这些著作包括：《弗洛伊德的使命》（1959）、《马克思关于人的概念》（1961）、《在幻想锁链的彼岸》（1962）、《弗洛伊德思想的贡献与局限》（1979）。

弗洛姆去世后，后人将其发表的一些演讲、谈话和文章整理成文集出版，如《人的呼唤》（1981）、《生命之爱》（又译《说爱》，1986）等。

以上所介绍的还不是弗洛姆著作的全部。在长达50年的学术生涯中，埃利希·弗洛姆不知疲倦地写作，这些著作为人们提供了一个充满魅力的精神世界。因为弗洛姆所说的一切，都来源于现代社会，来源于现代人的痛苦与欢乐、迷茫与醒悟、绝望与希望。

2 时代背景

弗洛姆是20世纪的同龄人，他在20世纪生活了八十年。时代的风风雨雨无不在他内心留下深刻的痕迹。正是不平静的时代造就了他不平静的内心世界。他总是热切地关注着与他同时代的人的处境、命运和心灵，不知疲倦地向人们表述着他对世界、对人生的观察和思考。因而若不考虑弗洛姆生活于其中的社会文化氛围，我们就不能理解他的思想。虽然本书后面要专门讨论弗洛姆对当代社会文化的分析，现在还是有必要回顾一下那些主要的事件，概览一下这个时代的基本特征。

科学哲学家科恩（Robert S. Cohen，1923—2017）曾经概略地描述过这个时代的特征，“我们时代的标志是：伟大的革命，巨大的战争，大规模的经济危机，和人类生活与文化的机械化的执着的趋向”（科恩著，陈荷清等译，1988，第7页）。其中，战争和生活方式的机械化趋势对人的影响，是包括弗洛姆在内的许多西方思想家所特别关注并引起了广泛讨论的问题。

大战烟云

20世纪最强烈而深远地影响了人们内心的事件无疑是两次世界大战。战争留下的创伤和对新的战争的恐惧给人们的生活投下了巨大的阴影。整个世界备受战争蹂躏，人们感到即使在自己的家里也是不安全的。战争和新的军备竞赛（特别是核武器的威胁）导致了人们对人性和道德进步的怀疑，和对人类可能自我毁灭的担忧（布勒等著，陈宝铠译，1990，第7—9页）。传统的价值系统毁灭了，新的信念还没建立。人们生活在莫名的愤怒和不安之中。

弗洛姆从少年时代就开始思考与战争有关的心理学问题。第一次世界大战爆发时，弗洛姆亲身经历的一些事件对他的一生产生了深刻的影响。弗洛姆后来（1962）回忆道："最初感受到的只是战争的骚动、胜利的喜悦和我所认识的一些士兵的不幸阵亡。我对这次战争的问题漠不关心，也不为战争的残酷无情所震动。但不久这一切全变了。"（张燕译，1986，第4页）弗洛姆的变化是由如下一些事件引起的。

在战争爆发之前的两年，弗洛姆的一位拉丁文老师曾在课堂上说过，他最喜欢的格言是："如果你希望和平，你就应该准备战争。"当战争爆发的时候，这位老师显得格外高兴。弗洛姆心想，他并不是真心实意地主张和平的，一个似乎一向真诚地关心维持和平的人怎么可能一遇到战争就如此欣喜若狂呢？从那以后，弗洛姆就怀疑"备战能维持和平"这一论断，尽管相信这一论断的人可能比那位拉丁文老师更真诚、更善良。

在那些日子里，德国人对英国人的仇恨情绪也使弗洛姆感到震惊。整个德国都在疯狂地仇恨英国。在德国人眼里，英国人都成了廉价的雇佣兵，他们既残酷又无耻，企图杀害我们无辜的、忠实可靠的德国英雄。就在当时德国举国上下歇斯底里大发作的情况下，弗洛姆的一位英语老师的一句话促使他更冷静地思考问题。那年暑假前夕，这位老师给弗洛姆他们布置的暑假作业是背熟英国国歌。开学后，一些男同学就对那位老师说，他们拒绝学习现在已成了他们的头号敌人的国歌。这种拒绝一方面是出于学生们的调皮捣蛋，另一方面是受了“仇恨英国”的论调的影响。但那位老师站在教室前面，冷笑一声，用平静的口吻回答：“别自欺欺人了，英国永远不会打败仗的！”这是在疯狂的仇恨中，一个理性健全的、现实的人所发出的声音，这是一位令人尊敬和钦佩的老师的声音。老师所说的话，以及他那种心平气和、合情合理的说话方式使弗洛姆深受启发，这一切与疯狂的仇恨和民族自豪感形成了鲜明对照，使弗洛姆感到惊异，并使他陷入了沉思之中。近五十年之后，弗洛姆谈及此事时仍说它历历在目、令他记忆犹新。

随着年龄的增长，弗洛姆的疑问越来越多。他的一些叔叔、表兄、老同学在战争中阵亡了。那些将军关于胜利的预言结果被证明是错误的。弗洛姆认识到，所谓“战略撤退”和“胜利防御”只不过是一些模棱两可的欺人之谈罢了。

德国新闻界一开始就把这次战争说成是邻国强加给德国人民的，因为这些邻国嫉妒德国并想压制德国，以便达到消灭一个成功的竞争者的目的。同时，这场战争在德国一直被说成是一场争取自由的战争。当时，这一切似乎是令人信服的，因为没有人持反对意见。但弗洛姆逐渐怀疑起这些说法了。弗洛姆看到，越来越多的社会主义者在德意志帝国国会投票反对战争预算，批评德国政府的官方立场。当时还秘密传阅着一本名为《我控诉》的小册子，它主要从反对同盟国[1]的立场出发探讨了战争罪行问题。它指出，帝国政府绝不是这次战争的无辜牺牲品，它同奥匈政府一样，应对这次战争负主要责任。

弗洛姆继续回忆当时的情景：战争在继续。战线从瑞士边境向北延伸到了波罗的海。士兵们不时地被困在战壕里和防空洞里，不时地又要冒着敌人猛烈进攻的炮火，一次又一次地试图突围，但一次又一次地遭到失败。年复一年，各国健壮的士兵，就像笼中的动物那样活着；他们用步枪、手榴弹、机枪和刺刀互相残杀；就在这场大屠杀继续进行的时候，那些领导人却假惺惺地保证用最快的速度赢得战争的胜利，声明自己是清白无辜的，并装腔作势地反对穷凶极恶的敌人，主张和平，宣布和平的条件。

这一切使弗洛姆越来越迫切地寻求这个问题的答案："这一切何以可能呢？"千百万人怎么可能继续在战壕里，或被人杀害，或去杀害其他国家的无辜的人民，从而造成父母、妻子、朋友们的极大痛苦呢？他们究竟是为什么而战？当每一个人都说，他不

1 Central Powers，第一次世界大战中由德意志帝国、奥匈帝国、奥斯曼帝国和保加利亚四国组成的军事同盟，它与以英国、法国、俄罗斯帝国、意大利、美国为首的协约国（Triple Entente）集团形成了第一次世界大战的对立双方。

希望战争发生的时候，战争又怎么可能发生呢？如果双方都宣称不希望征服别国，只希望维护自己国家的财产和领土完整，那么战争又怎么可能继续下去呢？如果不是双方都想征服别人，为自己的政治军事领袖赢得荣誉，那么，成千上万的人又怎么可能仅仅为了双方的某些领土、为了某些领导人的虚荣心而献出自己的生命呢？战争究竟是一场无情的意外事故的结果，还是社会发展的一种结果？怎样才能掌握社会的规律？

这一切都使他感到不可思议：他不明白战争是怎样发生的，他不明白“为什么正派和通情达理的人们突然全都变成了疯子”（Evans，1966，p.57），他希望理解大众行为中那些非理性的因素，他热切地盼望和平和国际的友好往来。同时，他也越来越怀疑一切官方的意识形态，并树立起“怀疑一切”的信念。他开始模糊地感到，人的情绪和行为是由巨大的社会经济、政治和文化力量作用的结果。

至于第二次世界大战，则更深刻地影响了弗洛姆，他因犹太血统而流亡美国，并在1941年出版了主要研究纳粹主义的心理学问题的《逃避自由》一书，弗洛姆后来几乎所有的著述都是围绕这本书的基本问题和思想展开。弗洛姆在以后的著作中经常讨论战争问题并谴责军备竞赛，经常批判地剖析希特勒的病态人格。

经济增长与人性失落

战后的西方经济逐步恢复过来，进入了一个持续的繁荣时期，物质财富空前丰裕，科学技术空前发达，人的许多需要都可以只按一下开关或拧一下旋钮就很快得到满足。但由于科学技术的进步是在资本主义的社会条件下发生的，所以一方面它创造了巨大的社会生产力，另一方面又带来了严重的社会后果。一是对自然的贪婪索取所造成的生态破坏威胁到人类的生存，并使人感到失去了与自然的和谐关系。再就是社会生活的机械化倾向。人不仅在生产过程中被机器所控制，而且在生活中被庞大的官僚机器、被形形色色的传播媒介背后的“匿名权威”所操纵，人的一切活动都似乎是预先规定好的，被某种程序控制着。人变成了机器的附属物，变成了工具。人失去了个性，失去了人作为人的丰富性和完整性。

无孔不入的商品经济也危害着人的心理健康。生活的目的似乎就是金钱，就是尽可能地生产和尽可能地消费，似乎金钱可以买到一切，包括买到幸福。人的生命活动都变成了购买活动，知识、爱情、友谊、美德，都可以买到。这样一种社会运行机制只关心经济和技术的进步，只关心利润而无视人的存在。

其他如由性与爱的纠葛引起的困惑、社会公正（贫穷和种族歧视）问题、教育问题等等，都是20世纪西方世界的严重问题（布勒等著，陈宝铠译，1990，第9—12页）。

这些问题都不同程度地影响了弗洛姆并进入他的研究视野。他作为一个长期开业的心理医生，研究了许许多多因这些问题引起不幸的现代人，创建了一整套关于现代社会和现代人的心理学理论。

西方青年造反运动

要更深入地理解发达资本主义国家的社会症结、弗洛姆的理论本身以及他为什么受到广泛欢迎，我们必须提及20世纪60年代末在许多发达资本主义国家发生的激烈的学潮和工潮，特别是1968年法国的“五月风暴”，是这一系列造反事件的典型。尽管弗洛姆与这些造反事件没有直接关系，但显然有一种精神上的联系。因为他是“西方马克思主义”的代表人物之一，而“西方马克思主义”正是造反的学生和工人的思想武器。他像其他“西方马克思主义”者一样，是一位发达资本主义社会的孜孜不倦的批评者。而在反抗运动失败后，青年一代又把弗洛姆看成发泄不满的喉舌（赵鑫珊译，1981）。

这里不必去回顾这些事件本身，但有必要回顾一下“五月风暴”期间学生和工人涂在墙上的标语口号：

> 消费社会不得好死，异化社会不得好死，我们要一个新的独创的世界，我们拒绝一个用无聊至死的危险去换取免于饥饿的世界
>
> 直到用最后一个资本家的肠子勒死最后一个官僚之前，人都是不自由的
>
> 革命不仅是对资本主义社会，而且也是对工业文明的开端的挑战
>
> 永不工作
>
> 我们在这里领导一种奇异的生活。我们睡；我们吃；我

们不触及钱……

我越谈恋爱，我就越要造反，因而我也越要谈恋爱……

从这些标语口号中，可以看出，那些学生和工人之所以造反，不是因为穷，而是要表达一种抗议，抗议发达资本主义工业社会所造成的人的生活方式的机械化和商品化，抗议无视人的存在、窒息人的生命和创造性的社会（徐崇温，1982，第2—11页）。

当然，造反只是一种极端的形式，很多人是去找心理医生表达焦虑不安的内心，弗洛姆正是通过精神分析实践、通过他的观察和思考来研究这个时代的人的。

3　思想渊源

马克思和弗洛伊德

现时代的社会是思想家创造的源泉，但这种创造离不开对人类文化遗产的继承，而继承是有选择性的，研究思想家对文化遗产的选择性继承是研究他的思想创造所必需的。

正如弗洛姆自己和其他许多研究者所指出的，对弗洛姆影响最大的思想家是马克思和弗洛伊德。他力图将这两位思想家结合起来。当然这不是他的目的，他是要创立一种新的理论来表达他对世界的理解。

据弗洛姆自己说，他之所以对马克思和弗洛伊德的学说以及二者之间的关系发生兴趣，与他的一些个人经历有关。他是一个独生子，父母的性格多少有些怪僻，这使他感到孤独，并对奇特神秘的人类行为的原因发生了兴趣。他少年时代很喜欢的那位富于魅力的年轻女画家的自杀，是使他后来接受弗洛伊德学说影响的一个重要原因。

真正决定他的成长道路的事件是第一次世界大战，他对战争的疑问越来越多，他希望理解那些在战争中充分表现出来的大众行为中的非理性因素，探索支配个人生活和社会的规律。当时有许多社会主义者在国会投票反对战争预算，批评德国政府的官方立场。这一切促使弗洛姆接近马克思主义，并感到可以在马克思和弗洛伊德的学说中找到他所思考的问题的答案。

弗洛姆说他早年的一些经历为他后来接受弗洛伊德和马克思的影响打下了基础，他所遇到的那些个人和社会问题使他感到棘手。他渴望得到答案。正是在弗洛伊德和马克思的体系中，他找到了答案。同时，这两种学说的不同之处也引起了他的注意，他极力将它们综合起来去解决他所思考的问题。随着年龄的增长和知识的增多，他也对这两种学说的某些论断提出了疑问，他自己的体系也就逐步形成了。他试图找出弗洛伊德学说中那些仍然闪烁着真理光辉的思想和那些需要修正的论断。对于马克思的理论，他也是这么做的。在这种工作基础上，他将二者综合起来，形成了自己的理论构架。但他强调，他的理论的形成不只是理论思维的结果，而且是将经验观察与理论思维结合起来的结果。他是以观察到的事实作为其理论思维的基础，并且根据观察到的新的事实修正自己的理论。他还批评了现代社会科学中只重视经验观察，不重视理论思维的倾向。他一方面继承了德国的理论思维的传统，另一方面继承了精神分析注重临床经验的传统，将它们结合起来去探索支配个人生活和社会变迁的规律。

弗洛姆把马克思和弗洛伊德学说的共同基础概括为三句格言：

怀疑一切。人所具有的我都具有。真理会使你获得自由。还有一个共同的特点就是，二者都是运用动力学和辩证的方法来研究现实的（张燕译，1986，第12—17页）。这是弗洛姆作的理论概括，但我们更关心弗洛姆在创立他自己的理论过程中，事实上从马克思和弗洛伊德那里吸收的那些共同的东西。这二者是紧密联系的，但不是一回事，正是后者构成了弗洛姆全部学说的灵魂。应该说弗洛姆是从以下几个方面去理解马克思和弗洛伊德的共同点并加以继承和发展的。

理性主义与人本主义

马克思和弗洛伊德都相信真理的解放力量（真理会使你获得自由）。马克思坚信真理是变革社会的有力武器。他一生主要是在从事关于社会和历史的科学研究，并以此作为实现其政治理想的基础。弗洛伊德则坚信真理是变革个人的有力武器。精神分析的实质和目的就是帮助病人理性地认识自己，认识被各种幻想掩盖着的非理性的现实。“弗洛伊德身上最显著的，也许是最强烈的情感力量，就是热望真理、坚信理性。”（尚新建译，1986，第2页）。弗洛姆继承了这种理性主义精神，以理性的态度分析人和社会，并把理性作为健康人的基本能力和标志，作为未来社会运行机制的原则。

人本主义的基本含义是人有着共同的本性（人所具有的我都具有），因而人生来是平等的，应当相互尊重。理想的社会应把人本身作为目的，把人性的健康而全面的发展作为目的。弗洛姆认为马克思从青年到老年都一直以人本主义作为批判资本主义的武器之一，并以人本主义作为共产主义社会的基本特征。马克思在《1844年经济学—哲学手稿》中说：“代替那存在着阶级和阶级对立的资产阶级旧社会的，将是这样一个联合体，在那里，每个人的自由发展是一切人的自由发展的条件。”在《资本论》中，马克思说，真正的自由王国是将人类能力的发展“作为目的本身”，而共产主义是一种“更高级的、以每个人的全面而自由的发展为基本原则的社会形式”（马克思著，1975，第1卷，第649页）。弗洛伊德的人本主义思想体现在他的“潜意识”概念中，所有人都具有相同的潜意识的冲动，所以一旦揭开了潜意识这个隐蔽的世界，人们就会相互理解。弗洛伊德还揭露了维多利亚时代性道德的虚伪性，论证了人的自然本性的合理性。弗洛姆始终是站在人本主义的立场上来继承马克思和弗洛伊德的遗产，并对法西斯主义和当代资本主义的社会进行批判的。

批判精神与救世情怀

在马克思的个性和思想中，都体现了一种不屈不挠、锋芒逼人的批判精神，即“对现存的一切进行无情的批判”，不仅要有“批判的武器”，而且要有“武器的批判”。弗洛伊德对潜意识的揭示也体现了一种彻底的怀疑和批判精神，他发现人的大部分思想是与现实不相符的，而大部分实际存在的现实又没有被意识到。弗洛伊德把怀疑的目光投向了那些人们感到理所当然并深信不疑的领域。马克思和弗洛伊德的理论都是批判的理论（申荷永译，1986，第30页）。弗洛姆对精神分析在后来失去了它最初的激进批判的特性而感到痛心疾首（许俊达等译，1988，第7页），并力求恢复和发扬这种精神。

批判的目的不是简单的摧毁，而是创造，是建立新的世界。破是为了立。马克思虽然不相信也不愿做救世主，但在他身上体现着一种改造旧世界，把人民（首先是工人阶级）从被压迫、被剥削的苦难中解救出来的强烈的责任感和献身精神，这同他反复强调的工人阶级只能自己解放自己的观点并不矛盾。弗洛姆在《马克思关于人的概念》一书中一再论述了马克思的救世主义精神。弗洛姆在分析弗洛伊德的人格时着重指出了弗洛伊德一直怀着一种“要成为一个伟大的政治领袖的志向”，他“深切关心的不是医学，而是哲学、政治和伦理”，他是“披着治疗学家和科学家外衣的一个伟大的世界改革家”（尚新建译，1986，第97页）。精神分析最终要达到变革社会和文化的目的。弗洛姆也一直对政治和宗教有极大的热情。他说他从十一二岁开始就热衷于政治。那时，在他父亲的商店里，他曾同一位社会主义者谈论政治。尽管他自认为“不具备适合于从事政治活动的气质”（张燕译，1986，第8页），他还是克制不住行动的激情。他参与创建了一个和平团体（SANE），反对核军备竞赛和越南战争，参加过美国社会党，还专门写了一个小册子支持尤金·麦卡锡［Engene McCarthy，1916—2005，不是约瑟夫·麦卡锡（Joseph McCarthy），后者是臭名昭著的麦卡锡主义的创立者］竞选美国总统，以至于有人说他是个彻头彻尾的政治动物（王建朗等译，1987，第8、154页）。他说他之所以参与这些政治活动，并不是由于他改变了对自己能力的看法，而是认识到他不能被动地置身于这样一个正在走向灾难的世界。他认为我们的世界越来越不健全，越来越非人性化，因而也就越需要共同肩负着人类使命的人们团结奋斗。同时他也以他的行动证明他的社会学思想不是建立在书本基础上的。他通过经验观察和实际行动形成一些假说，并对这些假说进行证实或证伪。他不满足于对现实社会的批评，还创立了一套社会改革的理论。他克服了弗洛伊德身上的救世主义与悲观主义的矛盾，继承了马克思的乐观主义精神。

弗洛姆从马克思和弗洛伊德那里继承的以上四个方面实际上是一个整体。理性主义和人本主义是相伴而生的，二者都是批判和改造现存社会文化的武器和原则，救世主义则是目的和归宿。

犹太－基督教传统与启蒙精神

至此，又产生了一个问题：弗洛姆为什么选择了马克思和弗洛伊德，并从以上四个方面去理解和继承他们的遗产？这是一个复杂的问题，这里只能进行初步的分析。

这就要从更深一层的背景上去分析弗洛姆。这种更深一层的背景就是犹太－基督教传统和启蒙运动的精神，以上四个方面都不同程度地包含在这二者之中。他在论述马克思和弗洛伊德时总是把他们与犹太－基督教和启蒙运动联系起来。他自己的理论创造中也充分体现了这两种传统，所以有人称他是“正统学者”。他实际上更接近传统而不同于西方各种现代主义（如存在主义）的奉行者。

弗洛姆同马克思和弗洛伊德一样，也是犹太人。弗洛姆的父母都信奉犹太教，他从小生活在充满犹太人传统的世界里。阅读《圣经》、先知们的著作和犹太法典能使他激动不已。他说：“我的世界观并不是一个现代人的世界观，而是一个前现代人的世界观。又因为我研究过犹太教法典，阅读过《圣经》，听到过关于我那些生活在资本主义社会之前的世界中的祖先们的许多故事，这更加强了我这种世界观。”（王建朗等译，1987，第156页）。弗洛姆的一位先辈是个犹太教法典学者，并且在巴伐利亚有个很小的店铺，但他赚钱很少。有一天，他有了一个赚钱的机会，条件是他需要常常出门。他有许多孩子，这使他的处境更困难。他妻子说：“也许你应该考虑不要放过这个机会，你最好一个月只出去三天，我们将会多赚一点儿钱。”他却说：“你认为我应该为了多赚点儿钱而每个月失去三天的研究时间吗？”她答道：“看在上帝的分上，当然不。”这件事就这样结束了。他仍旧每日坐在他的小店里研究犹太教法典。每当有顾客进门，他就习惯性地抬起头，并厉声说：“你没有别的店好去吗？”这个令现代人感到不可思议的故事却使弗洛姆感到亲切，现代社会反而使他感到奇怪。

弗洛姆还特别喜欢中世纪教士埃克哈特（Meister Johannes Eckhart，约1260—1327）的著作，但弗洛姆对路德和加尔文新教则持批判态度。犹太－基督教传统对他的影响主要在两个方面。一是宗教性的，“强调人在生活中要以精神、宗教和道德规范为中心”（关山译，1980）。他说这是一种前资本主义的传统，接近于中世纪而离现代精神较远（王建朗等译，1987，第156页）。他甚至因父亲是一个商人而感到惭愧。他说他是这个商业的或资产阶级文明的一个异端分子，这可以解释他为什么对资本主义持尖刻的批判态度。二是政治性的，主张对世界实行变革，以实行这些宗教原则。这种传统包含一种信念，相信世界会得到拯救，相信“四海之内皆兄弟”的预言将会实现。这种传统促使他形成了乐观的救世主义、和平的国际主义和一种新的空想社会主义思想。

实际上，犹太-基督教传统是极其复杂的（顾晓鸣，1990），如果不把它与启蒙运动结合起来，就不能理解弗洛姆为什么选择性地继承了马克思和弗洛伊德的那些共同遗产，也不能理解他对犹太-基督教的选择性继承。表面上看，犹太-基督教传统代表着中世纪，而启蒙运动正是对中世纪的反动，这二者是不能统一的。但精神现象是复杂的。启蒙运动虽然为资本主义开辟了道路，但资本主义的现实发展又背离了启蒙运动的精神，所以有空想社会主义和马克思主义反过来继承启蒙运动的精神以批判资本主义。而犹太-基督教传统又在现代条件下发生了某种“创造性转换”，那些具有这种背景的人有意无意地发扬了这种传统中与启蒙运动精神相一致的东西。[1]爱因斯坦和弗洛姆谈到的犹太传统都是经过

1 许多著名心理学家有犹太血统，如弗洛伊德、霍妮、埃里克森、弗洛姆、勒温、马斯洛等，犹太传统对他们的心理学思想的影响，还是一个有待研究而又十分有趣的课题。

选择的、与启蒙运动相一致的东西（尚新建译，1986，第3页；爱因斯坦著，许良英等编译，1979，第3卷，第50页）。启蒙精神无疑是弗洛姆所受的教养的基本因素（在众多的启蒙思想家中，弗洛姆最爱读斯宾诺莎的著作）。这种精神就是用理性主义和人本主义去批判和改造现实。所以弗洛姆是在犹太－基督教传统和启蒙精神的立场上来继承马克思和弗洛伊德的共同遗产的。

弗洛姆认为马克思、弗洛伊德和爱因斯坦这三个犹太人都是现时代的设计师。他们三个人都认为，不仅要发现自然界（人是自然的一部分）的秘密，探索自然界的规律，而且要对自然界进行设计。他们都以自己独特的方式进行了研究，他们的著作不仅具有科学性，而且具有极高的艺术性，最典型地体现了人类渴望真理的需要，体现了人类改造现实以追求理想未来的愿望。

弗洛姆还继承了马克思和弗洛伊德的动力学和辩证的方法。马克思认为社会是一个充满矛盾的不断运动着的复杂结构，弗洛伊德则认为人是一个充满着能量和力的矛盾的复合体。弗洛姆的性格理论和社会历史观都受到这种方法论的影响。

但弗洛姆并不认为马克思和弗洛伊德是旗鼓相当的具有同样历史意义的人物。他认为马克思是具有世界历史意义的人物，就此而言，弗洛伊德是不能与马克思相提并论的。马克思所思考的深度和广度远远超过了弗洛伊德，他为一门有关人和社会的新型科学奠定了基础。但不能因此而忽视弗洛伊德，他“是一门真正的科学心理学的创始人”，对人的科学做出了独特的贡献（张燕译，

1986，第11页）。

当然，弗洛姆还分别从马克思和弗洛伊德那里继承和发展了许多不同的思想和方法，这在下文再详细论述。这些思想和方法主要是马克思的社会存在与社会意识、经济基础与上层建筑的辩证关系的理论、异化理论，以及弗洛伊德的人格理论、潜意识理论和精神分析方法等。

此外，弗洛姆还受到禅宗和巴霍芬（Johann Jakob Bachofen，1815—1887）的影响，但这种影响并没有超出以上所述的犹太－基督教传统和启蒙精神。他理解的禅宗是一种不信神（人本主义）的宗教，它诉诸个体对宇宙人生的觉悟从而获得精神的自由和解放（理性、智慧），并体现了一种人与自然和谐相处的态度（与工业社会贪婪地向自然索取相对照）（洪修平译，1988，第134—167页）。

巴霍芬则是"第一个发现母系氏族社会的思想家"，他所揭示的母系氏族社会的图景吸引了弗洛姆。弗洛姆在1934年就受到巴霍芬的启发，写了《母权论及其对社会心理学的现实意义》一文，后来又写了《母权论在今天的意义》一文（许俊达等译，1988），他认为母系氏族社会体现了"无条件的人类爱的原则"，这显然与犹太－基督教和启蒙运动所倡导的"博爱"（人本主义）是一致的。

作为新精神分析学派和法兰克福学派的代表人物之一，弗洛姆与赖希、霍妮、沙利文等新精神分析的代表人物，以及法兰克福学派的其他代表人物（如马尔库塞等）都有思想上的联系，但这些联系主要表现在对具体问题的研究上，如威廉·赖希（W.Reich，

1897—1957）首先将精神分析理论和方法用来研究法西斯主义，霍妮根据战后美国社会文化的新情况对弗洛伊德理论的修正，特别是对现代人“焦虑”问题的研究等等，都对弗洛姆有一定影响。只是就思想背景的基本内容而言，弗洛姆没有从他们那里吸取什么新的东西。

总之，弗洛姆的思想背景是十分复杂的，他千方百计地把一些不同的思想捏在一起，把它们拼成了一种马赛克，或者说对它们进行创造性的加工，做成一种综合物。但通过以上的分析，我们发现这个背景原来是十分清晰的，原来只是一些构成欧洲文化的基本材料（王建朗等译，1987，第153、171页）。他用这些基本材料进行创造性加工所得出的综合物就是人本主义的精神分析学说。

4　弗洛姆：精神分析社会文化学派的集大成者

弗洛姆既是精神分析社会文化学派的创始人之一，也是这一学派的集大成者，是这一学派中影响最广泛的人物。因此，了解这一学派的形成与特点，对于我们了解弗洛姆是很有必要的。

精神分析社会文化学派酝酿于弗洛伊德的晚年即20世纪30年代末。其主要代表人物霍妮于1937年出版《现代人的神经症人格》、于1939年（弗洛伊德去世那年）出版《精神分析新道路》，强调社会文化因素在神经症形成中的重要作用，并对弗洛伊德的许多基本观点进行了修正；沙利文于1938年创办《精神医学》杂志，以传播他的人际关系理论，他认为心理疾病是由人际关系的失调引起的，而不是性本能与社会的冲突引起的；卡丁纳（A. Kardiner，1891—1981）于1939年出版《个人及其社会》，将其通过人类学研究所得出的不同于弗洛伊德的结论公诸于世；弗洛姆在30年代发表了一系列论文，试图用历史唯物主义修正精神分析。到40年代初，精神分析社会文化学派正式形成。1941年，霍妮被纽约精神分析研究院开除，但她迅速成立了美国精神分析研究院并自任院长，这一事件标志着精神分析社会文化学派与正统精神分析从思想体系的分裂到组织上的正式分裂已告完成。同年，弗洛姆出版《逃避自由》，从社会历史根源上分析纳粹主义崛起的心理基础，这与弗洛伊德从本能中寻找战争的心理根源形成鲜明对照。弗洛姆致力于从社会学的和人本主义哲学的取向上修正弗洛伊德的精神分析。

牛顿曾说过，在科学上，后人的进步是站在前人的肩膀上的。而心理学家泽曼（D. Zeaman，1921—1984）在对心理学史进行考察和分析后认为，牛顿这一名言用于心理学上时应做一些修改，变成：在心理学上，后人的进步是踩在前人的脸上的。这话有些夸张，但确实反映了一些事实（施良方，1994，第18页）。心理学中的伟大人物往往被后人当作批判的靶子，因而成为这门科学发展的动力之一。从这个意义上讲，一个人物之所以伟大，正是由于他被后人当作批判的靶子。心理学中伟大人物的错误往往比他发现的真理更多地促进了该学科的发展。精神分析社会文化学派就是在修正弗洛伊德的“天才的错误”的基础上发展起来的。

精神分析社会文化学派的修正主要是针对弗洛伊德的本能决定论。这种理论认为人类行为的基本动力是本能欲望，社会文化是其对立面，它压抑本能欲望的满足因而导致神经症发作；而科学和艺术创造则是本能欲望的升华，文明的发展以压抑人的本能为代价却不能给人带来幸福；人性就是人的生物性，就是人的本能，人性决定社会文化而不是社会文化塑造人性；人性中充满破坏性和攻击性，与社会道德的冲突不可避免，人生的痛苦不可避免，战争也不可避免。与本能决定论紧密相关的是泛性论。弗洛伊德将人格的发展归结为性心理的发展，归结为性本能随着年龄的增长依次通过不同的身体部位获得满足的过程；人从婴儿期开始就有性欲，并指向异性父母；女性的心理特点是由女性的身体结构决定的；俄狄浦斯情结普遍存在，贯穿于个体的成长过程，是神经症的根源，也是道德和宗教的起源。

弗洛伊德上述理念植根于19世纪的物理学和生物学，植根于维多利亚时代中产阶级的生存方式。到了20世纪，社会现实发生了变化，各种社会矛盾影响着人们的精神生活，性压抑问题的重要性不如从前了。一些社会科学如社会学、人类学、社会心理学正在兴起，这些学科提供了不同于弗洛伊德的新发现，主张把人看作各种社会文化因素的产物，而不是受本能驱使的动物。阿德勒（A. Adler，1870—1937）的心理学“在心理学历史中是第一个沿着我们今天应该称之为社会科学的方向发展的心理学体系”。阿德勒1911年离开弗洛伊德正是因为他背叛了弗洛伊德的正统，沿着社会科学的方向走得太远而为弗洛伊德所不容。尽管精神分析社会文化学派的所有代表人物都是通过直接修正弗洛伊德的学说进而形成自己的体系，并不承认他们是在阿德勒的基础上开展工作的，但一般还是将阿德勒视为社会文化学派的先驱。阿德勒认为人格发展的动力是为克服自卑而寻求补偿的努力。自卑感来源于童年的社会生活经验，儿童发现自己的软弱无能，与周围高大强壮而又活跃的成人形成了强烈的对比，于是产生了对力量的需要。儿童逐步形成的补偿方法是根据自己在家庭中的处境、父母的性格、家庭经济状况和人员构成，逐步扩大到根据邻居的特点和社会的要求等多种社会因素而采取的策略。总之，自卑感及其补偿是在家庭环境、家庭气氛及其他社会环境中形成的。阿德勒还认为社会兴趣（social interest）是人的固有本性，是一种重要的社会性动机，它表现为与人合作、帮助别人、设身处地地理解别人，甚至在对待别人时给予多于获取的倾向。他还认为男女心理差异是社会秩序造成的，在一定社会秩序中家庭的权力结构（家长制）是与军事、经济和政治领域中的权力结构分不开的，因此，女性心理不是由身体结构造成的。阿德勒的下述观点简直是弗洛姆的直接先导："对于那些不能再像农民那样从接触土地得到直接满足或像手艺人那样由于看到自己亲手劳动的成果而满怀喜悦的大多数男男女女，他们面临的是日复一日的机械活动的世界，那根本是毫无意义的，而在这些活动中，你不是受制于一个你并不认识的什么人就是受一部机器的摆弄，它的目的和最终目标你并不理解。这里没有任何解脱的可能，除非在计划和管理生产过程中有充分的民主参与。"基于这种理论，阿德勒为女权运动和社会主义运动献出了特殊的精力。（墨菲著，林方等译，1982，第407—410页）

美国社会特别是学术界对弗洛伊德精神分析的承认，为精神分析社会文化学派的形成和发展创造了条件，同时，精神分析社会文化学派对弗洛伊德的修正又加速了这种承认，并且进一步扩大了精神分析在美国的影响。精神分析社会文化学派把精神分析改造得符合美国口味，当然这种改造的根源主要在于新的社会现实和学术界关于人的新范式。

20世纪三四十年代的西方国家，动荡不定、灾难迭起。先是席卷资本主义国家的经济危机，随后是法西斯主义崛起、第二次世界大战爆发，人们经受着各种压力和打击，神经症和精神病患者不断增多。一些精神分析学家从治疗实践的切身经验中感受到，用弗洛伊德的病理学和治疗学，在临床上已经行不通了。这些患者的问题主要不是性压抑，而是社会生活的困境、人际关系的失调所造成的人格扭曲。精神分析的生命力首先在于临床效果。新的现实促使精神分析学家寻找新的理论模式，而新的临床经验是新的理论形成的基础。

法西斯主义兴起和第二次世界大战促进了精神分析社会文化学派的形成。三四十年代，近200名精神分析学家为逃避纳粹迫害来到美国，其中大多数是犹太人，包括霍妮、弗洛姆、埃里克森（E. H. Erikson，1902—1994）等后来成为著名人物的精神分析学家。他们的成就主要是到美国以后取得的。一些思想敏锐的心理学家致力于研究态度（偏见）、舆论（宣传）、攻击性、威权主义人格等与纳粹主义和战争有关的社会心理学和人格心理学问题。在这一领域的研究中最著名的有阿多诺（T. W. Adorno，1903—1969）、赖希和弗洛姆，他们都试图用精神分析来研究独裁统治的心理学问题。

同时，新的理论的形成也离不开时代的学术背景。弗洛伊德接受的是19世纪物理学和生物学的范式，社会文化学派则接受了20世纪兴起的社会科学（社会学、文化人类学、社会心理学）的新范式，把人看成是社会文化环境的产物，把人格解释为个人对社会环境的适应，把理论和治疗实践的重心从人体内部转移到人与人、人与环境之间的关系上。这些社会科学的主要力量在美国。社会文化学派的主要代表人物霍妮和卡丁纳受玛格丽特·米德（Margaret Mead，1901—1978）和鲁思本尼迪克特（Ruth Benedict，1887—1948）等人的文化人类学的影响较大；沙利文受社会学和社会心理学中的芝加哥学派影响较大；弗洛姆则主要受德国社会学的影响，包括马克思、马克斯·韦伯和30年代从德国迁往美国的法兰克福学派（他是该学派成员）。

精神分析社会文化学派的主要代表人物是霍妮、沙利文、卡丁纳和弗洛姆。他们在理论上各有侧重，在观点上时有分歧，在组织上较为松散，不像正统的弗洛伊德学派带有政治和宗教组织的特点。霍妮认为不同的文化背景有不同的神经症的标准，指出神经症的根源在于个人在充满矛盾和敌意的社会中所产生的基本焦虑。沙利文重视人际关系这一概念在精神医学中的重要地位，他们俩主要活动在精神分析和精神医学领域。卡丁纳致力于对土著民族的现场调查材料进行精神分析的阐释，认为不同文化的基本制度造就了不同的基本人格结构，进而形成了不同的宗教和禁忌系统。他主要活动在人类学领域。弗洛姆认为资本主义的发展使人失去了与自然、与他人、与真实自我的密切关系，因而现代人虽获得了自由，但陷入了孤独和不安全的境地，这正是各种心理疾病的根源。他主要活动在精神医学、社会学和哲学领域。卡丁纳和弗洛姆主要在大学任职，这从一个侧面体现了美国学术界对精神分析的承认。他们之间也存在分歧，如霍妮与弗洛姆之间、卡丁纳与另外三个人之间就发生过摩擦或出现过分歧。

但他们在许多基本观点上是一致的，这是他们同属于一个学派的基础。第一，都继承了弗洛伊德的潜意识动机和人格的动力学观点，并以此为基础形成了各自的人格心理学和社会心理学。第二，都继承了弗洛伊德重视童年经验或亲子关系的传统，但抛弃了本能决定论、婴儿性欲论和人格结构（本我、自我、超我）论。第三，都强调社会文化因素对人格的影响，将微观的家庭环境与宏观的社会环境联系起来研究人，反对弗洛伊德的生物学化的倾向和女性心理学。第四，都受过传统的精神分析正规训练，掌握了精神分析治疗技术，并以此为基础形成了各自的人格心理学、心理治疗学或社会心理学。第五，都抛弃了弗洛伊德关于人和社会的悲观主义态度，相信人的潜能的建设性，相信通过改变社会生活条件、改变不合理的人际关系可以实现健康的人的生活。因此他们不仅在治疗上，而且在关于人和社会的信念上都是乐观主义的。

精神分析的社会文化学派从霍妮、沙利文的精神医学，到卡丁纳的文化人类学、弗洛姆的社会心理批判哲学和社会改革理论，视野逐步开阔、影响不断扩大，到弗洛姆这里达到一个高峰。

5　弗洛姆心理学的现代人主题

弗洛姆一生的研究工作都是围绕现代工业化商品经济社会里人的处境和心态问题来展开的，他关心的不是少数心理疾病患者或自我实现者，而是大多数人的心理困境以及人生幸福的实现途径问题。从其所提出的新的范畴来看，社会性格和社会潜意识是其心理学说的两个基本范畴，它们都是为了解决他所关注的问题而提出来的。

弗洛姆心理学的逻辑顺序是：从人的处境出发，探讨了人的基本需要和情感，进而提出了社会性格和社会潜意识两个新的范畴，并批判地考察了资本主义社会中人的处境、性格和潜意识，最后提出了一套社会历史观和社会改革方案。当然逻辑顺序不是时间顺序，如社会历史观和社会改革的设想显然不是（在时间上）最后形成的，对现代人的关切也非始于提出社会性格和社会潜意识这两个范畴之后。

为了对弗洛姆心理学的现代人主题形成一个初步而又生动的印象，我们先引用弗洛姆晚年与电台、报刊记者的几次谈话的片段，弗洛姆在这些谈话中所涉及的问题正是他一生关切和探索的问题。在本书后面的各章节中，我们还会详细介绍弗洛姆对这些问题的研究。

弗洛姆去世前，与联邦德国一家刊物《星星》杂志编辑部进行了一次谈话，以下是这次谈话的片段（赵鑫珊译，1981）。

编辑部：有越来越多的人都在设法摆脱工业社会，尤其是青年。许多人在吸毒，有的则加入了苦修行者的教派，另外一些人为了寻找宗教指导，不远万里，前往印度。请问，造成这种逃避现实运动的原因究竟何在？

弗洛姆：也许我可以加上一句：还有很多人之所以没有脱身，那只是因为救生船不够。脱身的人越来越多，为的是去探讨一个严肃的问题。

编辑部：大船要沉没，人们纷纷登上救生船。我们工业社会这条大船会沉没吗？

弗洛姆：首先是因为这个社会缺少乐趣和爱。我本人确信，人缺少乐趣、缺少爱是无法活下去的。……由于人缺少乐趣、缺少爱，人的生气竟会锐减到如此严重的程度，以至于这就是促使许许多多人走向坟墓的根源。

编辑部：您是指自杀吗？

弗洛姆：不，我主要指的是慢性病、萎靡不振和老年人缺乏活力，以及青年人缺乏一种朝气——到处都难见到这种朝气，这实在是一种心死啊。

编辑部：您曾经把这种心死称为“时代的疾病”，那么病源究竟何在呢？

弗洛姆：我以为，在现代工业社会中，生活再也没有诱惑力、没有希望了。倘若生活一旦失去了人所追求、人所渴望，以及人所梦寐以求的那种希望，那么促使人去奋斗、去起早贪黑地干，以及为希望而活下去的动力就要全部告吹。对某种伟大的、美的和重要的东西的憧憬一旦告吹，人的生气就会像扎了一个窟窿的气球，再也打不起精神继续活下去。

编辑部：是不是可以这样说，以满足物质需要为其主要目的的工业社会，是造成人的生气锐减的祸根。

弗洛姆：是这样，我觉得一点儿也不错；而且这也是有目共睹的。我们所看到的是这样一个社会——主要是中产阶级——它饱食终日，养尊处优，像圈在牲口厩里的一群乳牛，尽管厩内是舒舒服服、干干净净的，但是却感到极度的无聊，无聊得几乎不想再活下去；因为人所追求、所渴慕，并使人的内心世界欣欣向荣的那种东西已荡然无存了。

编辑部：在过去，每当一种文明到了盛极难继的时候，它往往就要求助于战争。谢天谢地，今天要发动一场战争是会遇到不少障碍的。

弗洛姆：我想也不见得吧。

编辑部：现在普遍都蔓延着一种恐惧感。民意测验表明，联邦德国大多数居民担心80年代的局势会恶化。

弗洛姆：的确如此，我们是深怀恐惧之感的。这种恐惧恰如无聊一样，是对世界、对人、对大自然和对一切有生命的东西的一种厌弃感。面对着这种恐惧，我们束手无策，不知所措。因为我们的所作所为只能加深我们的恐惧感。我们总是在不断地制造原子武器；我们所过的生活方式，是一种令我们越来越感到恐惧的生活方式。我们自己的不安全感还在与日俱增，越来越失去自我控制。

编辑部：您能对此做些解释吗？

弗洛姆：我们的消费和市场经济是建筑在这样一种思想基础上的：人们可以买到幸福，可以买到一切。如果人付不起钱去买下某种东西，那么他就会感到不幸福。然而幸福却完全是另一回事。幸福只能来自自己的努力，来自一个人的内心世界；幸福绝不是金钱可以买到的，幸福是世上“最廉价的”东西……最有钱的人不见得就是最幸福的人。

编辑部：弗洛姆教授，很久以来您和别的一些人早就对工业社会会出现自我崩溃的趋势提出过警告。您是否经常感受到，您这是在荒漠之中孑然一身地大声疾呼、孤雁独鸣呢？

弗洛姆：不，我没有这种感觉。我经常感觉到的，倒是人身上占主导地位的东西，仍然是那种追求生命、憧憬未来的意志。不过人总是缺乏勇气去表达这种意志罢了，因为他们感到很孤独，而且又无法去打破这种孤寂的局面，这实在是很悲惨的。但是我相信，这种意志看来颇有渐渐变强、占得上风的趋势。

编辑部：您还说过有必要去进行一次精神的复兴。为此我们是不是要提出一套新的道德主张呢？

弗洛姆：是的，这的确是至关重要的一件事。不过问题就在于我们如何去制定出一套新的道德准则。我想，这只有等到有朝一日，当大多数人觉得再也不能按老样子混下去，再也不能自欺欺人的时候，才会有这种可能性。我们对于我们的所作所为，对于我们的整个生活方式是颇感不快的，就是孩子们也表示出了不满。

编辑部：您是否相信，也许通过一场原子战争，一套不威胁生命的新道德主张和一种新的意识才会产生出来呢？或者反过来说，为了让一种新的意识产生出来，经受这样一种危机是否就是避免不了的呢？

弗洛姆：不，这肯定是不对的。一场原子战争无疑会使人类倒退到原始荒野时代，会使人不成其为人。人类是否能阻止这场战争的爆发，决不能寄希望于临渴掘井的办法，而是要立足于现在……希望是有的，出路就在于人要认清自己受苦受难的根源，人的苦难是由于缺少爱所引起的。从苦难中，将会滋长出对爱的新的强烈的冲动，而这就是对生命的渴望。

弗洛姆还与一家电台的记者进行了一次谈话，这次谈话记录以“病人是最健康的人”为题，发表在1980年3月21日（弗洛姆逝世后的第三天）的联邦德国《时报》上（关山译，1980）。

问：您认为当前的资本主义社会正处在危机当中……

答：我认为，今天有许多人都在寻找一条道路，一条真正使人得到满足、使人得到尊重的道路。他们认识到，为了成功、金钱、竞争、剥削而生活是不幸的根源。……

问：您曾经谈到，我们生活在一个由不幸的人组成的社会之中，而且人们知道这种不幸。

答：是的，如果人们正视现实就会看到这一点。这就是说，大多数人都努力向别人显示自己是幸福的。如果谁不感到幸福，那么他肯定是个失败者，一个没有获得成功的人。所以人们必须戴上一副假面具，看起来好像是幸福和满足的。否则，他在市场上就要失去信用，他就是不正常的人，不勤奋的人。但是，只要你们仔细地观察一下这些人，就会发现在这副假面具之后隐藏着的是烦恼、抑郁、失眠和不幸……在资本主义社会中，人变成了劳动的牲口，资产阶级社会阻碍着人们爱、思想，它使人成为经济工具，而不是经济活动服务的对象。

问：是不是我们一般认为是正常的人在您看来都是病人？

答：是的。最正常的人也就是病得最厉害的人，而病得最厉害的人也就是最健康的人。听起来这话显得有些过分和诙谐。其实不然，我说这话是很认真的，不是开玩笑。在病人的身上，我们能看到某种属于人性的东西尚没有被压抑到无法与诸种文化模式相对立的程度，只不过是产生了患病的症状，这种症状，比如说疼痛，只是表明他某些地方不太正常的一种迹象。能够感觉到疼痛的人也算是幸福的了。如果一个人连疼感都没有，那么他的处境是很危险的。但是许多正常的人们只知道适应外界的需要，身上连一点儿自己的东西都没有，异化到变成了一件工具、一个机器人的程度，以致感觉不到任何对立了。他们真正的感情、爱、恨都因为被压抑而枯萎了……

问：那么原因何在呢？

答：原因是有目共睹的。我们的社会是建立在尽可能地生产和尽可能地消费这种原则之上的。这就是生活的目的。人们只知道追求经济和技术的进步而无视人的存在。人们所津津乐道的不是于人类有益的东西，而是有害于人类的东西。比如说，许多广告所宣扬的就是危害性极大的东西。

问：您曾经写道，由于经济上的原因我们今天的社会不得不自我反省。您以罗马俱乐部为例做了说明。

答：不仅仅是罗马俱乐部，许多研究者都一致认为，如果我们仍然像以前那样干下去，如果我们把一切都消费掉，破坏了自然，那给我们子孙后代留下的将是一个遭到破坏的、贫乏的、有毒的世界；如果人只为利益、权力而生活，那么必然要导致原子战争的灾难。

据说，现在已有40个国家有能力利用原子能，为了赚钱，什么都可以卖。另外，一些研究人员指出，仅仅由于经济上的原因，在二十、五十或六十年后地球上的原料储备就会被挥霍干净，穷国更穷，富国更富，这必然造成灾难。

问：您认为东方所谓的马克思主义国家也算是工业社会吗？

答：差不多，那里的情况更糟。因为那种社会没有资本主义所具有的活跃因素和进步因素。这些国家是国家资本主义，与梅特涅（Klemens von Metternich，1773—1859）时代的保守时期的情况一样。

大多数人都认为，如果我们像今天这样继续下去，必将以灾难而告终。我要说的是，只要我们尚有一线希望生存，比如说百分之一的希望，那我们就应该用不懈的努力去避免灾难。为生存和为钱是两码事。如果有人想投放一笔钱，但是他只有百分之二可能成功的希望，那么只有傻瓜才去投放这笔资金。但是，当一个人患了重病，只有百分之二的希望得救，那么医疗人员就会竭尽全力地抢救他的生命。我们所说的社会问题是关系到人类生死存亡的问题。

20世纪70年代弗洛姆应南德意志广播电台记者汉斯·朱根·舒尔茨（Hans Jürgen Schultz）的邀请，发表了一系列广播演讲。这些演讲后来由舒尔茨汇编成一本文集《生命之爱》（罗原译，1988；王建朗等译，1987）。舒尔茨在这本文集的序言中写道，弗洛姆永无止境地工作着，他一生都在阅读、写作、计划和研究。直到生命的最后时刻，他始终是坦率的、兴致勃勃的。作为我们时代的一位敏感而中肯的评论家，他的演讲不仅新颖，而且充满活力。

舒尔茨回忆道：他们第一次见面是1970年，在苏黎世，他们讨论着第二天要录制的一系列演讲的内容。弗洛姆“坐在我的对面，脸上带着他那种特有的热切的神情，全然不顾周围的忙乱与喧闹，向我们讲述着他的思想轮廓。当他娓娓而谈的时候，我不觉松了一口气，心里想：这下好了，希望他一直这样谈下去。但是，他的话锋一转指向了我，他想听听我的不同看法，尤其想了解他将面对什么样的听众。……他有一句格言：用他们的语言讲话，但不只是讲他们爱听的话。他准备得很充分，身边带了一大堆笔记和草稿，在我们谈话时还不停地往上写着什么。但是第二天早上，他却两手空空地站在我面前，他没有携带任何东西。我问他是不是不愿带公文包，他逗趣似的摇摇头。我们驱车来到播音室，他一进门就立刻坐到话筒前，开始即兴演讲。他讲了六个部分，每一部分都是准确的29分钟。……聆听他这种自然而精练的论述，是我们在收音机中很难感受到的一种快乐”。

舒尔茨描述道：弗洛姆专心致志地谈着他的话题，做着苏格拉底式的哲学漫游。正在这时，在播音室隔壁的控制室里挤满了人，技术人员、秘书、工友、编辑人员等等，都站在那里聚精会神地听着。弗洛姆成长在一个具有很强口语能力的文化——犹太传统中。他的全部工作在一个主题上演出了许多变奏。它充满了反复，充满了在旧问题上的新探索，充满了要探索得更深刻、阐述得更精辟的新追求。很少有学者像他这样偏爱于一种美好的超越。对他来说，达不到极大的丰富就得承认是贫困。“当我阅读他的作品时，我一次又一次地为他的思想、主张、洞察力和表达能力的丰富而震惊。”“我总感到我从他那儿离开时与我到达那儿时不是同一个人，我离开那儿时头脑更清醒，感情更活跃，更不易被那种压迫我们，使我们容易绝望的力量所威慑。”

使弗洛姆成为这样一个富有感染力的人物的不只是他的博学。舒尔茨认为，这是生活与理论相互作用的结果。一个人活着，就意味着一次又一次地诞生。弗洛姆曾说，我们中的大多数人在生活还没有开始的时候就死去了，这是一个悲剧。弗洛姆的这一观点促使我们不断地用新的观点去看待事物，不断地进行新的探索。

这里之所以离开弗洛姆的谈话内容本身去描述弗洛姆这个人，是为了使读者对弗洛姆的人格形象有更丰富的了解。这对于理解他的学说以及他为什么受到广泛的欢迎都是十分重要的。我们接下来看看弗洛姆谈话的几个片段。

舒尔茨：我们现在拥有的空闲时间比过去多得多，因而谈话的机会也相应地比过去多。但是，我们生活的外部环境越是有利于谈话，我们对它的内在的兴趣却似乎少了。有很多的东西妨碍你提到的那种和谐的谈话，有许多人为的障碍阻碍了我们。似乎有一种特定的态度阻碍着我们参加我们一直称作“谈话”的活动。

弗洛姆：我认为可以说许多人（可能是绝大部分人）都害怕两个人在一起：没有活动计划，没有收音机和电视，没有讨论的话题，没有议事日程。他们会感到害怕，完全不知所措。他们不知道该谈点儿什么……在美国，通常不邀请单身汉或仅仅一对夫妇到自己家里去。你总是要请更多的客人，因为如果你们仅仅是四个人，那可能是很令人尴尬的。如果你们人不多，你就必须努力周旋，以免出现令人厌倦的情况，除非你把你的全部老唱片都放一遍。如果你们有六个人，你虽然不能有真正的谈话，但你至少可以避免令人难受的冷场。有些人总是有事可谈，一个人谈话离了题，另一个人会接下去谈。这好像是一种双重演奏会，音乐绝不会停止，但没有真正的谈话。

我猜想许多人都认为，如果一种娱乐不需付任何代价，它是不可能令人满意的。商业宣传使我们认为，幸福来自我们能买到的东西，而很少有人肯相信，没有这些东西，我们也能生活，而且生活得很好。这是与过去大不相同的。我现在73岁，五十年前，即使那些过着舒适的中产阶级生活的人，他们为了娱乐也只买很少的东西。那时没有收音机或电视机，也没有小汽车，但是那时有谈话。当然，如果你认为谈话是消遣的一种手段，那么你们所谈的必定是些蠢话。真正的谈话不是“消遣”。它需要集中，集中我们的力量，而不是分散它。如果一个人他自己没有生气，那么他的谈话也不会很有生气。假如人们不担心跳出自我范围，不害怕表现出真正的自我，敢于抛弃他们认为需要用来防备跌入虚无中去的拄杖，并且假如他们不害怕独处，那么，许多人是会大有生气的。

舒尔茨：我们再谈收音机。广播和电视的任务是给公众提供信息和娱乐。这个任务在管理广播的法规中被规定了下来。但另一方面，如同你所暗示的，也是任何人所不能怀疑的，广播与电视对谈话艺术的消亡起了很大的作用。

弗洛姆：这个问题引起我很大的兴趣。我很想听听你的体会。你认为无线电广播和电视对人所起的作用实质上是相同的吗？或者，你认为这两种媒介物具有很不相同的功能和性质吗？

舒尔茨：在我看来，无线电广播和电视都不是一个对话者。它们间接地工作。在两者中，都有一个供给端和一个接受端。不可能有矛盾，也没有交流。当打开收音机和电视时，谈话就停止了。无线电广播和电视能制造出谈话的印象，但是并不能创造出真正的谈话。我认为，这是给人类保留的一项特权。决定性的问题是，广播和电视是否吸引我们，激励我们，向我们挑战，要我们谈话；或者，它们对于创造谈话的条件是否有害。不过在这一点上，对我来说，广播似乎比电视的害处要小些。

电视比任何其他媒介物更鼓励被动——一种舒服的智力消费。它是我们所创造过的帮助我们消磨时间的成功的工具。但是，真正的谈话需要时间。如果我们借助电视消磨、浪费了我们的时间，谈话就不会盛行。如果我看得不错的话，无线电广播不具备像电视那样大的吸引力。它要求较多的机敏和较多的想象。如果它想成为，它就能够成为谈话资料的取之不尽的源泉。它不能提供谈话本身，但它能提供谈话的素材。它把我们引向另一种更基本的更直接的传播工具，促使我们注意无与伦比的愉快的面对面的交谈。

弗洛姆：对你所说的我也有同感。我这儿想说的是我个人作为一个无线电广播的听众和一个电视的偶然观众的亲身体验。我曾经和我的妻子交换意见，我发现她对无线电广播和对电视的反应几乎与我一样。我很想知道你对我们的经验的评论。我也很想问一下我们的听众，他们对广播与电视的感受是否与我们一样。我感到，当我听广播时，我还是个自由的人，当有我感兴趣的节目时，我便打开收音机。但我决不会沉溺于它。由于广播技术的发展，我能够听到像人们在电话中交谈那样的谈话。当然，在无线电广播中听到的不像电话中的谈话那样具有较强的私人性质。但我要强调的是，我们对无线电广播和电话习以为常了。我们不会被迷惑。因此，我真切感到，无论听不听广播，我都是自由的。就电视来说我就失去了一些自由。当我打开电视机时，我立即看到一个画面，我感到有一种隐约的强制力，它强烈地促使我去看，即便我明明知道那节目完全是胡扯。我不是说电视里的节目全是扯淡。我想指出的只是：甚至当我明明知道一个电视节目是胡编乱造，我仍然被吸引着，看下去，听下去。

电视的魅力远远超过无线电广播。它发挥一种心理上的魅力。这种魅力是不能以任何具体节目的内容来解释的。我经常自问这种魅力是什么，我认为它植根于我们天性中很深奥的地方；揿一下按钮，我们就能够把另一个世界引进我们的起居室。这就唤起了我们人类深奥的、不可思议的本能。

电视使我变成了一个神。我能够从我生活于其中的现实中解脱出来，而在它的位置上创造出另一个新的现实。我一按电钮，这个新的现实就出现。我几乎变成了上帝。……如果这个节目我不喜欢，我就换看另一个。

最近，我妻子读了一本波兰作家写的小说，并讲给我听了，故事情节极端迷人。它讲的是一个有钱而古怪的男人的儿子。这个男孩在一个大宅院中长大，但是没有人教他读书、写字，他也从来没和别人说过话。他在父母的宅院中完全与世隔绝。他只拥有一台电视机。他整天守着它，并且认为他从电视上所看到的一切都是真实的东西。后来他父亲死了，他不得不离开那所房子，走进现实的世界。但他怎么也不明白，他直接看到的现实与电视中的不一样。这个年轻人一句话也不说，他也不能说，因为他什么也不懂。他所能做的一切就是看，因为对他来说，这个世界只是一个电视节目。但是恰恰是因为他什么也不说，因为他终究老在美国一个最有权势的人的一所房子里，人们认为他是个极端重要的人物。很快人们就知道了他的名字，并提名他为总统候选人，因为他从来不谈任何事情，并且全然没有任何观点。

这个故事正好说明我所谈的问题。现实与我们在电视中所看到的化为一体，而且我认为揿一下按钮便使另一个世界变成现实的这种经验是——如您所说——深刻的和返祖的，我们发现它不可思议地深深迷惑着人们。这就是电视不需要任何“好”的东西的原因。它的魅力就在于它本身的性质。人们为电视所吸引，就好像是去看一场大火或是其他激动人心的景象。……你所谈到的专心问题也是极端重要的。值得注意的是目前人们很少专心思考、生活和工作。工作是如此不完整和分散，专心仅仅是机械的和部分的。我们很少看到全神贯注的人。一个在一条装配线上工作，必须不停地拧紧同样的一个个螺丝钉的工人需要一定的专心以保持工作的节奏。但这种专心与我们那种集中全部力量的专心是很不一样的。真正思想集中的人是能注意听而不会心不在焉的；他决不会同时去做五件事，因为如果他这样做，他就会发现他一件也做不好。确实，如果缺乏专心，我们是干不成任何事情的。如果我们不专心，那么我们所做的一切都是没有价值的，缺乏专心致志，我们的活动就不能使我们自己和任何别人满意。这不仅对那些伟大的艺术家和科学家是如此，对我们所有的人都是如此。

弗洛姆最有魅力之处，在于贯穿在他的全部思想、言论和行动中的非正统的、不落俗套的观点，这在学者当中是不常见的。

他的思想总是新鲜而充满活力。他拂去时间的尘埃，开拓新的生命之路；他抛弃教条，也善于修正自己的观点。恰恰是因为弗洛姆一直那样朴实无华，所以不论是他的朋友还是敌人，他的支持者还是反对者，都不能忽视他。

二

两难处境中的现代人

人的内心世界，是由人所处的生存环境所决定的。所以要分析现代人的心理生活，必须首先探讨现代人的处境。弗洛姆关于人的处境（situation）的学说是其整个思想体系的逻辑起点，是其心理学的人类学–哲学基础（孙依依译，1988，第60页）。他是从这里出发逐步展开他的理论的。

1 人的处境

弗洛姆是从如下三个方面来分析人的处境的：人在生物学意义上的弱点、人的存在本身的矛盾和人类历史的矛盾。

作为生物学意义上的人

进化程度越高的动物，其生而具有的由本能自动调节的装备越不完善。这种反差，在人这里达到了顶点。在所有动物中，刚出生时，人是最无能的，最软弱无力的。牛马出生后几个小时就能站立行走，孩子到一岁才蹒跚学步。人对父母的依赖时间，比任何动物都长。

然而，越是高等动物，行为模式的伸缩性越大，学习的能力也越强。高等灵长目动物已具有相当的智力，这些动物会运用智慧而不仅仅依靠本能动作去满足它们的需要。在德国心理学家苛勒（W. Kohler，1887—1967）的经典实验中，一只关在笼子里的黑猩猩，想吃到笼子外面的香蕉，先用前肢，够不着；然后用笼子中的一根棍子，也够不着；最后用这根棍子够到笼子外面的另一根棍子，并将较细的一根插入较粗的一根的空口里，接成一根很长的棍子，终于得到了香蕉。从黑猩猩的行为中，我们看到了智慧的萌芽。这种智慧行为，超越了本能所规定的行为模式。但是，无论多么高等的动物，它本质上依然遵循生物的自然法则“生活”，它是自然界的组成部分，永远不会超越自然。动物没有道德良知，也不能意识到自己及其存在；如果说理性是透过现象抓住本质的能力，那么动物就没有理性；即使它知道什么是有用的，也没有真理的概念。

动物对周围环境的适应方式始终如一。假如它所赋有的本能不再适合于成功地应付不断变化着的环境，那它就会绝种。动物能通过自动改变自身而不是改变环境来使自己适应变化着的环境。动物与自然之间的关系是和谐的，尽管自然界也会威胁到动物的生存，迫使它为活命而斗争。但大自然为动物提供了足以应付周围环境的东西，正如大自然为植物种子提供土壤、气候等条件，使其在进化过程中适应不同的环境。

在动物进化过程中，本能适应性达到最低点，因而成为生物学意义上最无能的动物时，人就诞生了。人的行为不再完全受本能的支配，对环境的适应不再是被迫的，不再被遗传的机制所决定。因此，人类一开始就面临着行为方式的选择问题。就行为摆脱本能的强制性而言，人是自由的（当然不能完全摆脱本能）。但这种自由同时意味着，人必须忍受因缺乏动物那样的由本能自动调节的装备所带来的危险和恐惧。人对环境的反应不及由本能自动调节的动物的反应来得迅速和有效。鱼鹰生来就有捕鱼的本领，人要捕鱼就要通过艰苦的学习，还要制造复杂的工具。人什么都要学习，连吃也要学习（使用筷子或刀叉对孩子来说并不容易），而人的生命是短暂的，在艰苦的学习任务面前，他感到茫然、恐惧和软弱无力。

人通过直立行走从自然界中解放出来，其大脑的发达程度远胜过最高等的动物。人的诞生也许持续了几十万年，但重要的是人最终作为一种超越了自然的新种属出现，成为唯一有自觉能力的生命。人类为了克服生物学意义上的弱点，创造了文明，从而超越了自然。人的本能适应性不足以使人生存下去，必须寻求新的途径，这就是文明。自我意识、理性和想象力打破了作为动物存在的和谐状态，使人成为宇宙中的怪物：人作为自然界的一部分，他要服从自然规律而不能任意改变这些规律，但文明逐步使人疏远了自然，使人与自然相脱离。人与自然的天然关系破裂了，人失去了原有的家——大自然，再也不能回到这个家，他无家可归，只有一条路可走，那就是去寻找一个新的家，将世界创造成人的世界，也使自己成为一个真正的人（欧阳谦译，1988，第23页）。

人的存在：无法摆脱的矛盾

人类一诞生就具有与动物不同的新特质，人能意识到自己是独立的整体，能回忆过去并瞻望未来，能使用符号指称对象和进行行动。人具有认识和理解世界的理性，能通过想象使自己远远超出自身感觉的范围。与许多动物相比，人都显得软弱无能，但正是这一生物学上的软弱性，成了他力量的源泉，成了促使他发展作为人的特质的原动力。人因此超越了动物的本能状态，但这种超越又使人陷入了一系列困境。由于这些困境植根于人的存在本身，所以弗洛姆称其为人的存在的矛盾性（dichotomy）。

·个体化与孤独感的矛盾·　人存在于与自然、他人和自我的关系中，所以要了解人的存在状况，就要分析人与自然、他人和自我的关系。

自我意识、理性和想象力的发展，使人失去了与自然的一体性，但人又没有得到完全脱离自然而生存的手段。弗洛姆从这个角度对《圣经》中人的诞生的神话进行了新的解释。在伊甸园里，人与自然、男人与女人，和谐地相处在一起。那里一片安宁，没有选择，没有自由，没有思想。但有一天，人违反了上帝的禁令，偷吃了知识之树上的果实，从此，人有了理性，有了知识，有了自我意识，能反观自我，发现自己赤身裸体并感到羞耻。这意味着人开始脱离自然状态，人与自然之间原有的和谐状态破裂了。违抗上帝的禁令，这是第一次人的行动。如果不这样做，人永远是自然的一部分。但这种行动给人带来的后果又是痛苦的，人与自然、男人和女人，从此不能和谐相处又不能完全分离。人被逐出乐园，获得了自由，同时也获得了孤独和恐惧。人把改造自然同时也是破坏自然当作发展人的特性的途径，在这个过程中，自然成了对象，人成了自然的对立面。当然，这个过程是漫长的。在古代，从原始部落时期到中世纪后期，人与自然之间还保持着密切的关联。只是工业文明的出现才加剧了人与自然的对立。

同样的情形也出现在人与他人的关系中。婴儿离开子宫，脐带被割断，从此，他就作为一个个体而存在了。但这时他还与母亲保持着一种原始关联，他与母亲朝夕相处、息息相通。母亲依然把他看成是自己的一部分。随着年龄的增长，他的活动范围逐步扩大，母亲的照料越来越少，他要自己去解决问题，要与各种人打交道。人不能离开他人而生存，又不可避免地要与他人发生冲突。所以个体的成长过程具有两面性：一方面，儿童在身体和精神上日益强大，感到自我力量的增长；另一方面，他日益感到失去了母亲的保护，感到自己与他人的冲突和分离，感到世界的强大与自我的渺小，感到世界常常与自己作对，他孑然一身，面对着这个强大的充满威胁的世界。

从社会的发展来看，古代社会的人与人之间的联系是紧密的，现代社会人与人之间越来越冷漠。所以无论从个体发展还是从人类社会发展来看，人与人之间都有一种越来越疏远的趋势。

相应地，人也疏远了自我。意识本来是自我的一部分，却常常跟自我过不去，它要限制人的冲动和行为。意识掩盖了人的真实自我，使人的真实自我处于无意识的受压抑状态。自我分裂了。人害怕独处，害怕和自己在一起，总是要去找事干。现代人忙于追求金钱、权力、荣誉，自以为在追求幸福，一旦真的得到这些东西，又感到茫然和空虚。弗洛姆这里讲的是现代人的通病，马斯洛称之为“成功神经症（neurosis of success）”。在愿望没实现之前，人满怀希望地为某种目标而奋斗。一旦实现了目标，很快就感到先前那种希望的虚幻。于是陷入精神崩溃般的绝望之中，直到新的希望产生出来。

所以，人的存在具有两面性：一方面人的独立性、力量感日益增强；另一方面，人与自然、与他人、与自己的关系日益疏远，因而越来越孤独。无论从个体发生学还是从种系发生学来看，人的诞生本质上是一个否定的事件。人一诞生就不能退回到原始状态，不能退回到与自然和谐相处的史前状态，不能退回到子宫。人必须发展自己，必须主动地去生活，直到成为自然和自身的主人。但人每向新的存在迈进一步都意味着新的恐惧，意味着要放弃比较熟悉的安全的环境，而面对一种陌生的环境。为了摆脱这种恐惧，人又产生了一种回归和倒退的倾向。所以人“永远摆脱不了两种相互冲突的倾向：一种是脱离子宫，离开动物的存在状态而走向人的存在状态，离开束缚走向自由；另一种是回到子宫，回到自然，回到确定性和可靠性”（Fromm，1955/1965，p.33）。不确定是使人发挥自身力量的条件，同时人又执着地寻找确定性。这样，“人成了永恒的流浪者”（孙依依译，1988，第57页）。如奥德赛、俄狄浦斯、亚伯拉罕和浮士德等不朽的形象正是这种人类精神的象征。[1]

1　弗洛姆不熟悉中国文化，其实在这些形象中还应加上贾宝玉。《红楼梦》中的贾宝玉也是一个精神上的流浪者，他从确定的人伦关系中深切地感受到人情的不确定性，人的命运的不确定性和荒诞性，他希望在爱情中得到确定性，可恰恰在这个问题上他不能自己做主，他不能得到自己所爱的人。从孤立无援、无可奈何，到最终消失在白茫茫的大地，这就是贾宝玉的人生轨迹。

弗洛姆认为人在精神上始终被前进和倒退两种倾向折磨着。他把人从原始状态中脱离出来从而获得独立性和力量感的过程称为“个体化（individualization）”，认为在这个过程中不断伴随着孤独感的袭击。

·生与死的矛盾·　人活着，却能想到死。人意识到生命是有限的，死是必然结局，对此人无能为力。对生的眷恋与对死的恐惧折磨着人。由于生与死不能同时存在，所以人无法真正理解死亡的含义。死是不可知的，但“人死后怎样”的问题却纠缠不休。人是在偶然的时间和偶然的地点被抛弃到这个世界上来的，最后又被迫偶然地离开这个世界。在出生和死亡之间，人似乎被扔进了一个变化无常的世界。对于现在，只有过去是确定的；对于未来，只有死亡是确定的。由于具有自我意识，人能意识到自己的软弱无能和人的存在的种种限制，人能意识到自己的必然归宿——死亡。弗洛姆这里讲的死亡的偶然性和必然性并不是矛盾的。偶然性是就死亡的时间、地点和方式而言的，必然性是就每个生命的结果而言的。人即使想回避生与死的矛盾，也办不到，因为他只要活着，就能想到这个问题。人往往企图通过创造某种意识形态来否定或回避生与死的矛盾，例如基督教的灵魂不灭的观念，这种观念假定存在着永恒的灵魂，以此来否认这样一个残酷的事实：随着人的生命的死去，一切都化为乌有。

·人的潜能的实现与生命之短暂的矛盾·　人的生命是有限的，这又导致另一种存在的矛盾性：每个人都具有潜能，但在短暂的人生历程中，潜能不可能完全得到实现，即使在最有利的环境中也是如此。“人的处境的悲剧性在于自我的发展永远不会完成……人总是在他还未充分诞生以前就死亡了。”（Fromm，1947/1986，p.91）只有在个人的生命与整个人类的生命一样长的情况下，他才能参与整个人类历史的发展过程。人的生命从诞生到死亡，在整个历史长河中只是一刹那，但人都希望能充分实现自己的潜能。为了调和或回避这种矛盾，人往往想象死后可以继续从事未竟的事业；或把自己所处的历史阶段看成是最辉煌的历史时期因而会在史册中永存；或者认为一个人生命的意义并不在于充分实现其潜力，而在于为社会服务和尽责。个人的发展、自由和幸福从属于国家、社会团体或其他超越个人的永恒实体，相比之下，个人的一切就显得微不足道了，虽然个人生命短暂，但群体是永恒的，似乎将短暂的个人生命奉献给永恒的群体本身就获得了永生或不朽。

个体化与孤独感的矛盾、生与死的矛盾、人的潜能的实现与生命之短暂的矛盾，这三种矛盾是相互关联的，但对人不具有同等的意义。死是一种自然现象，是人作为一种自然实体的必然结局；而对死的意识、人实现潜能的愿望，则是人作为人、作为超越自然的实体所特有的。因而生与死的矛盾、潜能的充分实现与生命之短暂的矛盾，归根结底是人作为自然实体又超越了自然所造成的，是个体化的必然结果。所以个体化与孤独感的矛盾是实质性的人的存在的矛盾，它成为弗洛姆的全部理论的基石。

人之所以陷入存在的矛盾之中，就在于人的理性的发展。“理性是人的福祉，又是人的祸根。”（Fromm，1955/1965，p.30）理性迫使人永无止境地去解决那永远解决不了的矛盾。弗洛姆这里所说的情形让人想起希腊神话中受惩罚的西西弗斯（Sisyphus），他被迫把一块巨石推上山，刚到山顶，巨石又滚下来，然后又推上山，周而复始，永无止息。法国存在主义作家加缪（A. Camus，1913—1960）将这个神话推演成人的存在的荒诞性的人生哲学。[1]正是理性，构成了人与其他有机体之间的区别，使人的存在处于永恒的不可避免的矛盾之中。人不能靠重复其种属已有的行为模式度过一生，他必须依靠自己主动地去生活。人是唯一能够自寻烦恼的动物，能够意识到自己是从乐园中被驱逐出来的（即《圣经》中的亚当和夏娃被逐出伊甸园）。理性使人发现自己的存在也成了一个问题，他无法逃避这个问题，必须去解决它。在这个过程中，理性得到了进一步的发展，并使人不断地寻求新的解决存在的矛盾的办法，进而促使人类文明的发展。人通过理性，创造出一个属于人的世界。文明每前进一步，都使人感到困惑和不满，进而又驱使人去寻求更新的解决办法。人并没有先天的进步的内驱力，正是这种存在的矛盾促使人向着已开拓的路线前进。人已失去了乐园，失去了大自然这个原有的家，永远不能退回到动物的生存状态。人只有一条路，那就是离开他的自然的家，去寻找一个新的

1　弗洛姆没有提及加缪和西西弗斯，从一个方面说明弗洛姆并非一个自觉的存在主义者。他说他提出“存在的矛盾性”这一概念时，并未参照存在主义的术语，只是后来他发现他与存在主义有一定程度的共同之处。但弗洛姆对存在主义的一些主要著作一直未表现出很浓的兴趣，而且明确地批评存在主义，所以不能简单地说弗洛姆是一个存在主义者。

家，竭尽全力地在知识的白卷上填上答案，变未知为已知。人通过发展文明，从而创造出一个新的家园。

正是理性、自我意识和想象力的发展，促使了人的个体化，又使人感到与自然、他人和自我的分离，感到自己的渺小和孤立无援；使人意识到自己的不可替代性和不可重复性，从而倍加珍惜自己的生命，又使人感受到死神随时可能降临，还要忍不住去设想“死后怎样”这一毫无意义的问题；使人自觉地去提升自己，在学习和创造中发挥自己的潜能，又使人意识到有生之年所发挥出来的潜能只不过是所有潜能的一小部分，这不免使人感到十分沮丧。

弗洛姆关于人和人的存在的基本看法是，人与自然分了家，又处在自然之中；人有几分神性，又有几分动物性；人既是无限的又是有限的。“人必须去寻求存在矛盾的更好的解决办法，寻求与自然、他人以及自我相结合的更高级形式，这正是人的一切精神动力的源泉，也是人所有的激情、感情和焦虑的源泉。”（Fromm，1955/1965，p.31）

历史的矛盾

存在的矛盾植根于人本身，是不可能真正解决的。在个人和社会的生活中还存在许多历史的矛盾，它们与存在的矛盾有着根本的区别，它们并不是人的存在的一个必然组成部分，不是人的存在所不可避免的，而是人为造成的，可以解决的。即使在产生时不能解决，也可以在稍后的历史阶段解决。如当代人类掌握的高技术手段与不能将它们全部用于为人类谋和平和为人民谋福利之间的矛盾，就是可以解决的。它不是必然性的矛盾，只是人们缺乏勇气和明智才造成了这种矛盾。古希腊的奴隶制度本来是较难解决的历史矛盾，随着历史的进步，当人类平等的物质基础已具备时，奴隶制度就瓦解了。弗洛姆讲的似乎是这样一个道理：历史的进步都要付出代价，而这些代价又可以在历史的进一步发展中得到报偿。

弗洛姆强调，把“存在的矛盾”与“历史的矛盾”区别开来是重要的，因为人们往往把二者混为一谈。人们往往把可以解决的历史的矛盾看成是不可解决的存在的矛盾，似乎人应该听从命运的残酷的摆布。人能通过行动去解决历史的矛盾，促进历史的发展。人也往往把不可解决的存在的矛盾看成可以解决的历史的矛盾，如有的人为了回避因存在的矛盾所引起的内心不安，或者去拼命工作，或者尽情享乐，使自己不去直接面对存在的矛盾，可一旦停止工作或享乐，就感到茫然空虚、焦虑重重。但弗洛姆指出了一条解决存在矛盾的唯一正确的途径：面对真理，了解在一个冷漠无情的世界上人之所以会陷入孤独和寂寞的根本原因，懂得只有靠自己的力量才能解决自己的问题。人必须对自己承担责任，必须接受“只有依靠自己的力量才能赋予生命以意义”这一事实。只有不断地努力，创造性地生活，在生存规律所允许的范围内，充分发展自己的潜力。人会永无止境地困惑、好奇并提出新的问题。只要人认识到自己的处境，认识到人的存在所固有的矛盾，信赖自己，为了自己，充分实现理性和爱的潜能，人就能得到幸福。

这里，弗洛姆在理论上显然陷入了自相矛盾：既然存在的矛盾是不能解决的，怎么又有解决这一矛盾的唯一正确的途径呢？况且他说过，人的潜能的完全充分的实现是不可能的，因为早在这以前，生命就结束了。所以，与其说爱和理性是人解决存在矛盾的唯一正确的途径，不如说是人面对存在矛盾的最好或最健康的态度或行为反应。

2　现代人的处境

弗洛姆所研究的现代人主要指工业革命以后的欧洲和美国人，有时也包括工业化以后的苏联人。他着重研究了资本主义社会不同时期、不同国家、不同阶级的人的共同性和特殊性，其中纳粹德国和20世纪的美国是其研究重点。他从资本主义的生产方式，以及由生产方式决定的分配方式和生活方式来分析现代人的处境。所谓生产方式即物质生产方式，它之所以是人的处境的基本因素，是因为人首先要解决生存问题，因而生产劳动是人的基本实践活动。正是由现代生产方式所决定的社会生活条件，造就了现代人的心理特点。

逃避自由：自由与安全不可兼得

弗洛姆认为，古代社会的生产方式和社会关系能给人带来安全感。生产工具和劳动技能主要从前辈那里继承下来，革新和发展的过程是缓慢的，竞争也不激烈。人与人、个人与社会的关系是确定的。个人一开始就是一个部落、一个家族、一个宗教团体的一员。他很少远离家乡，他总是隶属一个整体，这个整体限制了他的发展，但使他感到安全。在奴隶社会和封建社会，主子与奴才、贵族与平民、剥削者与被剥削者、劳动者与不劳动者，人一生下来就确定了，很难也很少改变。这样的社会限制了个人的自由，却给人带来安全感。

中世纪正是这样一个社会。人一生下来就有一个确定的位置，他在社会中的角色是被规定好的，基本上不可能从一个阶级跨越到另一个阶级，也很少有机会迁移到别的地方去，绝大多数人必须从生到死守在一个地方，穿什么、如何穿，以及吃什么、如何吃都有不成文的但又严格的规定。工匠必须按某一指定的价格出售工艺品，农民必须在某一指定的市场从事买卖。一个行会会员不得向非本行会的成员泄露任何生产技术的秘密，但必须让本行会的会友分享便宜买进的原材料。在这个社会里，没有个人自由，但个人在社会中有明确的、不可改变的和无可怀疑的位置，这个位置给他带来安全感和归宿感。

在中世纪，即使是深重的痛苦，也是由亚当或个人罪孽造成的，只要虔诚，就能得到上帝的宽恕和厚爱。教会向人们灌输罪恶感，同时又向每一个人保证：它无条件地施爱于所有的人。人与上帝的关系是一种信任与爱心的关系，而不是怀疑与恐惧的关系。正如那时候的人很少走出他的出生地一样，宇宙的范围也是有限的，并且是可知的。“地球是人和宇宙的中心，天堂或地狱是人死后的去处，人从生到死的所有活动都明显处在一种因果关系之中。”（陈学明译，1987，第63页）中世纪社会虽然束缚个人，但那是一种“美妙的束缚”。

其实，这里所说的“个人”，是从现在的眼光看的。实际上，在中世纪，还不存在“个人”。一般来说，古代人的自我意识还未达到把自我、他人都看成是独立整体的水平，即不能自觉到个人。古代人不把自己当作一个“个人”，也不把他人看作“个人”。自己和他人都是某群体的一员或一部分。

弗洛姆认为，人们对中世纪有两种不同的误解。近代理性主义者把中世纪看成完全黑暗的时期，认为中世纪没有个人自由，少数人剥削多数人，人与人之间相互猜疑和敌视，充满了迷信和愚昧。另一方面，一些保守的哲学家，偶尔有一些现代资本主义社会的批判者，则把中世纪理想化。他们认为中世纪人的主要特征是团结一致，经济活动服务于人的需求，相互关系坦率真诚，不让天主教会干预国家事务，有安全感。这两幅图画所描绘的中世纪的情况都是存在的，但都只反映了中世纪的某一方面。

社会结构和人的处境在中世纪后期发生了变化。在意大利，首先出现了一个强大的有产阶级，这个阶级的成员具有首创精神，同时也利欲熏心，野心勃勃。贵族和平民同住在城墙之内，出身和门第不及财富那么重要了，封建等级制度动摇了。要真正了解现代社会和现代人，必须首先探讨这一时期（15世纪和16世纪）欧洲的社会情形。因为它是现代社会的起点，现代社会结构和人们的性格结构的特点基本上都可以追溯到中世纪末和近代初期。

意大利人最早从封建社会中脱颖而出，最早割断了曾使人感到安全又使人动弹不得的原始纽带，从而使意大利也使整个欧洲文明进入了一个新时代——文艺复兴时期。文艺复兴时期的意大利人是从封建社会的襁褓中诞生出来的现代欧洲人的老大哥，是第一个“个人”。

意大利封建社会的瓦解之所以早于中、西欧，是由许多经济和政治因素所决定的。其中一个因素是意大利所处的地理位置有利，当时地中海是欧洲主要的贸易路线，濒临地中海的意大利得到了不少的商业利益；另一因素是教皇和皇帝之间经常发生争斗，这种争斗导致了许多独立的政治单位的产生；还有一个因素就是意大利靠近东方，一些对发展工业很重要的技术，例如丝绸业技术，传入的时间要比欧洲其他地方早得多。

由于存在着这些和其他若干条件，意大利的传统的社会结构动摇了，现代意义上的个人诞生了。人的命运不再像中世纪那样确定，那样取决于由出身所决定的社会地位，而是充满了不确定性。自己与他人和群体的纽带不如中世纪那么紧密了，人们发现自己和他人都是“个人”，是一个个独立的整体。人与自然的和谐关系也被打破了，自然是人要征服的对象。由于人发现了自然的美，所以自然又是人享受快乐的对象。美洲新大陆的发现，改变了人们对世界的认识。一种新的世界主义精神（cosmopolitan spirit）早在但丁时代就开始萌芽了，但丁说：“吾乡即是全世界。”

文艺复兴的文化只是富裕而有权力的上层阶级的文化。新的经济力量的风暴激起了层层波浪，上层阶级处于风口浪尖上。经济活动和财富使他们感到自由和快乐，但他们同时失去了中世纪社会曾给予他们的安全感和归宿感。他们更加自由了，但同时也更加孤独了。他们利用手中的权力和财富从生活中挤压出最后一点儿快乐，但为了得到这一点儿快乐，却残忍地利用了一切手段。为了统治广大群众和对付本阶级中的竞争者，从肉体折磨到精神摧残的各种手段，无所不用。一种新的专制主义伴随着新的个人主义同时产生了。自由与暴政、个性与混乱，不可分割地交织在一起。为维护权力和财富而进行的你死我活的斗争玷污了人与人之间的关系。人与人之间，至少是同一阶级的人之间的那种团结一致、休戚与共的气氛不见了。他人被视为只是可被利用和可被操纵的对象而已，如有必要就毫不留情地消灭之。个人完全被一种极端的自私自利之心和一种对权力与财富的不知足的贪心所驱使。结果，刚被成功所建立起来的那种个人与自我的一致关系，那种安全感和自信心，也丧失殆尽了。人的自我，像他人一样，也成了被操纵的对象，成了追求利益的工具。文艺复兴时期的资产阶级权贵们，是否像他们自己吹嘘的那样既安全又幸福，实在是令人怀疑的。实际情况是，新的自由既给他们带来了力量，又使他们感到孤独和焦虑。我们在人文主义作家们的作品中不难发现这种矛盾，他们极力强调人的尊严、个性和力量，但同时又流露出某种失望和不安全感（陈学明译，1987，第67—69页）。

要了解现代人的处境，即现代社会结构是如何形成的，除了要研究文艺复兴，还应研究宗教改革。文艺复兴与宗教改革的主要区别是：文艺复兴时期的意大利主要由富裕的权贵家族统治，正是这些人构成了创造文艺复兴文化的哲学家和艺术家的社会基础，而这种文化代表了相对来说已高度发展了的商业和工业资本主义。宗教改革主要发生于中欧和西欧的一些国家中，它本质上是城市中下层阶级和农民的改革运动。虽然在宗教改革时期的德国，也有豪富巨商，但他们不是这些地区的资本主义赖以发展的主要社会基础。正如马克斯·韦伯所指出的，城市中产阶级才是西方世界现代资本主义发展的中坚。所以分析宗教改革时期的中、西欧社会，比分析文艺复兴时期的意大利，更加有利于我们了解现代资本主义的起源。

所谓中产阶级，主要是指手工业者和商人，他们在中世纪的社会地位和生活条件都比较稳定。中世纪的经济制度禁止竞争，事实上的竞争也不激烈。当然总有一些人拼死拼活地干还难以维持生计，但大部分手工业者都相信，通过自己的辛勤劳动能够生存下去。假如他做出了优质的椅子、鞋子、面包等等，那他就可以过一种与他的贡献相称的生活。只要好好工作，就不愁活不下去。行会禁止会员之间激烈竞争，并强制他们在购买原材料、确定产品价格和运用生产技术方面相互合作。行会确保其会员有一定的安全感，并且使会员之间的关系基本上建立在相互合作的基础上。

中世纪的商业，是由一些小商人来经营的。零售与批发业务尚未分开，即使出国做生意的人，也兼营零售。直到15世纪之前，资本积累一直很缓慢，小商人还具有相当的安全感。到中世纪后期，大资本和垄断商业的重要性日益增长，广大的小商人的安全感和稳定感受到了威胁。

在16世纪前后，行会内部逐步分化。一方面，一些会员比他们的同行拥有更雄厚的资本，于是他们雇佣五六个工人而不是一两个工人。不久，有些行会便只允许拥有一定数量资本的人入会。还有一些行会则成了强大的垄断组织，试图凭借其垄断地位获得尽可能多的利益，不择手段地剥削消费者。另一方面，许多行会会员日益贫困，被迫在其传统职业以外另觅挣钱途径，甚至沦为流落街头的叫卖者。他们失去了经济上的独立性和心理上的安全感，因而对经济独立的传统理想怀着一种绝望的依恋。经济发展的这种趋势尽管受到一些人的竭力阻止，但都无济于事。

随着行会制度的逐步分化，工匠的处境也每况愈下。在中世纪的行会里，工匠的处境还是比较安全的，虽然不见得每个工匠都可以成为师傅，但多数工匠最终还是成了师傅。但当同一师傅门下的工匠人数增加时，要想成为师傅就得拥有更多的资本。行会越具垄断和排斥异己的特征，工匠成为师傅的机会就越少。他们的不满情绪日益增长，开始建立自己的组织，举行罢工，甚至采取暴力行动，这些都显示出他们的经济和社会地位的恶化。

以上关于行会日益向资本主义方向发展的趋势，在商业领域更为明显。本来中世纪的商业主要是一些小城镇之间互通有无，但到了14、15世纪，全国性的商业交往以及国际贸易迅速发展起来了。商业公司的力量日益强大，发展成为垄断集团，它们凭借雄厚的资本，威胁着小商人和消费者的利益。小商人的地位越来越不安全了，他们在鸣冤叫屈方面还颇有力量，但在采取有效行动方面已力不从心了。路德在1524年出版的小册子《论贸易与高利贷》中，淋漓尽致地道出了小商人对垄断者的愤慨与不满："他们控制着一切商品，在众目睽睽之下不加掩饰地玩弄欺骗，随心所欲改变物价，压迫和摧残小商人就像网中叉鱼似的。他们仿佛是统辖所有上帝臣民的君主，不受信任与仁爱法则的约束。"路德的这些话好像是今天写出来的。15、16世纪的中产阶级对富有的垄断者的恐惧与愤慨，类似于20世纪的中产阶级对垄断公司和大资本家的情绪和态度（许合平等译，1988，第40页）。

在工业方面，资本的作用也增加了。最明显的例子是采矿业。原先矿业行会每个成员的股份与他所付出的劳动是相称的。到了15世纪，股份则属于不劳动的资本家，而工作则由工人们去干，他们只领取工资而不拥有股份。其他工业领域的情形也是如此，资本的地位日益提高，贫富差距日益扩大，贫困阶级的不满日益增长。

农民的处境也在迅速恶化。到16世纪初，多数农民已不再拥有土地。在地方议会中基本上没有农民代表。绝大多数农民已沦为雇农。尽管他们还有人身自由，但他们耕种的土地则属于他人，必须按照协议向地主交纳地租。雇农是当时农民暴动的中坚分子。

伴随着资本主义经济的发展，现代意义上的时间观念开始形成。自16世纪以来，纽伦堡的钟每隔一刻钟就敲一次，这是新的时间观念形成的一个标志。人们开始重视分钟的价值。人们开始把假日看成一种浪费。时间如此宝贵，以至人们普遍认为不应该把时间花在毫无用处的事情上。“时间就是金钱”的观念开始形成。工作逐步有了至高无上的价值，一种对工作的新的态度开始形成。这种态度如此强烈，以至于使中产阶级对不从事经济生产的教会机构也感到愤慨。乞丐也由于不从事生产而受到憎恶，并被看成是不道德的。讲效率成为一种最高尚的美德，追求财富和物质利益成为人们最痴心的嗜好，整个世界都围绕着做生意或最大限度地谋取利益而运转。科学研究和艺术创作成了无人问津的最低贱的职业，所有聪明的脑袋都在考虑如何做生意。经济的变革影响到每一个人。中世纪的社会制度瓦解了，它曾经给予个人的那种稳定与安全也随之消失了。个人在社会中不再有固定的位置，他变得孤立无依，每一件事都得靠自己的努力。

资本主义经济的发展对不同阶级产生了不同的影响，但使各阶级都产生了程度不同的孤立和不安全感。对城市贫民、工人和学徒来说，这种发展使他们遭受日益严重的剥削和贫困；对农民来说，这种发展则使他们受到越来越重的经济压迫和人身压迫；对中下层贵族来说，这种发展使他们面临没落的命运。中世纪社会的瓦解和资本主义的发展，对上述各阶级来说，本质上是使他们的处境越来越恶化。但对于城市中产阶级，情况就要复杂得多。

城市中产阶级内部的分化日益加剧，他们中大部分人的处境每况愈下。许多手工业者和小商人面对垄断者和其他资本较雄厚的竞争者的强大势力，越来越难以维持自己的独立。中产阶级的另一些人则春风得意，他们赶上了处于上升时期的资本主义发展潮流。但即使对这些幸运儿来说，随着资本、市场以及竞争作用的日益增长，他们也被推到了一种不安全、孤独和焦虑的境地之中（陈学明译，1987，第83—84页）。

资本决定一切，这意味着一种超人的力量控制了经济领域，从而也控制着人自身的命运。资本已由仆人变为主人，它获得了某种独立起作用的力量，按其自身的规律去支配经济组织，从而剥夺了人的支配能力。中世纪的市场规模较小，它的作用一目了然。那时的供求关系直接而具体，生产者基本上能知道这些产品可卖到什么价钱。现在的生产者则面对着一个漫无边际的市场，无法预测销售前景，因而难以保证生产出来的商品能适销对路。捉摸不定的市场规律决定着你的产品能否卖得出去，也决定了你能获得多少利润。新的市场机制好像加尔文教义中的命定论，它谆谆告诫人们必须尽力从善，但人能否得到拯救又是在他出生之前就注定了的。同样，集市日也是对人们劳动产品的命运的裁决之日。

新的市场机制的建立加剧了人与人之间的竞争。虽然不能说中世纪完全没有竞争，但封建社会的经济制度是建立在合作原则基础上的，而且用抑制竞争的原则来管理经济活动。资本主义的兴起使这些中世纪的原则越来越不合时宜，并很快让位于个人利益至上的原则。每个人都必须行动起来，去碰碰运气。要么游过河去，要么淹死在水中。同行中的其他人不会与你合作，因为你是他的竞争对手，你必须经常面对你死我活的残酷抉择。

在中世纪，地球是宇宙的中心，也意味着人是宇宙的中心。但随着近代的到来，地球失去了它的中心地位，人不再是宇宙的中心；新的知识告诉人们，人不过是一粒尘埃，不过是广袤无垠的宇宙中微不足道的东西而已。有趣的是，美国心理学家波林（E. G. Boring，1886—1968）也讨论过这个问题：宇宙的地球中心说，也就是人类中心说，就是把宇宙看成是围绕地球上的人而旋转的。太阳中心说在科学上更有意义，但贬低了人，使他们处于各行星之一上的一个不重要的靠边的位置。甚至到了今天，还有人认为目前神经症的流行，一半是由于在哥白尼学说的影响下人失去了尊严和重要性。哥白尼学说的革命不但剥夺了人（地球）在宇宙里的中心地位，而且由于在其他行星上还可能有成倍的其他灵魂存在，这就削弱了人自己灵魂的重要性（波林著，高觉敷译，1982，第9—10页）。当然，不应夸大地球中心说或太阳中心说对人的精神生活的影响，而应把它们看成两个不同时代的世界观的象征。对人的精神生活具有决定性意义的因素是现实的经济生活。

以上所描述的是资本主义的兴起给个人心理所造成的消极方面的影响。但弗洛姆指出，资本主义的发展对人的影响还有积极的一面，这就是：资本主义解放了个人，它使人摆脱了大一统体制的限制，激励个人自立自强、自己去碰运气。人的命运掌握在自己手中，尽管面前尽是艰险，但成功之神在远方召唤着。只要努力奋斗，就有可能成功。金钱面前人人平等，它比出身和门第更有力量。

早期资本主义的发展对人所产生的积极和消极两方面的影响，在当时并没有充分显示出来。但要考察当代资本主义社会中人的处境，必须追溯到15、16世纪这一早期阶段。弗洛姆将这一时期的社会发展特别是经济变革对人的影响，做了如下的概括：随着资本主义的发展，个人摆脱了中世纪社会强加在个人身上的各种束缚，特别是经济和政治束缚，在新的制度中，个人可以积极地、独立地发挥作用，这是自由带来的积极影响。但同时，个人所摆脱的这些束缚正是过去给人带来安全感和归属感的那些东西。世界不再限制人，相反还向人提供了广阔的活动天地，但这个世界充满了危险。个人受到强大的资本和市场力量的威胁，也受到竞争对手的威胁。几乎所有人都是潜在的竞争对手，人与人之间的关系变成了敌对和疏远的关系。人自由了，但这种自由同时意味着孤独、与他人相隔离并受到各种威胁。人被一种个体虚无性和孤立无援的感受所吞没。天堂永远地失去了，人不再生活在一个以人为中心的封闭的世界里。个人孤独地面对这个世界，就像一个人被抛入到漫无边际的危险世界之中。

在考察了文艺复兴和宗教改革时期，即早期资本主义之后，弗洛姆沿着自由给人带来的积极与消极两方面的影响这一主题，进一步分析了成熟的自由资本主义时期（19世纪）人的处境和精神状态。

他首先肯定了资本主义的巨大进步对人的发展的积极影响。他说如果不在这一前提下批判资本主义，那么这种批判就不是为了促进人类的进步，而是想要破坏人类在近代历史上所取得的最重要的成果。

自由竞争的经济制度为人的解放奠定了基础，个人不再受那种凝固的、不许人越雷池一步的社会制度的束缚。社会允许个人、鼓励个人去获取经济利益，只要他努力、聪明、有勇气，就有机遇。在激烈的竞争中，能否把握求生的机会，是你吃掉别人还是别人吃掉你，全在于你自己。在封建社会中，个人的发展界限在他出生前就已注定。但在资本主义社会，个人，尤其是中产阶级成员，尽管也面临许多限制，但他们可以凭着自己的努力和能力，走上成功之路。当他确定了自己的奋斗目标，就可以全力以赴地去得到它，而且往往不乏良机。他知道如何依靠自己，如何做出决定，摒弃那些既令人陶醉又使人恐惧的迷信。人类逐步摆脱了大自然的束缚，在很大程度上掌握了自然力。古人做梦也没有想到的事，现在已变成了现实。人们之间变得平等了，种族、宗教的差别这些曾经造成人类不团结的天然隔阂，逐渐被打破。人们学会了相互尊重，能把别人当作人来对待。世界不再那么神秘了，人开始客观地看待自己，不再生活于各种幻觉之中。政治自由也在增长，发展中的中产阶级随着其经济地位的提高，政治上的权力也日趋强大，而这些已获得的政治权力反过来又为他们进一步发展经济提供了新的机会。政治自由发展的最大成果就是现代民主国家的建立，这种民主政治的宗旨就是人人平等，政府官员由人民自己选举产生，人人有权参与政事。任何人只要能兼顾国家的利益，都可以按照自己的意愿行事。总之，资本主义在提高人的主动性、判断力和责任心等方面，都做出了巨大的贡献。

但是以上所述仅仅是资本主义自由对人的影响的一个方面。另一方面，这种自由又使人更加孤立无助，使个人充满生命无意义和无足轻重之感。要明确这种消极影响，还是要从资本主义的经济制度中去寻找根源。这种制度的基本特征之一就是个人活动的原则，就是说它的经济发展建立在个人奋斗的基础上。个人完全自立，他要干什么，怎样干，是成是败，纯粹是他自己的事。这一原则促进了个体化的进程，人们常常把它看成是现代文化得以发展的一个重要因素。但是，正是在这种使人获得自由的过程中，人与人之间的联系又日渐减少，从而使人与人之间相互隔绝、相互分离。个人在获得自由的同时却陷入了孤立无援的处境之中。

资本主义社会鼓励个人奋斗，给人造成了这样一种错觉：似乎每个人都在为自己的利益而奋斗，他所从事的一切都是为了自己，人已经成了一切活动的中心和目的，似乎已经实现了人的目的就是他自身这一理想的自由状态。但实际上，人们追求的仅仅是经济利益，经济、资本不是人的生命发展的手段，而是目的。经济活动偏离了为人的生命服务这一方向，人们为了经济本身（赢利）而从事经济活动。资本主义的一切经济活动都是为了赚钱，但赚钱主要不是供自己花费，而是将其转化为新的资本。赚钱—投资—赚更多的钱—有更多的钱来投资。如此循环往复。所以资本主义经济活动的目的是积累资本而不是为了人自己。很能说明问题的是，伴随着资本主义的兴起，新教教义所表述的新的禁欲主义却受到拥护。尽管不乏一掷千金、奢侈成性者，但真正能代表资本主义精神的资本家是很节俭的，他们把剩余价值尽可能多地转化为新的资本。这些资本家从资本的循环过程本身得到乐趣，而不是从消费中获得满足。将钱用来增值资本而不是用于消费，这是工业社会蓬勃发展的前提。假如人们对工作不是那么满腔热情，不是那么迫不及待地去投资以便扩大再生产，那么我们在控制自然方面就不会如此突飞猛进地发展。正是由于生产力的迅速发展，人类有史以来第一次可以预见，人们将用不着为物质需要的满足而疲于奔命了。

然而，为了积累资本而工作的原则，尽管客观上对人类社会的进步意义重大，但从主体角度看，它使人为非人的目的而工作，使人成为自己制造的机器的奴仆，使人感到无能为力。因为他不能不如此，否则，就会破产。他别无选择，除了拼命赚钱，直到生命的最后一息。个人就像是大机器中的一个齿轮一样，其重要性决定于他的资本的多寡，资本多的就成为一个重要的齿轮，资本少的就无足轻重了。但无论重要与否，他毕竟只能永远作为一个为外在目的服务的齿轮而存在。人们在客观上将自己的生命奉献给了那些并不属于自己的目标，但在主观上还自以为是受自我利益所驱使的。人们在追求个人利益时可以把一切道德观念置之不理，但同时他们又宣称自己信奉新教所强调的无私精神。

弗洛姆还从人与自然、人与人、人与自我三方面的关系讨论了资本主义发展的消极影响。从人与自然的关系来看，人类逐步征服了大自然，人在统治自然的能力方面已达到了相当高的程度。但人在征服自然的过程中创造了一种新的物质世界，这一世界立在大自然之上，人生活于这一世界之中而与大自然越来越疏远。人建造了高楼、开设了工厂、发明了汽车、缝制了衣服、生产出了粮食和水果，但是这些人所制造的东西却反过来主宰了人，因为这些东西不受人的意志控制，而受经济规律控制。人用自己的双手创造的成果反过来成了他的上帝。社会的经济体系，从其运用科学技术方面来看，是越来越合理化了，但它所产生的社会效用越来越不合理。经济危机、失业和战争决定着人的命运。人似乎是受自我利益所驱使，可事实上他的整个自我已成了他亲手制造的机器的工具。人们沉溺于自己是世界的中枢这一幻觉之中，但仍被一种强烈的无意义和无能为力的感受所笼罩。

从人与人的关系来看，那种坦率的、富于人情味的关系越来越少见，取而代之的是相互利用和相互操纵。市场规律也统治着所有的社会关系和人际关系。很显然，竞争对手之间的关系必然建立在互不关心，乃至相互漠视或敌对的基础上。一个人要想获得成功，就必须打击对方，必要时应毫不犹豫地将对方置于死地。

雇主和雇员之间的关系同样充满了冷漠和敌对。雇主像“雇佣”一台机器一样雇佣一个人。为了实现各自的经济利益，他们彼此互相利用，对对方没有任何其他兴趣。商人和顾客的关系也不例外。在商人眼里，顾客只是一个被操纵的对象，商人只关心赚钱，对于顾客的需要能否得到满足这一问题不感兴趣。工作也仅仅是手段，不是人的生命潜能的展现。工厂主对生产过程和产品本身毫无兴趣，生产只是为了赢利，什么有利可图，他就投资生产什么。不仅在经济活动中，而且在所有的社会生活中，人与人的关系实质上都变成了物与物的关系。

从人与自我的关系来看，情况更加糟糕。人不仅出卖商品，而且出卖他自己，他把自己也当作商品。体力劳动者出卖体力，商人和职员则出卖“人格”。注意这里所说的人格不是指道德或尊严方面的含义，而是指一些人格特征。就是说要使自己在劳动力市场（类似于中国所常用的“人才市场”）上取得成功，自己就必须具备一些人格特征，如精力充沛、有能力、有创新精神、能给人留下好印象等等。像其他商品一样，是市场在决定着这些人格特征的价值。一个人具有什么样的人格特征不是由其生活的逻辑决定，而是由市场来决定。现在时兴“热情开朗”，所以我也应给人以热情开朗的印象，否则我就很可能被淘汰。假如某人所具有的人格特质不被市场所接受，那他就会一无所有，分文不值，如同一件卖不出去的商品，虽然有使用价值，但没有交换价值。一个人要对自己的价值做出判断，就必须看自己在市场上是否获得成功，看自己受欢迎的程度如何，离开了这些，就无法确证自己的价值。如果他很吃得开，被人追逐和需要，那他还算得上是一个人，否则就等于世上没有他这个人。正因为一个人的自我确证依赖于这种“人格”的成功，所以“受人欢迎”对现代人具有特别重要的意义。个人不由自主地成为某种不可抗拒的强大外力手中的工具。

一个人的价值取决于强大的社会或他人的认可。作为个体，他是渺小的、孤独的、不安全的。要想摆脱这些消极的感受，他必须具备如下几个要素：财产、权力、名望。

首先要有财产撑腰。对于那些中产阶级的成员，人的自我是被财产支撑着的，他的自我与他所拥有的财产是不可分割的。他的衣服和房子是他的自我的组成部分，正如他的肉体是自我的组成部分一样。一旦失去了财产，人就不是他自己了。假如一个人一贫如洗，他就根本不是人，因为别人不会把他当人，他自己也没有把自己当人的理由。弗洛姆引用詹姆斯（W. James，1842—1910）的话说：“很显然，在人们通常所说的‘我’与‘我的’之间，很难划分一条界限。对于某些属于我们的事物，当我们去感知或对待它们时，就会像感知或对待我们自己一样。我们的声誉、孩子、手头的工作，可能如自己的躯体一般让我们感到亲切。如果它们受到攻击，那我们马上会产生某种感受，或做出某种报复性的行为，就像自己的躯体受到攻击一样……从广义上来说，一个人的‘自我’包括了他可以称为属于他的一切的总和，不仅仅包括他的躯体、精神力量，而且还包括他的衣服、房子、妻子、孩子、祖宗、朋友、荣誉、工作、土地、马匹、游艇及银行存款。所有这一切，对他均具有同样的意义。如果它们得以发展或趋向繁荣，他便趾高气扬。如果它们不景气或死亡，他便感到沮丧、懊恼。当然，对每件事所产生的感觉及程度并不必然是相同的，但其性质是同一的。”（陈学明译，1988，第175—176页）弗洛姆和詹姆斯关于资本主义社会中人的自我的描述是完全一致的。不同的是弗洛姆认为“不应如此”，在价值判断上是否定的；而詹姆斯则不做价值判断，似乎认为这是理所当然的，果真如此，詹姆斯也成了弗洛姆所研究的那种“可怜的现代人”了。

支撑自我的另外两个因素是权力和名望。有了权力就能统治他人，有了名望就能受人尊敬。有些人的权力和名望是由他们的财产带来的，有些人的权力和名望则是通过激烈的竞争取得胜利的产物。权力和名望巩固了财产所构筑的支柱，支撑着摇摇欲坠的自我，使个人在社会中自以为地位稳定。但这仅仅是一种对不安全感的补偿，它们并不能从根本上消除人的不安全感，只是把它暂时掩盖起来而已。它们只是使人自以为安全了，但这种安全感是表面的，一旦支撑它的那些因素不存在了，这种安全感也随之消失。

到此为止，我们讨论的主要是那些中产阶级成员的景况：他们拥有资本，并且有能力把他们的利润转变为新的资本。无论是堆金积玉的大资本家，还是小本经营的小资本家，他们都不得不把自己的生命奉献给他们的经济职责：积累资本。那么，那些以出卖劳动力为生而没钱投资的人，境况又如何呢？这些人的经济地位虽然与资本家有天壤之别，但是他们的经济地位对其造成的心理影响，与中产阶级有很多的相似之处——当然，情况更加糟糕。这些人是受雇于人的，这就意味着，他们也受市场规律的支配，劳动力市场的变化随时可能威胁着他们的生存，企业的倒闭、技术的改进等因素随时使他们面临被解雇的威胁。即使不失业，他们也是机器的奴隶。工作完全是机械动作，工人自己似乎是机器的一部分，是机器上的一颗螺丝钉。技术的改进往往意味着就业机会的减少，同时也意味着机器越来越脱离人的控制，一旦出了故障，就可能致人残废或死亡。工人的命运还操纵在雇主的手里，在雇主的强权面前，他不得不屈从。在19世纪之前，工人的处境就是这样。在19世纪，随着工会运动的兴起，工人自己掌握了一些权力，但仅仅是量的变化，工人作为被操纵者的实质性地位并未改变。

工人既没有财产，也没有名望和支配他人的权力，唯一能支撑自我的东西似乎是家庭。只有在家庭这个小天地里，他才感到自己像一个人。他受到妻子儿女的尊敬。在家里，他是中心人物。天然的家长地位使他获得了这种感受：在社会中他只是个无名小卒，但在家里他是一位皇帝。除此以外，民族优越感、阶级自豪感也能使他得到一种补偿。即使实际上他个人在这一民族中是无足轻重的一员，但由于在他看来自己的民族要比别的民族强大，他也会因为是其中的一员而感到骄傲。

在考察了自由资本主义时期个人“在自由中获益”和“在自由中受害”这两种互相矛盾的处境中的遭遇之后，弗洛姆把目光移向了当代世界。

19世纪末期以来，随着垄断资本主义的兴起，自由对于个人的消极影响越来越大。如果说在这之前，个人“在自由中获益”与“在自由中受害”两个方面的分量还保持着一定程度的平衡的话，那么到了这一时期，自由的积极影响开始减少，而趋向削弱个体力量的因素大大增加。个体更加感到孤立无援。传统的束缚越来越少了，个人感到前所未有的自由，但他取得经济成功的可能性也越来越小了。因为资本高度集中，一些小集团、社会的极少数人掌握着大量的资本，他们手中的权力既强大又神秘，他们统治着整个社会，操纵着社会大多数成员的命运。对于广大的中产阶级成员来说，个人的勇气、创造性和聪明才智得以成功发挥的可能性大大减少了，因为他们在经济上的独立性已荡然无存。他们受到威力无穷的垄断资本的威胁，尽管有可能继续获得利润，但由于这种威胁的阴影时刻笼罩在他们心头，所以他们不可避免地要经常遭受不安全感和无能为力之感的袭击。在庞大的垄断巨人面前，他简直不堪一击。

以中小商人为例：现在的中小商人的处境与以前的中小商人大不相同。人们经常以汽油加油站老板为例来说明一种新型的中产阶级正在崛起。大部分汽油加油站老板是独资经营的，他们拥有自己的商行，正如以前的杂货店商人拥有杂货店、制衣厂老板拥有自己的缝纫工厂。但新旧两种老板的差别又非常之大。杂货店老板必须具备做生意的技巧和一些必要的常识。他必须选择进哪一个批发商的货，必须懂得识货；他必须了解众多顾客的需要，以便为顾客买东西时当好参谋。大体上说，旧式商人不仅要独立挑起经营的担子，还必须具备技巧、知识和活动能力。但现在的加油站老板的情形则大不一样。他只售一种货——汽油，只与石油公司和司机打交道，每天只是机械地重复同一种加油动作，他不需要具备那么多技巧、知识和活动能力。他的生命潜能难以发挥，因而感受不到自己是一个有力量的人。他的利润取决于两个因素：进出的油价和前来加油的司机数量。他对这两个因素几乎无法控制，他只不过是批发商和顾客之间的一个经手人而已。至于他是一个大的石油公司的雇员，还是一个“独立经营”的老板，从心理反应上看，并无多大差别，他仅仅是庞大的销售机器上的一个零件而已。

另一种新崛起的中产阶级是白领工人，他们的人数随着企业的大型化而不断增加。他们的境况也大不同于以往的中小独立商。尽管他们的工作具有一定的创造性，也有发挥聪明才智获得成功的机会，但他从事的是非常专业化的工作，他必须与同行展开激烈的竞争，一旦落后了，就会被无情地解雇，所以他也没有安全感。他同样只是企业这台大机器上的一个零件，这台机器迫使他跟着运转，但他不能控制这台机器；与之相比，他显得极其渺小可怜。他没有独立性可言。

大型企业那威力无穷的力量也使工人的处境发生了变化。在以往的小企业中，工人熟知老板的为人，也熟悉整个企业的情况，整个企业他能一目了然。他固然是按市场行情被雇佣或被解雇的，但是他与老板、与企业的各种事物之间的关系是直接的、具体的。而在一个拥有数千名职工的现代化大企业中，工人的情况就大不一样了。工人们很可能从未见过老板；即使他知道老板是谁，老板也不大可能认识他。老板在他的心目中只具有抽象的特性，只是一个间接与他发生联系的无形权力。在这种无形的权力面前，一个工人根本就是无足轻重的。企业实在太大了，每个人只能了解与自己的工作有关的一个很小的领域，不可能把握整个企业的面貌。当然工会能起到一定的作用，它使工人面对企业和资方这样的庞然大物不至于太自卑和太软弱无力。但遗憾的是，许多工会自身也变成了一种庞大的官僚机构，在其中个人发挥创造性的余地也很小。他一次次地交纳会费和投票表决，但可悲的是，他又成了工会这台机器上的一个零件。

现代人的无足轻重之感与作为一名顾客的感受也有很密切的关系。以前，顾客走进一家小杂货店，他就会引起雇主的注意，并受到热情的接待。这种购买行为使他感到自己的重要性并获得了一种自尊心的满足。但作为一名顾客到现代化的百货商场去买东西，情况就大不一样了。“他会被气派十足的大楼、琳琅满目的商品、多不胜数的营业员弄得晕头转向，面对着这一切他马上会自惭形秽，一种自我渺小感油然而生。他区区一人，对于偌大的

百货商场太微不足道了。”（陈学明译，1987，第171页）

现代广告业进一步加剧了顾客的这一处境。过去的商人在介绍自己的商品时基本上能做到实事求是、合情合理。他熟悉自己的商品，了解顾客的需要，并以此为基础推销自己的商品。当然他的推销语言并非完全客观，但为了使人信服，他在介绍时要讲究分寸，不可过分吹嘘。现在的广告宣传就不是这么回事了，它不是诉诸理性，而是诉诸情感。它总是首先在情感上强烈地打动你，使你产生好感，然后再使你从理智上接受它。这种广告宣传为了给你留下深刻的印象，无所不用其极。例如：一遍遍地重复同样的语言；印发社会名流如文体明星的彩色照片，此人口中叼一支印有商标的香烟；在商品上贴上一张富有性感的时髦女郎的宣传图，以此削弱顾客的鉴别能力并增强商品的吸引力；声称购买某种衬衫或肥皂将会使你的整个生活突然改观……所有这些手段完全没有涉及商品本身的性质和特点，而是像鸦片或催眠术一样，抑制和扼杀了顾客对商品的鉴别能力。它们像电影一样，使人处于一种白日梦的幻觉之中，给顾客以某种满足，但同时又使人自惭形秽、无所适从。

在政治生活中也是如此。在民主制度建立的初期，个人在各种制度的保障下直接、积极地参与投票，对某项决定或某个候选人是真正了解的。那时通常是在全镇居民大会上进行投票，投票人清清楚楚地看到自己的一票也计算了进去。现在，选民面临的是庞大的政党，这些党派就像庞大的工业组织一样，既令人望而生畏又对人产生巨大影响。问题被搞得纷繁复杂，烦琐的投票手续又使人如坠云里雾中，使选民茫然不知所措。在竞选期间选民还能见到那些候选人，但投票日期一过，就连他们的影子也见不到。即使有两三个候选人，但这些候选人并非选民直接选定的，所以选民对候选人并不了解，他们之间的关系就像现代社会中的许多其他关系一样，是抽象的。像广告对消费者的影响效果一样，那些政治宣传也使个人感到无足轻重和无所适从。喋喋不休地重复那些政治口号，反反复复地强调那些早就听腻了的主题，麻痹了选民的辨别能力。政治鼓动所宣传的那些东西并不真正反映人民的要求，即使在民主国家里也是这样。面对在政治宣传中所显示出的党派规模和权力，个人感到更加渺小和低微。

所有这一切并不意味着广告宣传和政治鼓动公然贬低个人，恰恰相反，它们极力吹捧和恭维你，似乎很尊重你的判断能力和辨别能力，使你觉得飘飘然而心满意足。但这些仅仅是手段，目的是麻木人的怀疑精神。当然有些政党和候选人在宣传鼓动中也包含不少合理的内容，并不是所有的政党和候选人都不可信。

还有一些因素也加剧了个人的无助和无能之感。经济和政治内幕比过去更错综复杂和深不可测，个人越来越难以把握它们。失业也是一种威胁。对大多数人来说，害怕失业是一种难以承受的心理负担，人的一生都笼罩着失业的阴影，似乎只要有一份工作——不管是什么工作，就值得庆幸了。与失业的威胁相联系的是年龄老化的威胁，许多部门只招聘年轻人，因为年轻人更容易适应资方的需要。战争的威胁也十分可怕。现代战争的规模是空前的。自第一次世界大战以来，人人明白，一旦发生战争，其造成的破坏是难以想象的，几乎人人有被毁灭的可能。战争已成了一个可怕的恶魔，虽然很多人在自己的国家还未卷入战争之前，也许没有清醒地意识到这一点，但战争已给人们的生活投下了阴影，使人们感到恐慌不已而又无能为力。弗洛姆谈到这一问题时是1942年，第二次世界大战还未结束，他作为一个流亡美国的犹太人对战争是有着切肤之痛的。

这就是现代人生活的总体画面：车水马龙的大都市；高耸入云的建筑物；震耳欲聋的无线电广播；节奏强烈的爵士音乐；一日三变的报纸新闻标题，搞不清哪一种是真的；令人眼花缭乱的各种演出，那些失去个性的女演员像小巧玲珑的机器一样运转着，动作像钟表一样准确无误……所有这一切令人震惊地表明，个人面临着一种自己根本无法控制的力量，相比之下，他只是一粒微尘罢了。他所能做的一切就是像一个受命行军的士兵或一个流水线上的工人一样机械地行动。纵然他还能行动，但他并不感到自己是有个性、有意义的（陈学明译，1987，第176页）。

所以资本主义解除了中世纪社会强加在个人身上的束缚，个人的独立和自由增加了，但人的孤独无助、渺小无能、不安全、无意义等消极情感也增强了。如果用“不安全感”来代表这一系列消极情感，那么可以这样表述弗洛姆的逃避自由学说：中世纪的安全是不自由的安全；资本主义的自由是不安全的自由，即

“消极自由”。所以在资本主义社会中，人们在心理上有一种逃避自由的倾向，即逃避消极自由以获得安全感的心理倾向。消极自由是建立在人与自然、人与人、人与自我相分离的基础上的；而积极自由应该是建立在人与自然、人与人、人与自我的和谐关系基础上的安全的自由，这是未来理想社会的目标。人需要自由，也需要安全，迄今为止，还没有一种社会能使二者达到统一。自由的社会不安全，安全的社会不自由。如何实现既自由又安全的理想社会？这就需要改革的理论和改革的实践。

异化：人与世界、与自我的疏远和对立

弗洛姆在1941年创立逃避自由的学说时，就使用了“异化（alienation）”这一概念来讨论资本主义社会中的人为何要逃避自由。他的一个基本解释是，自由使人与自然、人与人、人与自我越来越疏远和对立，使人成了孤立的个体，使人失去了安全感，因而人们要逃避这种自由。他所说的这种疏远和对立就是异化。弗洛姆的异化概念来源于黑格尔和马克思。他说，黑格尔和马克思已为理解异化问题奠定了基础，特别是马克思关于商品拜物教和异化劳动的概念，有助于我们分析现代社会中的异化现象。弗洛姆还直接使用异化概念来讨论问题。他说，人创造了一个新世界，创造了机器、工厂、高楼大厦，但这些人用双手创造出来的东西却从人那里异化出去了。人不能真正控制他所创造的东西，反而成了这些东西的工具。人所创造的成果反过来成了人的主宰者，成了人的上帝（陈学明译，1987，第159、161页）。

马克思所说的“商品拜物教”，是指在资本主义社会中，商品成了至高无上的东西，它主宰了人们的生活，人们对商品顶礼膜拜。所谓“异化劳动”，是指在异化的社会里，劳动这种人自身的本质成为一种异己的东西，不依赖于人而在人之外，并成为与人相对立的独立力量。具体表现在：一、作为劳动工具的机器，本来是人创造的、被人使用的，结果机器反而支配人，人成了机器的附庸甚至奴隶。人要按照机器的要求来操作。二、劳动者生产的财富越多，他的产品的力量和数量越大，他就越贫穷。劳动者耗费在劳动中的力量越多，他亲手创造的、与自身相对立的、异己的对象世界的力量就越强大，他本身、他的内部世界就越贫乏，归他所有的东西就越少。劳动产品不为劳动者所有，而为资本家占有，并且他以此加强自己从而变本加厉地剥削工人。三、因而人与人之间也是相互对立的。首先是资本家和工人之间，其次是资本家之间，甚至劳动者之间也相互竞争、相互敌视。四、劳动成为一种异己的活动，劳动不是劳动者的自我活动。劳动成了苦役，下了班才“解放”了。资本家不劳而获，也丧失了人的本质，劳动对于他也是一种异己的活动。

弗洛姆在马克思的异化劳动理论的基础上，进一步研究了异化的社会现实及其对人的心理健康的影响，研究了异化社会里的社会心理现象。

现代资本主义的生产方式成熟于19世纪。这种生产方式的基本特征是：一、一切经济活动都是为了追求利润。资本主义的生产动机不在于社会的利益，也不在于提高劳动生产水平，仅仅在于投资所得的利润。生产的目的是物不是人。二、竞争机制支配着一切经济活动，也渗透到所有社会生活中。人活着就不得不为在竞争中取得成功而奋斗。三、归根到底是市场规律支配着全部社会生活。对资本家而言，他必须不断增加投资以提高利润，必须战胜竞争对手，否则就会破产。对工人而言，他必须在劳动力市场上成功地出卖自己，否则就会挨饿。

市场机制也决定了分配方式，工人不得不接受劳动力市场所规定的工资额。以往阶级社会的分配决策是由暴力来实施的，资本主义的分配方式则由市场实行自我调节，暴力退到背后。资本主义制度使"个人的收入与他的工作量或贡献完全脱离。资本家可以不劳而获"（欧阳谦译，1988，第88页）。"对于那些付出劳动和做出贡献的人来说，他们的收入与付出的劳动之间没有合理地联系起来。一个中学教师的收入只相当于一个医生收入的几分之一，尽管他的社会职能是同样重要的，他付出的劳动也不比医生少。矿工的报酬也只是矿山经理收入的很小一部分，尽管他付出了很大的代价，因为他的工作危险而又艰苦。"（Fromm，1955/1965，p.86）

资本主义社会收入分配的特征就是，个人的贡献与社会给予他的承认（经济报酬）之间不相称。在一个比较贫困的社会里，这种不相称会导致更大的贫富悬殊，其程度超过了我们的道德标准所能容忍的限度。重要的还不在于这种不相称所产生的物质后果，而在于它所带来的道德上的和心理上的后果。这种后果就是，过低估价劳动，轻视人的努力和技能。一方面，既然一个人的劳动没有得到应有的报酬，那么他的劳动积极性必定受到压制。另一方面，既然一个人的收入可以与其劳动量不相吻合，那就意味着他的财富所得取决于市场机遇，而不取决于他本身是否努力和能力的大小，这样人们的投机乃至发不义之财的欲望就会膨胀起来。就是说，如果一个人的收入不取决于他的能力和努力，那么这个社会实际上是在鼓励投机取巧和弄虚作假。

但在弗洛姆看来，剥削、分配不公主要是19世纪资本主义世界的问题。到了20世纪，情况已大为改观，上个世纪的改革家们所提出的基本主张大多已变成现实。就经济最为发达的美国而言，对大众的经济剥削已经削弱，其程度在马克思的时代是不可思议的。工人阶级不再掉在整个社会经济发展的后面，而是越来越多地分享国民的财富。与此同时，工人的处境及其政治地位也发生了急剧的变化。工人主要通过工会组织而成了资方的“合伙人”。工人不再像过去那样，受到雇主的支配、解雇和侮辱。

但20世纪的西方社会仍然是异化的社会，只是表现形式不同而已。

从19世纪到20世纪，最显著的变化是技术上的奇迹。机器的劳动逐渐取代了手工劳动，甚至机器的智慧逐渐代替了人的智慧。具有“智能”的自动控制机器使生产过程发生了根本的变化。但人感觉不到自己是这一切的创造者和支配者，反而觉得自己是亲手所造的机器人的奴隶。机器人越是能干，人越感到自己无能。

技术上的奇迹是与资本的集中相联系的。小公司在数量和重要性方面下降，大公司的经济和政治影响迅速扩大，形成了垄断资本和垄断政权，它们支配着大众的生活。据1951年的资料，美国50%以上的就业人员为大公司所雇佣，而这些大公司只是美国公司数量的1%（欧阳谦译，1988，第104页）。极少数人支配着物质财富，还操纵着大众及其观念。

在这些大企业中，经营权与所有权逐渐分离。1930年，144家公司中只有20家的股东在5000人以下，71家的股东则在2万与3万人之间。1929年，在一些最大的铁路和公用事业公司中，任何一个股东所占的股份最多不超过2.74%（欧阳谦译，1988，第105页）。公司的规模愈大，经营者股份占有的比例愈小。这就造成了资本所有者与经营者的分离。经理负责管理公司，他要对付一些非人的庞然大物：庞大的竞争性企业、庞大的国内外市场、需要哄骗和操纵的大量消费者、庞大的社会组织和强有力的政府。所有这些庞然大物似乎有着自己的生命，它们支配着经理的活动。

弗洛姆认为，在现代化大企业中，经理也官僚主义化了。官僚与大众的关系是一种异化的关系。被管理的大众只是官僚眼里的客观物体，管理者对他们既无爱也无恨，不带任何人的感情。管理者必须把人当作数字和物来管理，否则他的管理行为无法实现，因为职工实在太多了，他只能根据统计图表来管理，而不能面对具体的人。这样，活生生的人在官僚的办公桌上和抽屉里都变成了一些图表、字母或号码。

一个普通职工要到管理机构办事，他会深切地体验到自己的命运完全捏在别人手里，他感到无能为力，除了在管理者面前表现出对上帝一样的尊敬的表情。他还要有异乎寻常的耐心，恰到好处的举止，精心设计的言辞。

弗洛姆说，企业除了受经理的控制，更要受市场的控制。至于企业所有者（股东）则无法支配企业的活动。因为每个股东所占的股份很少，实际上企业无法让众多的股东都参与企业的活动，尽管从法律上讲股东可以支配他的企业，有权选举企业的管理人员。财产从所有者手里分离出去了，所有者既不能支配它，也不能对它负责任。

在现代大企业中，工作越来越单调机械。分工越来越细，每个人都被固定在一个位置上：你的位置就在这里，你将按这种方式去干，你的胳膊在以Y为半径的范围内只能移动X寸，并且移动的时间要精确到以秒或毫秒计。在生产线上，一个人做的事相对于整个生产过程而言简直微不足道。面对产品，他没有一种创造者的感觉，因为他只是完成了一个规定好的简单的动作。

弗洛姆经常将现代生产线上工人的劳动与中世纪手工业者（如木匠）的劳动进行比较。生产椅子、桌子的木匠制造出整把的椅子或整张的桌子，即使他的学徒做了一些准备工作，他还是控制着生产并且监视着整个生产过程。在西方历史上，尤其在13、14世纪，手工业劳动的创造性发展到一种顶峰。劳动能给人一种作为创造者的满足感。在手工劳动中，除了制造产品和关注创造性劳动的过程以外，劳动就不再有别的动机。每天的劳动内容都是有意义的，因为在手艺人的思想中，劳动没有同劳动产品相分离。手艺人可以自由支配他的劳动，因而他能够在劳动过程中使用并发展他的能力和技巧。工匠的劳动和游戏不是分离的。

现代人从劳动过程本身不能获得一种作为创造者的满足感，劳动仅仅是获得金钱的手段，根本不是人的生命活动。相反，生命活动要服从提高利润的目的。如果心情愉快能提高劳动效率，公司就想办法让工人感到愉快。如果微笑能招徕更多的顾客，公司就要求雇员们微笑。在异化的劳动中，人的创造性、好奇心、独立思考能力都不能得到发展。

在当代资本主义社会中，不仅存在着生产过程的异化，在消费过程中也普遍存在着异化。

人借助货币获得物品，被认为是天经地义的。但货币持有者所持的货币不一定就是他的劳动所得。除了劳动，人还可以通过继承、剥削、欺骗、运气和其他手段来获得货币。然而在消费时，货币被转化为劳动的一种抽象形式，它可以被理直气壮地用来换取任何东西。

现代社会的重要特点是多生产和高消费。消费成为一种时尚。但消费不一定出于真正的需要，而主要是一种时髦的花钱方式。一个人即使没有艺术鉴赏力，也会去买名贵的油画。之所以买，只因为这幅画价钱高。即使没有欣赏音乐的情趣，也可以买一部最好的留声机。即使为了卖弄才使用图书馆，也可以买下一个图书馆……

现代人被那种买到更多、更好和更新的物品的可能性所迷惑。只要手头有钱，就去把它花掉，现代人总是不知疲倦地、垂涎三尺地在这个充满商品的“天堂”里逛来逛去。经常有这样的情况，一个人之所以去买一辆新车，并不是旧车性能不好或不好用，只因为旧车不新潮。

弗洛姆生动地描绘了发达国家人们的富裕生活。他说，对许多物品，人们根本没有使用的需要，去买回来仅仅是为了占有它们。人们沉溺于这种无使用价值的占有，从中得到满足。因为怕摔坏贵重的餐具和水晶玻璃花瓶，就干脆不用它们。买下一栋房子但不住或很少住，还给房子配上汽车和仆人，房子好比摆设在家里的老古董。这种从占有中获得满足的生活方式在19世纪的资产阶级中较为常见。到20世纪，有更多的人加入到这一行列，他们从财富的占有本身获得满足。

弗洛姆在描述20世纪的时候，直接用“我们”这个人称代词。我们去买一个面包吃，往往是因为它又白又新鲜，形状特殊，包装别致，我们并不关心味道和营养价值。因为广告照片上有漂亮的青年男女在喝“可口可乐”，所以我们也喝上一瓶。实际上我们是在喝那幅照片，在喝“停一下，提提精神”的广告标语，在喝美国的习惯。这种消费本质上是人为刺激起来的幻想的满足，是一种与真实自我相异化的虚幻活动。当广告中充斥着“健康”肥皂、能治各种牙病的牙膏、苗条霜、壮阳药之类的东西，并且支配着人们的消费行为时，这种情形就愈趋严重。

异化消费的另一个方面，就是我们对买来东西的原理一无所知，只满足于知道如何拧旋钮。对买来的各种机械，我们如同原始人一样感到神秘莫测。除了在学校学过的一些模模糊糊的术语之外，实际上不知道它们的工作原理。就是那些没有什么高深科学原理的东西也使我们感到神秘。我们不知道面包是怎么烤出来的，布是怎么织出来的，桌子是如何做成的，玻璃是如何制造的。就像在生产中一样，我们在消费中也没有对所有消费的具体对象有什么思考。我们生活在工业品的世界中，我们和这些物品的唯一联系就是如何使用或消费它们。

现代人似乎只对他买来的东西的新奇特征感兴趣，一旦出现更新的东西，就会喜新厌旧。每个人的梦想都是能买到最新推出的东西，买到市场上新近出现的最新式样的商品。相比之下，使用物品、得到的真实享受却成为次要的。现代人如果描述他对天堂的看法，那个天堂一定是世界上最大的百货商场，里面摆满了新玩意儿，而且他有足够的钱来购买这些东西。

现代人的消费方式刺激人的欲望永无止境地膨胀。我们越来越需要更多的物品，寻求更多的消费。我们对消费如饥似渴。当人要提高自己的文化和生活水平，要有更多更好的食品、艺术作品和书籍时，这样的消费需要就是合理的。但我们现在的消费欲望已经脱离了人的真正需要。本来，消费水平的提高是为了使人过上幸福的生活，消费只是达到目的，即达到幸福的手段。但现在消费变成了目的本身。不断增长的消费需求迫使我们不断地去购买。购买成为一种强迫性行为，正如某种强迫症患者忍不住要整天洗手一样。因而我们愈来愈依赖那些可以满足我们的消费需求的人和机构。弗洛姆引用马克思的话说：“每个人都千方百计在别人身上唤起某种新的需要，以便迫使他做出新的牺牲，把他置于一种新的依赖地位，促使他进行新花样的享乐，从而使他陷入经济上的破产……随着对象的量的增长，压制人的异己本质的王国也在扩展。”（马克思，恩格斯，1979，第42卷，第132页）

弗洛姆认为，这种消费趋势除了经济上的浪费之外，还使“消费者不尊重劳动和人创造的成果；使消费者忘记了在他自己的国家和更穷的国家中，还有许多贫穷的人，对这些穷人来说他所浪费的东西可能是最宝贵的”（Fromm，1955/1965，p.289）。

高消费是一种浪费，这种观点值得注意。而现代经济学似乎普遍认为消费是刺激生产的动力。弗洛姆的观点从宏观上讲是正确的。因为人类要无限延续下去，但人类赖以生存的自然资源是有限的，对自然的贪婪索取和消费社会扔下的垃圾已经使自然遭到破坏并威胁到人类的生存。现代经济学的观点从微观上讲似乎是正确的，就是说从发展经济本身而言，离不开人们不断增长的消费需求。这两种观点显然是互相矛盾的。怎样控制不必要的消费（以消费为目的的消费），同时又使经济得到发展，这是个难以解决的矛盾。

闲暇时间的娱乐也成为一种消费，一种异化的消费。人们

“消费”球赛、电影、电视、报刊、书、自然景色和社会集会，就像消费买来的商品一样，只是想要尽可能多地享受和占有文化。实际上他不是在自由地享受“他的”闲暇，他对闲暇时间的消费就像他买的商品一样，是由工业决定的。娱乐也是一种工业，消费者被支使去买娱乐就像他被支使去买衣服鞋子一样。娱乐的价值取决于它在市场上流行与否，而不是从人的角度去衡量的。

这些娱乐活动并没有在内心引起什么真正的反响，没有对宇宙人生创造性的感悟，没有什么审美的喜悦或崇高感。一个带着相机四处游玩的“旅行者”，只是忙于拍照，除了通过照相机镜头得到的印象，他实际上什么也没有看到。照相机代替他观光，他由“愉快”旅行得到的收获除了一本相集，什么体验、灵感也没有。要说有，也只是一连串消费活动的回忆：这些风景点我到过，正如那种牌子的饮料我喝过一样。两者对心理的影响没有什么区别。

自1889年以来，柯达相机促成了照相机在世界范围内的普及。“使用我们的相机，只按快门就能拍照。”这一个广告标语具有象征性（正如我们天天可以听到的“操作简单到只需轻轻一按”这句广告词）：柯达相机率先给人们提供一种按钮式的感受力，你不用做什么，也不需要知道什么，一切都是调试好的；你所要做的只是按一下快门。这种拍照集中体现了异化的视知觉和纯粹消费的特征。

这种生活方式还导致现代人的好奇心的退化。儿童对世界充满好奇，这种好奇心起源于动物的探究反射。这种反射是指动物在环境中一出现新异刺激物，就本能地把感官朝向这种刺激物，以明确其是否带有威胁性或伤害性，所以又叫“是什么”反射。它是动物的一种自我保护的本能。这样看来，好奇心是人的一种本能或一种天性。同时好奇心也是人的智慧发展的一种内部动力。儿童自然会对家里的各种机器有很多疑问，这些问题家长往往回答不了。即使想回答孩子的问题，往往也说不清楚。孩子从一系列这种挫折中感受到，不必去了解这个世界，也无法了解，世界原是不可知的，我们只应满足于占有和使用。总之，“我们的经济体制在给人类带来物质上的富裕的同时，已使人性变得枯竭贫乏”（王泽应译，1991，第84页）。财富在增加，人性却在退化。

现代社会中的人与人的关系也是异化的。人与人之间是两个抽象物、两个活机器之间相互区别、相互利用的关系。雇主利用雇工、售货员利用顾客。每个人都被看成是一件商品。他之所以总被别人友好相待，是因为在别人眼里，他即使现在用不上，将来也可能会用得上。在我们今天的人际关系中，找不到多少爱和恨，确切地说，这是一种表面上的友好，一种更虚伪的花言巧语，在这背后却是疏远、冷漠和许多难以察觉的不信任。

即使在两性关系中也是如此。第一次世界大战后出现了性解放运动，其特点是不顾一切地尝试用相互的性满足来获得一点儿新鲜感，更换性伴侣就像更换消费品一样。当一切终归失望时，两性之间的性爱吸引力减少到最小程度，而被一种友好的伴侣关系、一种小小的结合体所替代，为的是能使日常生活的战斗坚持下去，为的是摆脱各自的孤独和寂寞。

前资本主义社会（包括中世纪）的那种人与人之间的联系消失了。现代社会是由“原子”组成的，这些“微粒”彼此脱离，只是各自的利益和相互利用的需要才将它们联系在一起。人与人之间的关系受到利己主义原则支配：“人人为自己，上帝为大家。”就“你最担忧的是什么”这一问题在美国公众的抽样调查表明，绝大多数人的回答是个人收入、健康等，而战争、政治问题以及有关所有人的一般社会问题则不是绝大多数人最担忧的。

异化还表现在人与自我的关系之中。现代人觉得自己只是一种具有市场实用价值的物品，他的目标就是在市场上成功地出卖自己。人的价值取决于他的成功：能否高价出售自己，是否获得了更多的财富。身躯、大脑和灵魂就是资本，活着的任务就是把这些资本拿去投资，使它们生利。人把自己变成了商品。劳动力市场支配着人的生活道路，也支配着人的爱好、能力、品德等一切心理特征。现代人感受不到自己是具有爱、思想、信念和怀疑精神的人，感受不到自己是人类力量的承担者，他与这些人的本性相异化，感觉不到自己是一个独特的统一的主体。

在社交和集会场合，每个人都急于会见高价的商品人，以便与之接触而达到获利的交换。他希望用现有的社会地位去换取更高的社会地位，在这一过程中他把自己旧有的朋友、习惯和感情全部换成新的，就像他用福特轿车去换别克轿车一样。

生活的全部就是为了获益而投资。如果一个人买了一块肥皂，他自然会想他付出的钱与这块肥皂的价值是否相等。这种态度还扩展到其他活动中。如果一个人去欣赏音乐或戏剧，他也要想这场演出值不值他付出的钱。一个青年男子晚上与女友幽会，或拜访几个朋友，他也会想这些事在时间上或金钱上值不值得。一个人每天早晨的散步被看成是有益身体健康的投资，而不是一种本来很愉快的活动。用数量的东西（金钱和时间）来衡量生命活动，也就是把生命活动看成物，把自我看成物。

在现代人的思想中常常出现“生命是否值得”的问题，由此产生生命是否“成功的”感受。弗洛姆认为这是荒谬的：“我们有快乐，也有不幸；我们达到了某些目的，但达不到另一些目的；然而不存在一个合理的天平能够表明生命是否值得。从‘收支平衡’的观点看，也许生命根本就没有存在的价值。生命必然以死亡告终，我们的许多希望都无法实现，生命包含着痛苦和奋斗。从‘收支平衡’的观点看，不出生或在襁褓中死去似乎更有意义。不过谁又能说，爱的片刻欢愉，或者在一个明媚的清晨边散步边呼吸新鲜的空气，抵不上生命中所有的痛苦与奋斗呢？生命是一种独一无二的赠礼，是一种挑战，他不能用任何别的东西来衡量。对于人生是否‘值得’一活的问题不可能有合理的答案，因为这个问题本身就没有什么意义。”（Fromm，1955/1965，p.136）

现代社会的另一个重要特征就是数量化和抽象化。现代的经济和管理活动如果不严格地数量化，就难以进行。必须把成千上万的人视为抽象的实体（数字或符号），否则就不可能进行管理和决策。金钱是一切具体事物（物体和人）的抽象符号，一切事物都首先被一定数量的金钱来标志。这就忽略了事物特别是人的具体性和特殊性，因为任何一个人的生命都是唯一的、不可替代的，但在数字、图表和计算机程序中，人的这些属性被忽略了。

现代世界的抽象性甚至达到如此严重的地步，以致只坐在屋里按一下按钮就可以使数万人丧生。在现代战争中，这种按电钮的杀人行为远不像直接杀人行为那样在人的心理上引起强烈的反应。他只不过按了一下电钮，这是他的职责，他和平时一样坐在办公室里，并没有拿武器去杀人，所以他没有什么良心上的不安。

异化还表现为偶像崇拜。在专制国家中，偶像往往是权力、国家、种族；在民主国家中，偶像往往是金钱。人们对偶像顶礼膜拜，人创造的偶像反过来支配和统治了人。

在纳粹主义和斯大林主义的统治下，彻底异化的个人跪拜在偶像的祭坛下，这些偶像是国家、阶级、集体、领袖等，个人在这些偶像面前感到无足轻重、软弱无力、孤立无援，只有把自己依附于强大无比、至高无上的偶像，才能得到力量。人没有把自己看作自身力量及其丰富性的积极承担者，而是觉得自己变成了依赖自身以外力量的无能之“物”，并把自己的生命意义投射到这种外在力量上。

资本主义的民主也受到商品经济的制约。政治机器的运行实际上同商品市场的活动没有本质区别。各个政党如同庞大的商业机构，职业政客极力向公众推销他们的“货物”，他们使用的方法与广告的宣传如出一辙。“他们可以用电视来吹捧一些政治人物，正如他们用电视来推销肥皂一样。”（欧阳谦译，1988，第187页）

可见，异化这个概念的含义在弗洛姆的著作中是很宽泛的，它泛指人与世界、人与自己的疏远和对立，特别是指现代人异化于自己，异化于同类，异化于自然。异化在现代社会中几乎是无孔不入，它渗透到人与自己的劳动、消费品、国家、同胞以及自我的关系之中。人不再是自己的目的，变成了他人或自己的经济利益或政治野心的工具，变成了非人的庞大经济机器和官僚机器的工具。因此，有人认为可以用马尔库塞（H. Marcuse，1898—1979）提出的“总体异化”这个概念来表征弗洛姆的异化理论（欧力同等，1990，第216—220页）。

“总体异化论”和“逃避自由说”都是基于对现代人的存在状况或处境的考察，基本思路是完全一致的，只是所用的概念、讨论问题的角度及着重点不同而已。

自由与安全的两难境地和人的异化，在弗洛姆看来，都是由个体化的历程造成的。就是说，个体化使人与自然、与他人、与自我相疏远、相对立，因此现代人的这种处境是人的存在的矛盾性在资本主义社会的具体表现。

三

克服孤独的需要和情感

人的存在的矛盾性和历史的矛盾性是社会和个人发展的动力。当人面临矛盾时——不管是可以解决的还是不能解决的——总是有所反应，不可能无动于衷。人的存在的矛盾性是人的更深层的处境，尽管这种处境不能从根本上改变，但人还是要去寻找出路。人的基本需要就是人对存在的矛盾性的处境的反应，而人的情感则是在需要的基础上产生的。

1　人的需要

弗洛姆认为，除了生理需要，人的基本需要都起源于人的处境。人必须去解决存在的矛盾性和历史的矛盾性，并克服人在生物学意义上的软弱性。即使人的本能需要都满足了，也没有解决人的问题。针对弗洛伊德的泛性论，弗洛姆认为，不管性冲动及其派生物如何强大，它们绝不是人身上最强大的力量。推动人的行为的基本需要起源于人的存在状况。

这些需要是：关联（relatedness）的需要、超越（transcendence）的需要、植根（rootedness）的需要、认同（sense of identity）的需要、定向（a frame of orientation and devotion）的需要（Fromm，1955/1965，pp.35–66）。每种需要都有积极和消极、健康和不健康两种满足方式。积极的、健康的满足方式是弗洛姆根据他的人本主义的理想提出的，是为了给消极的、不健康的满足方式提供一种标尺和参照系。

从弗洛姆的总的思路来看，现代人的需要是人在现代社会的生存条件下产生的。由于现代人生活在自由与安全的两难处境中，生活在全面异化的社会里，所以现代人需要的满足方式往往是消极的、不健康的。

爱与自恋：关联的需要

人为了克服孤独，就要与他人建立联系。在一种分离和疏远的处境中，一个人如果没有找到与他人联结起来的纽带，即使所有的生理需要都得到满足，他还是会感到自己的孤单的处境像一座监狱，人都有冲破这座监狱以与他人结合起来的需要。

婴儿能够体会到的唯一现实，就是他自己的身体及其需要——生理的、温暖的和感情的需要。他没有把“我”与“你”分开来，他还处在与世界同一的状态中。在他眼里，外部世界不过是许多的食物和温暖，这些可以满足他的需要，他不能客观地认识外部世界中的某人或某物，不能把自己与世界、主体与客体区分开来。弗洛伊德把婴儿的这种状态称为“原发性的自恋（primary narcissism）”。

在个体的正常发展中，通过逐渐地认识外部世界，逐渐意识到“我”与“你”的区别，这种自恋倾向逐渐被克服。最初是借助于感觉，发觉外部的人和物是不同的实体，这样就具备了说话的可能性；因为要叫出事物的名字，首先要把这些事物当作个别的、独立的、与自己不同的实体。

但真正在感情上克服这一自恋倾向，需要很长时间。就是在七八岁孩子的眼里，周围的人主要还是满足他的需要的工具。只要这些人都能满足他的需要，这些人在他看来就没有什么不同。到八九岁左右，儿童才开始感到别人的需要同自己的需要一样重要，即开始去爱别人。儿童的这种爱一般是对同龄人而不是对父母。人们以为小孩是先爱父母后爱别的人，这是一厢情愿的想法。对这种年龄的小孩，父母主要还是依赖和畏惧的对象，而不是爱的对象。因为爱要以平等和自由为基础。这种爱要在儿童期以后才会出现，如果幸运的话它的萌芽可能会早些。

如果随着年龄的增长，儿童得到健康的发展，就能逐步建立起与他人的爱的联系，这就是从原发性自恋到爱的发展过程。所以原发性自恋是一种正常现象，它与儿童正常的生理和心理发展相一致。

弗洛姆所描绘的理想的爱的关系是一种在保持个人独立和完整的同时又与他人结为一体的关系，这是一种与他人共享，共同拥有一个世界，并使个人更坚强更幸福的境界。

如果没有建立起这样一种关系，总是按自己的主观臆断而不是根据现实本身去对待外部世界，把他人看成是满足自己欲望的工具，而不是值得尊重的、与自己平等的、独立的人，弗洛姆沿用弗洛伊德的概念，称这种情况为“继发性自恋（secondary narcissism，以下简称自恋）”。弗洛伊德所称的这种自恋，是一种心理疾病，病人似乎倒退到婴儿时期，不能区分自我和他人，总是从我出发来看待他人。如一个极度单相思的男人无论如何也不相信这一事实：他所爱的女人并不爱他。他的推理是，“我如此热烈地爱着她，她不可能不爱我”，或者说“如果她不爱我的话，我也不可能如此深地爱她”。然后，他通过这样的推测来解释那女人为什么对他的爱没有反应：“她是无意识地爱着我，而又害怕这种强烈的爱；她想要考验我，想要折磨我……”如此想入非非，把自己折磨得死去活来，不能自拔。他不能接受这样的事实：对方是另一个独立的人，她有自己的情感，不是为他而存在的，很可能和他想象的完全不同。

在弗洛姆看来，自恋的实质是不能客观地看待自己、他人和世界，表现为过高地评价自己的容貌、身材、才智及自己的占有物等，自我欣赏、自我陶醉。对他人和外在世界则评价过低，甚至只将其视为自己的附属品和工具。每个人身上都程度不同地存在着自恋倾向，只是到了极端的程度才是心理疾病。

弗洛姆似乎更关心多数人（而不是临床上的心理疾病患者）特别是现代人身上的自恋倾向。比如种族主义情绪，自己所属的人种（如白人）或民族（如雅利安人）是最优秀的，不能平等地对待其他人种（有色人种）或民族（如希特勒眼里的犹太人）。现代人陶醉于工业文明的奇迹中，看不到工业文明的负面影响，在弗洛姆看来也是一种自恋倾向。有这种倾向的人，会过高地估计自己的产品，沉溺于技术万能的幻想中，不能理性地看待技术与人、工业与自然之间的关系。

爱和自恋都出于与他人、世界建立联系的需要，所不同的是，爱是在保持自我独立又尊重他人独立的同时与世界建立联系，自恋则以自我为中心来建立与世界的联系。所以二者的起源相同，方向相反。

创造与毁灭：超越的需要

人都是身不由己地被抛入这个世界，与其他生物一样。只是人能意识到这一点，不甘心安于生物的被动状态，这就是人作为一种生物又要超越生物的被动状态的需要。

人不能接受以掷骰子的方式来决定自己的命运，因而产生一种推动力，以求超越其生物的被动性，超越其生存的偶然性。

一切生物都能创造生命，但只有人才知道他同时是被创造者和创造者。人能创造生命，男女相爱，由女人生下孩子，一起养育孩子长大成为自立的人。人们还去种植东西、生产物品、创造艺术作品、形成各种观点。在创造这一切的过程中，人超越了其他一切生物而进入一个自由和自觉的王国。人对超越的追求，正是物质生产、艺术、爱、宗教的源泉之一。

实现超越还有另一条途径：既然我不能或不愿去创造，那我就去毁灭、去破坏。毁灭生命同样也使我超越了生命，人能破坏，正如他能够创造一样，这的确是人的一种神奇的本领。生命就是奇迹，无法解释。在破坏的行动中，人似乎使自己立于生命之上，实现了某种主动性，从而超越了生物的被动性。生物任凭命运摆布，任人宰割，人即使逃不脱这种命运，但他不可能心甘情愿，无觉无识，毫无反抗。

因而毁灭、破坏是超越需要的变态满足，它是创造意志得不到实现的表现，是受挫以后的反应，是人对不利于成长的处境的反应。当创造意志得不到实现时，毁灭意志就会抬头。创造是生命成长的表现，毁灭是生命退化的表现。尽管在人类历史的长河中，每一个时代都可以看到破坏和毁灭所造成的惨不忍睹的场景，历史的每一页都记录了暴力和鲜血，但弗洛姆还是认为，毁灭不是人的一种本能，而是在特定的生存状况下产生的。相对于创造，它是派生的，是对创造需要受挫后的补偿。创造在人性中是一种更优先、更深刻的力量，所以创造与毁灭不是两种独立的力量相当的东西。创造与爱相联系，毁灭与恨相联系。创造需要的满足产生幸福，毁灭需要的满足尽管能导致片刻的快感，但在深层和长远的意义上，毁灭导致的是痛苦。

从这里，我们可以看到弗洛姆对弗洛伊德本能论的修正和发展。弗洛伊德认为人有生的本能和死的本能，二者相互独立，力量相当，前者倾向于爱和建设，后者倾向于恨和破坏。两种本能都是生命能量，必须寻找实现的途径。如果死之本能向外实现，就表现为攻击、破坏、暴力；如果不能或没有向外实现，就表现为自我虐待等心理疾病，自己使自己的肉体和精神遭受痛苦，以使死之本能这种能量得到释放。战争就是死的本能向外释放的一种途径。弗洛姆主要在以下两个方面修正了弗洛伊德的上述观点：第一，弗洛姆不是从人的本能而是从人的处境出发来研究人的破坏倾向；第二，因为毁灭、攻击等不是与生俱来的，所以是可以克服的，创造是人性中更深刻的东西。显然这是一种对待人性的更积极的态度，而弗洛伊德对人性则持一种悲观的无能为力的态度。

母爱与乱伦：植根的需要[1]

人类的诞生，意味着脱离自然的襁褓，脱离自然的束缚。然而，脱离自然又是可怕的。如果人失去了自然的根基，他将向何处去呢？那将是孤立无援的。没有自然这个“家”作为依托，就没有生存的基础，那将是无法忍受的。只有找到了新的生存根基，人才会在这个世界上感到安全、踏实、有所依托。所以人在与自然分离的同时，又有一种回归自然、回归大地的需要，即植根的需要。文明越发展，人的这种需要就越强烈。正如一个孩子要成为一个独立的人，就要离开母亲但同时又深深地依恋母亲温暖的怀抱。人越是远离母亲，就越强烈地思念母亲。自然、大地、母亲是人的根。

人类最基本的自然关系就是母子关系。在母亲的子宫里，孩子就开始了生命的过程，他在子宫里发育的时间比大多数动物的胚胎期要长。出生以后，他依靠母亲照料的时间也比其他任何动物的抚育期要长。母亲不仅生下孩子，还要继续给孩子以生命力。母亲的关怀是无条件的，她不在乎孩子能为她做些什么，不在乎孩子对她履行什么义务。母亲关怀这个新生命，只因为这是她的

1 弗洛姆在著作中用的是友爱（brotherliness），但下面的内容完全是论述人与母亲或母亲的替代者的关系的，故改为“母爱（motherly love）”并未歪曲原意。已有人这样处理过（高觉敷，1987，第376页）。

孩子。在生命的最初几年，母亲是一种无所不包的庇护力量。母亲就是食物，就是爱，就是温暖。母亲是生命的源泉。有了母亲的爱，就有了生命力，有了生存的根基，就使人感到安全。

出生，意味着失去了子宫的庇护；成长，意味着逐渐走出母亲的保护范围。成年人要依靠自己、照顾自己，承担对自己和他人的责任。然而世界变化无常，生活日益艰难，所学的知识支离破碎，错误无法避免……这一切使成人的处境同小孩的处境有很多相似之处。当一个人孤弱无助的时候，他多么渴望回到孩童时代以便得到母亲的保护！其实，每个成年人都需要帮助，需要温暖和庇护，在这些方面跟小孩一样，只是满足需要的方式不同而已。

成年人往往对母亲曾经给予的一切还怀着深切的渴望，并寻找满足这种渴望的途径，表现为：一、有一种精神分裂症，一发病生活就不能自理，像子宫里的胎儿一样被动地吸收着一切，这是一种严重的心理疾病，病人完全被回到子宫的欲望所控制。二、睡梦中，留在母亲子宫里的欲望以象征的形式表现出来。例如，梦见自己在一个黑洞里，梦见自己在一艘潜入深水中的单人潜艇里等。心理疾病症状和梦往往象征着人对生命的恐惧和对死亡的迷恋。死就是回到大地，“来自尘土，归于尘土”；死也是回到子宫，回到降生之前。从象征意义上讲，子宫和大地是同一的。三、害怕独立，害怕离家，就像婴儿害怕断奶、害怕离开母亲的乳房一样。出生是第一次诞生，断奶是第二次诞生。既然第一次已无法挽回，就力图避免第二次。这样的人滞留于孩童时期，不愿意接受已经长大的事实，离不开慈母的抚爱、照顾和庇护。他总是需要依靠别人，如果失去了母亲，也要依赖母亲的替代者，如慈爱的长者、宽厚的朋友，以及亲属、教会、同乡会等。只有在这种依赖中他才感到踏实，一旦失去这种依赖，就惶恐不安。

在人与母亲的关系问题上，弗洛伊德曾提出过一个著名的概念：俄狄浦斯情结或恋母情结。认为小孩对母亲有性兴趣，小孩在吮吸母亲的乳头时能得到一种性的快感，直到成年仍存留着对母亲的潜意识的性的渴望，这种乱伦欲望是人性中固有的。由于在这种竞争中父亲具有强大的力量，儿子只好压抑自己的欲望，但在内心是与父亲敌对的。

弗洛姆认为，弗洛伊德把人与母亲的关系问题看成人的心理生活的核心问题，这是一个伟大的发现，但弗洛伊德的解释削弱了他的理论的价值。这种解释的错误在于：一、把成年人才有的性感受置于孩子的心理中；二、用父亲的存在来解释孩子压抑乱伦欲望的原因。在弗洛姆看来，人压抑乱伦欲望，是由于它与成人生活的客观需要相对立。现实要求成年人独立，不能依靠母亲，而要依靠自己。

早在原始社会，就出现了乱伦禁忌。乱伦禁忌的普遍性说明它是人类发展的必要条件，并不是因为它的性欲方面，而是因为人要成长，必须割断脐带，必须克服再与母亲合为一体的强烈渴望。

这样，乱伦的概念在弗洛姆的思想中就主要不是性意义上的，而是指人对母亲的渴望，渴望留在或回到无所不包的安全的子宫，回到提供一切营养的、甜蜜而温暖的乳房。这种渴望起源于成人的生存处境，即分离、疏远、孤独和不安全的处境。

弗洛姆的这一思想来源于巴霍芬对母系社会的研究。巴霍芬认为，在人类进入父系社会之前，曾经历了一个母系社会阶段：在这个时期的社会组织形式中，母亲是家庭、社会生活和宗教的中心人物。巴霍芬分析了母系社会的积极方面和消极方面。积极方面在于，母系社会普遍存在着对生命、自由和平等的确认。因为人是自然和母亲的孩子，他们都是平等的，有着同样的权利，其唯一的价值就是生命的价值。换言之，母亲爱她的孩子，并不因为这个孩子比那个孩子聪明，或这个孩子比那个孩子更能实现她的夙愿，只因为他们都是她的孩子，他们都有得到爱和关怀的同样的权利。巴霍芬也指出了母系社会的消极方面：人由于依赖母亲和土地，妨碍了个性和理性的发展。

弗洛姆也很重视巴霍芬对父系社会以及父亲作用的分析。因为男人不具备生孩子（怀孕和分娩）的条件，没有生育孩子的职责，所以他比女人更远离自然。男人因为缺乏自然的根基而被迫发展自己的理性，被迫去创造物质的或观念的世界，这个世界取代自然而成为他生存和安全的基础。孩子与父亲的关系没有孩子与母亲的关系那样牢固，因为父亲在孩子的早年生活中，从未起过像母亲那样包容一切、庇护一切和爱抚一切的作用。相反，在所有的父系社会中，孩子与父亲一方面是服从的关系，另一方面是对立的关系。弗洛姆批评说，弗洛伊德对恋母情结的解释正是他的父权观念在作怪。在巴霍芬和弗洛姆看来，孩子对父亲的服从完全不同于对母亲的依恋。对母亲的依恋是自然关系的延续，对父亲的服从则是以权力和法律这些人为之物为基础的，所以孩子对父亲的服从就不像对母亲的依恋那样具有自然本性的强制性。母亲代表自然和无条件的爱，父亲则代表观念、良心、责任、法律以及等级制度。父亲对孩子的爱不同于母亲对孩子的爱，父亲最喜欢的是最能实现他的希望、最适合继承他的财产和事业的孩子。

由此可以得出母爱与父爱的重要区别。在与母亲的关系中，孩子几乎不能调整和控制这种关系。母爱，如同一种恩典：如果得到了，就是一种幸福；如果失去了，就无法挽回，就是不幸。那些过于依恋母亲的人之所以通过患神经症来获取母爱，是因为他这样假设和幻想：如果我变成了无依无靠的、孤弱可怜的孩子，母亲一定会来关心我。

而在与父亲的关系中，孩子能够支配这种关系。父亲希望自己的儿子（在父系社会是不重视女儿的）长大成人，负起责任，去考虑和确定自己的未来；父亲也希望孩子服从和侍奉他，将来成为和他一样的人。不管父亲的期望是着重儿子的发展还是着重儿子的服从，儿子都可以做一些父亲所希望的事情，以博得父亲的欢心。总之，父系情结的积极方面在于理性、纪律、良心、个性，消极方面在于等级、压制、不平等、服从。

父亲与母亲对孩子的态度不同，对孩子的要求甚至相反。父亲的声音是尽忠尽职，母亲的声音是去爱和饶恕别人以及我们自己。责任原则与爱的原则的矛盾，正是人类存在所固有的矛盾。一个健康的人必须敢于接受这个矛盾，即同时接受父母双方的原则，既要用理性和责任去批判，又要用爱心去宽恕。

因而满足植根需要的健康方式是将母爱与父爱的积极方面结合起来，既依恋母亲，以平等和宽容的态度对待他人，又不让这种依恋阻碍个性的发展，阻碍理性和独立性的发展。满足植根需要的不健康的方式是将父爱与母爱的消极方面结合起来，过于依恋母亲，受自然、土地和血缘的束缚，使自己退化到懦弱的婴儿状态，失去了爱和理性的能力，并求助于、屈服于权力和等级制度，陷于乱伦的心理病态。

家庭、氏族、民族、国家（祖国）、教会等等，都是母亲形象的组成部分，对这些组织的依恋，就是对血缘和土地的依恋。当这种依恋成为一种强大的社会心理力量，将一个民族或种族的成员凝聚在一起的时候，就成为民族主义或种族主义。现代人害怕自己成为孤立的个人，就逃避到象征血缘和土地的偶像崇拜中。每个人都依附一个民族而不是首先作为人类的一分子。他用怀疑的眼光看待那些没有同样血缘土地关系的“外族人”（这一关系由共同的语言、风俗、饮食、歌曲等来表示），用不公正的标准来批判他们，随时对他们产生猜疑和误解。这就妨碍了人用客观的态度去对待事物，妨碍人的爱和理性能力的发展。这就是民族主义和国家崇拜的心理基础。法西斯主义所鼓吹的“爱国主义”，在弗洛姆看来，是一种把自己的民族凌驾于人类、凌驾于真理和正义原则之上的态度，并不是出于对自己民族的爱护。因为要爱护自己民族的精神健康和物质繁荣，就绝不会侵犯别的民族。正如对一个人的爱，如果排除了对其他人的爱，就不是真正的爱一样；对自己民族国家的爱，如果不包括对人类的爱，就不是爱而是偶像崇拜。民族主义和国家崇拜就是本世纪（20世纪）出现的人类向乱伦依恋退化的表现形式。

个体性与一致性：认同的需要

人从自然和动物世界分离出来，具备了理性和想象力，也具备了把自己与世界、与他人区分开来的能力，能把自己看作一个独立的实体，将过去、现在和将来的我，将此地、彼地的我，也就是将处于不同时间和空间的自己看成同一个人，由此形成的主观感受叫作“同一性的感受”或“认同”。人需要获得这种感受，需要认识自己并接受自己、认同自己。人是唯一能说出“我”的动物。当然婴儿还处在自然状态，处在和母亲的原始关联中，还不能说出“我”。他随着成长，逐渐把自己与外部世界区分开来，形成了认识自己的需要，并能将成人对他说的“你”这个词转化为“我”。

满足认同的需要的健康方式就是将自己看成不可替代的个人，是自己行动的主体，感受到自己身上有某种任何人都不具有的东西，并将其看成是最珍贵的。这就是一种“我就是我”的感受。弗洛姆称之为“个体性（individuality）”。具有个体性的人，也就获得了明确的同一感，明确感受到自己是自己生活的主人，是自己在安排、选择自己的生活，而不是由别人支配他的生活。

个体性是自我意识高度发展的表现，它取决于个人脱离家庭、氏族、民族的程度。在人类历史迄今为止的发展过程中，人的认同的需要的满足方式是从“群一致性（herd conformity）”逐步向个体性发展的。但即使到现代，仍然只有少数人达到了个体性的水平。

所谓“群一致性”也就是和所在的群体保持一致，“herd”用在这里带有明显的贬义，原义一般指牛群。弗洛姆的用意是指每个人都和周围的缺乏个体性的人们保持一致，同时这样一种水平离动物较近而没有发展到成熟的人的水平。

弗洛姆就人的认同的发展进行了历史的回顾。原始氏族的成员若要表达他的认同，可能就用“我就是我们”这样的表述，他还不能意识到自己是一个不同于氏族中的其他成员的“个体”。在封建社会（中世纪），个人与他在封建等级制度中所扮演的社会角色是相等同的，他的认同也就是他的身份意识。各得其所，各安其分。

封建制度瓦解以后，人的自我意识觉醒了，人能提出“我是谁？”“我怎么知道我是我自己？”这样的问题。笛卡儿的著名哲学命题正是回答了人对认同的寻求：“我疑故我思，我思故我在。”但笛卡儿的回答只是强调了作为思维活动主体的“我”，而没有看到表现在情感过程中和创造性活动中的“我”。

西方近代文化的发展，就是为人获得充分的个体性创造条件，通过使个人得到政治上、经济上的自由，使个人摆脱权威的控制并学会思考自身，使个人感到“我”是自己力量的中心和行动主体。但只有少数人获得了个体性的真正感受；在大多数人那里，个体性不过是徒有其表的东西，实际上并没有获得真正的自我同一感。

对现代人来说，民族、宗教、阶级、职业等，都可以提供自我认同，如“我是一个美国人”“我是一个商人”……跟前资本主义社会里的人相比，现代人的这种一致性倾向有了新的形式。现代社会变化快，人的身份和角色也不断变化。现代社会名义上鼓励个性（即个体性），如果一个人被认为缺乏个性，就会影响他对自己的认同，于是他就会表现出“很有个性”，但这只是一种幻想的个性。我们时常碰到这样的年轻人，为了引人注目和讨人喜欢，而表现得与众不同，仔细观察，就可以发现他缺乏充实的内涵。

理性与非理性：定向的需要

人有了理性和想象力，就需要为自己确立一个目标，从而赋予生存一种意义或价值，这就是定向的需要。定向即对意义的追求。人不能过一种生物的自生自灭的、无意义的生活。人必须寻找和确立某种值得为之献身的东西，否则就会感到生活没有方向，生命没有价值。弗洛姆这里讲的实际上是信仰问题。

健康的人能够客观地认识世界、他人和自己，把自己的人生目的、价值和信仰建立在理性的基础上，因而能够为自己寻找到一条符合实际的、有意义的人生道路。

人往往也非理性地解决这一人生的根本问题，如相信某种图腾动物的力量、某种神的启示、某种迷信、某种使人沉溺的诱惑等，甚至为之献身。

但对现实做出解释，这也是人的定向需要的表现。即使是不合理的目标或行为，也要将其解释为合理的。政治领袖往往把所发动的政治、军事行动解释为合理的、神圣的、崇高的。一个人，无论他的行为多么不合情理，多么不道德，他都会竭尽全力使这种行为合理化。也就是说，他要向别人也向自己证明，他的行为是受理智、常识，或至少受传统的道德观念所支配的。

弗洛姆认为，以上几种人的生理需要以外的基本需要，都是人对于生存处境的反应，实质上都是在疏远、分离、孤独的处境下，人与自然、他人、自我建立联系的需要。这五种基本需要是在《健全的社会》(1955)中提出的，是弗洛姆关于人的需要的系统表述。在这之前和之后，弗洛姆在著作中也从不同角度分析过人的需要。

在《逃避自由》(1941)中，弗洛姆把人的需要分成三种：一、自我保护的需要，如吃、喝、睡、保护自己不受伤害等等，都是由人的生理组织决定的，必须予以最低限度的满足。二、逃避孤独的需要，这是他在本书中集中分析的。这种需要不是起源于人的生理组织，而是起源于人的存在方式和生活实践，即起源于人的处境。孤独感超过一定限度会导致心理疾病，正如饥饿会导致死亡一样。所以这种需要与自我保存的需要一样具有强制性，非寻找满足的途径不可。当然，与自身之外的世界发生联系，不等于身体的接触。一个人可能多年没有亲身接触广阔的外部世界，仍可以获得一种交流和归属的感受。深居教堂而信仰上帝的僧侣，身陷囹圄而又感到自己的同志就在身边的政治犯，在精神上就不孤独。相反，一个人即使生活在众人之中，也可能感到十分孤独，这是一种在符号、价值、心灵上失去与外界联系的孤独。精神上的孤独与身体意义上的孤独同样无法忍受；或者倒不如说，只有当身体意义上的孤独包含着精神上的孤独时，才变得无法忍受。至于人为什么害怕孤独，弗洛姆认为：首先人不与他人合作就不能生存。为了从事生产劳动，为了抵御敌人或天然危险的侵害，个人必须与他人合作。其次，人在婴儿时期、童年时代，没有他人的帮助就活不下去。这些早期经验告诉人一个朴素的真理，人不能独立生活着。还有一个原因，就是人的自我意识告诉自己，个人与世界中的所有人比较起来，是多么渺小和不重要，除非他感到有所归属，除非他的生命有了某种意义和方向，否则他就会觉得自己无异于一粒尘土，就会被那种自身无意义感所压垮。三、除了自我保存的需要和逃避孤独的需要，人还有一种重要的需要，这种需要不是强制性的，更具有灵活性和可塑性，如权力欲、节俭欲、自大（自夸的愿望）等，是不同的人在各种具体环境中形成的，人与人之间在这些方面的差异很大。

在以上三种需要中，逃避孤独的需要是弗洛姆最重视的。这种需要也就是与外界和自我建立联系的需要，这是人的一种基本的心理性需要。弗洛姆后来提出的那五种基本需要，是这一观点的进一步展开，就是说五种基本需要实际上都是逃避孤独的需要。

在晚期著作《人的破坏性的剖析》（1973）等文字中，弗洛姆为了研究现代人的破坏性、厌烦情绪等，提出人有兴奋和刺激的需要。在《逃避自由》中，弗洛姆似乎认为身体意义上的孤独是不重要的，或者说没有精神上的孤独重要，但后来发现人的身体（感官）也需要接受一定的刺激以保持有机体的兴奋。如果缺乏刺激和兴奋，人就容易产生厌烦情绪。刺激有两种，一种是简单刺激，只能使人得到感官上的满足；另一种是积极刺激，促使人去追求爱，追求真善美，去从事创造性的工作。前者如罗马竞技场上的疯狂场面，后者如希腊戏剧。现代社会充满了简单刺激，人们从有关事故、谋杀、火灾、战争的报道和影视刺激中获得某种满足，也从吸毒、酗酒、性放纵中寻求刺激。关于犯罪和灾难的新闻几乎天天看到、听到，除了引起同情和某种不快，还加强了人的不安全感，同时使人从中获得某种满足。人们停下手头的事，聚精会神地看，然后津津有味地面带笑容地谈论这些不幸的事情。

简单刺激比积极刺激更容易导致兴奋，更容易使人沉溺其中。有些夫妇甚至由于这样的原因而厮守在一起：婚姻使他们有机会相互争吵、怨恨、辱骂、撕打……积极刺激不会使人厌烦，但简单刺激容易使人厌烦。人们首先要忙于工作。工作之余，当厌烦有被意识到的危险时，人就会去追求各种刺激以防止产生明显的厌烦：看电视、跳舞、骑马、酗酒、性交、吸毒……由这些刺激引起的兴奋暂时消除了或避免了厌烦，但人们还是会不时地莫名地厌烦，因为这些兴奋并没有使人的爱和理性的潜能得以发挥。

暴力和破坏性的刺激是回避厌烦的最危险的方式，它可能会激起群体的攻击和破坏性行为。人们之所以对暴力行为的报道极感兴趣并焦急地做出反应，是因为这些刺激能迅速地产生兴奋，好像不需要任何内在的活动便缓解了厌烦。

可见，兴奋和刺激的需要、由慢性厌烦所引起的变态需要也都是某种与世界建立联系的需要。弗洛姆的这些分析可以被看成是他对人的超越需要的研究的某种补充和发展，所以不必在五种需要后面加上第六种、第七种，它们之间不是并列的关系。

2 人的情感

弗洛姆还提出了一些人类所特有的情感体验，它们既不属于理性范畴，也不同于本能冲动。这些情感是一个健康的人应该具有的，可惜在现代人身上这些体验正在消失，而一些相反的体验却在蔓延着。这些体验是：

（1）淡泊。淡泊（nongreedy）就是不贪婪。贪婪是一种高度自我中心的情感。贪婪的人不顾一切地索取，永不知足，为了满足自己的欲望，不择手段地盘剥他人。而淡泊的人既不放纵自己，也不执着于既有的和所期望的。淡泊的情感所含的自我中心性很少。“贪婪是欲望的一般性质，即人被其所要达到的目的所驱使；拥有淡泊情感的人，不是被动地被欲望所驱使，而是主动的、自由的。”（Fromm，1968，p.76）

弗洛姆是在研究了东方人生哲学，特别是禅宗以后，提出这一概念的。他提醒沉溺于高消费的享乐中的西方人，在物质需要得到基本满足后，淡泊是一种有益于身心健康，也有益于解决人的存在处境问题的情感。所以他强调这种体验是有针对性的。

（2）温柔。温柔（tenderness）的情感意味着，一个人不要求从对方有任何所得，无求于他人，甚至连互利也不求。这种情感往往只可意会，不可言传，表现在慈祥的眼神、温和的语调中。这是一种心灵的接近、审美的愉快、态度的肯定、无私的期望在表情（面部、语调、身体姿势）上的流露。

（3）同情。同情（compassion）是把自己置于与他人相同的地位，去体验他人。“同情的本质是与另一个人‘共同忍受’，或者更宽泛地说，是与别人‘一起感受’”（Fromm，1968，p.79），而不是把别人当作自己的对象。人在这种情感中，与他人之间的联系方式就不是“由我到你”，即不是从外面来看一个人，而是“我即是你”，在我的内心体验另一个人所体验的事物。在这一体验中，“我与你”融为一体。抱着这样一种态度对待他人，要求超出因社会、种族或文化所造成的狭隘的界限，从人性深处，用人类之爱来对待他人。

（4）兴趣。兴趣（interest）是指一个热爱生活的人表现出的对世界、对生命的关注，同时从这种关注中获得知识，获得生命的活力和力量的源泉。兴趣是人的积极主动性的体现，兴趣的对象包括人、动植物、观念、社会等等。需要强调的是，弗洛姆所说的兴趣对象主要是指成长、发展、进步着的事物，如一个母亲能敏锐地觉察到孩子细微的进步，并感到由衷的喜悦。而现代人的“兴趣”则主要集中在暴力、机器等与生命相对立的事物上。

（5）责任心。责任心（responsibility）是一种高尚的情感。它不是屈服于外在的压力，而是倾听自己内心深处的呼声，是出自一种“人本主义的良心”。有责任感的人就会对他人的需要做出主动的反应。

（6）整合感。整合感（a sense of integrity）是一种与自我同一感的需要相联系的体验，指一个人真实地体验到自我的完整性，把自己看成一个统一的人并加以认同或接纳。有了这种体验，就能肯定地说出“我”这个词，并得到一种积极的感受。一个没有整合感的人则是一个分裂的人，做着不愿做的事，说着不愿说的话，此时此地的“我”不是彼时彼地的“我”……

弗洛姆是从一种完全超功利的理想的角度描述人的情感体验。现实的人如果缺乏这些体验，那么罪责在社会。所以弗洛姆提出这些概念仍然是针对现实的人的处境和心态的，其用意在于批判。当然同时他也是为了指出一个健康的人应该与世界、他人和自我建立什么样的情感联系，以解决人的存在的矛盾。

3　爱

在弗洛姆的心理学体系中，爱的问题占据十分重要的位置。爱是一种需要，也是一种情感，一种性格倾向。他认为人有两种基本潜能：爱和理性。这是一种关于人性的二分法的理论，也就是将人性划分为情感和认知两方面，爱和理性分别是二者的核心或最高表现。同时，爱和理性又是人对存在问题，即人的处境问题的真正解决，它们是人与自然、他人、自己建立联系的最健康的途径。爱是对人的存在问题的解答，任何关于爱的理论都必须以一种关于人和人类存在的理论为研究起点（孙依依译，1986，第11页）。而现代人对爱的体验是由现代人的处境决定的。

爱在人的生活中是极其重要的，“没有爱，人类不能存在一天”（孙依依译，1986，第20页）。爱是一种最基本的情感，是维系人类、民族、家庭和社会的力量。如果不能实现这种情感，那么就会导致疯狂或毁灭——自我毁灭或毁灭他人。但对现代人而言，爱不是一门需要知识、努力和学习的艺术（art），而是一种快感（pleasant sensation），或只是一个机遇问题，只要运气好就会坠入其中。人们对爱是极为渴望的，他们观看难以计数的、关于幸福或不幸的爱情故事的电影，聆听成千上万的、优美动听的或粗俗不堪的爱情歌曲。但现代人的爱不是真正的爱。

现代人对爱的三种误解

现代人大多数把爱的问题看成主要是被爱的问题，而不是看成主动去爱的问题。男人们去追求成功，尽可能使自己有钱有势；女人们则靠修饰肉体、讲究穿着而使自己迷人。男女都力求使自己具有优雅的风度、有趣的谈吐，变得热情、得体、讨人喜欢。总之，使自己变得可爱，然后等待着。而可爱，就是既为大众所喜欢又富有性吸引力。

现代人对爱的第二种误解是把爱看成是关于对象的问题，而不是关于自己身心能力的问题。爱取决于对象在市场上的交换价值。当两个人考虑了各自的交换价值之后，感到自己已经找到了在市场上所能得到的最佳对象时，他们便爱上了。就是说，以自己的“条件”（容貌、身材、地位等）找到了一个和自己条件相当或比自己条件好的对象时，便是找到了爱。我尽力满足对方的要求，即尽力满足成交条件；那么对方也应当认为我称心如意，并在考虑了我的公开的或潜在的财产与前途之后答应要我。我们的整个文化是以一种互利互换的观念为基础的。现代人的幸福体现在看着商店橱窗时的那种心醉神迷的状态之中，也体现在买下他以现金或分期付款的方式能够买下的一切东西之时。对爱也一样。对一个男子来说一个有吸引力的姑娘，或对一个女子来说一个有吸引力的男人，就是他（她）所值的价钱。“有吸引力的”通常意味着一整套在人格市场上为人喜爱的特征，依赖于时代的风尚。在20世纪20年代，一个抽烟喝酒、举止轻浮、性感的姑娘是有吸引力的，50年代以后的时尚则倾向于善于操持家务、羞羞答答的女性。在19世纪末20世纪初，一个男人要有吸引力就得富于进取心、雄心勃勃，到20世纪50年代就得和蔼可亲、宽容大度。

现代人在爱的问题上的第三个错误，是人们常常把“堕入”爱河时的最初体验和存在于爱之中的持久状态混淆起来。如果两个素不相识的人，突然消除了他们之间的所有隔膜，一见如故，相见恨晚，这是人生中最令人激动的时刻。这对于一直处于封闭、孤立、没有爱的状态中的人来说，尤其妙不可言、令人惊喜万分。这种突如其来的亲近的奇迹，如果还与性的吸引和结合相联系的话，就更容易发生。然而这类爱往往是好景不长的。两个人之间愈是熟悉，相互之间就愈是失去神秘性，直到相互对立、失望、厌倦，最后扼杀了残存在心中的最后那一点儿兴奋。早知今日，何必当初。但当初他们并不知道会发生这一切，不知道那种强烈的迷恋，那种曾经证明相爱之深的、如痴如狂的状态，实际上可能只是证明了他们先前的孤独程度。

两种虚假的爱

因而在现代西方社会，爱成了一种极少见的现象，大量存在的是虚假的爱。这些虚假的爱是在现代人与世界、同伴、自我相分离的异化的处境中产生的。一个社会的爱的情形必然与这个社会的经济、政治和文化相符合，既然整个社会都建立在市场原则的基础上，爱也必然以市场原则为基础。

爱是一种生命活动，而现代人生活在异化的机器的世界里，已失去了生命的活力，变成了机器人。缺乏主动性、创造性的机械般运作的人是不能爱的，他们只能相互交换“人格部件”，只能希望得到公平的交易。最典型的是存在于现代人的婚姻中的“组（team）”的观念。许许多多关于幸福婚姻的文章所描绘的理想婚姻，都是那种顺利地发挥功能的一“组”人。这种情形和受雇者顺利地发挥职能相去不远：他应该是“适度独立的”、配合默契的、宽容大度的，同时又是雄心勃勃、锋芒外露的，等等。婚姻顾问告诉我们，丈夫应该“理解”妻子，并帮助妻子；他应该赞不绝口地评论妻子的新衣服和可口佳肴。反过来，当丈夫疲惫不堪、满腹牢骚地回到家中，妻子也应该理解他；当他谈论工作上的麻烦时，妻子应该聚精会神地倾听；当他忘记了妻子的生日时，妻子不该生气，而应理解。总之，这种关系充其量只是两个人之间表面上融洽的关系，他们一生都是陌生人，但两人彬彬有礼地彼此相待，都努力使对方感到好一些。就中国成语“相敬如宾”的本义而言，用它来形容这样一种夫妻关系是很合适的。

这种爱和婚姻的概念，看重的是在另一个人身上找到庇护所，以躲避不可忍受的孤独感。两个人结成同盟以对抗充满威胁的世界，类似于生意场上对双方都有好处的协议，但这种“二人为我主义”被误认为是爱的亲密。

强调“组”的精神、彼此容忍等等，相对来说是50年代以后时兴起来的。在第一次世界大战后的年代中，流行的则是这样一种爱的概念：彼此的性满足是完美的爱情的基础，特别是幸福婚姻的基础。人们认为婚姻不幸的原因是配偶们没有进行正确的“性调整”，其原因是对“正确的”性行为缺乏知识，配偶的双方或一方在性技术上犯了错误。为了“治愈”这种错误，帮助那些不幸的夫妇，许多书籍和机构对正确的性行为做出了指导和忠告，若隐若现地允诺，只要如此这般地去做，幸福的爱就会随之而来。言下之意是，爱就是性快感。如果双方都学会怎样使对方得到性满足，他们就会彼此相爱。这种观点与当时人们的这种信念是一致的，即正确地使用技术，不仅可以解决工业生产上的问题，而且可以解决人类的所有问题。

然而，爱不是充分性满足的结果。相反，性快感，甚至所谓性技术的知识，倒是爱的结果。许多精神分析的临床资料表明，最常见的性障碍如女子的性冷淡、男子的心理性阳痿（psychic impotence）（Fromm，1956/1974，p.75），其原因不在于缺少正确的技术知识，而在于压抑、恐惧或对异性的敌意，它们阻止一个人把自己完全给予另一个人，阻止负责任的行为，阻止在即刻而直接的肉体接触时信任性伴侣。如果性压抑者能够从恐惧或敌意中解脱出来，达到爱的状态，那么他或她的性问题就得到了解决，否则关于性技术的知识再多也无济于事。临床事实表明，把一生都献给了无节制地追求性满足的男人或女人，并没有得到幸福，却常常遭受神经症的痛苦。所有本能的无限度的满足，不仅不是幸福的基础，甚至不能担保人的神志正常。

人们往往把“爱就是性满足”这一观点的流行完全归咎于弗洛伊德的影响，这种看法是错误的。弗洛伊德绝不是性放荡的代言人，他主张用理性指导欲望，他自己在性的问题上也完全符合维多利亚女王时代的性道德理想（尚新建译，1986，第132页）。实际上，弗洛伊德的思想是在19世纪（成熟的自由资本主义）的社会结构和时代精神的基础上产生的。为了说明资本主义的合理性，就要说明人在本性上是充满欲望的、竞争的、彼此敌对的。而性自由观念的流行是由于第一次世界大战后资本主义的社会结构和时代精神发生了变化，这个时代是以消费为特征的，社会鼓励立即消费，“决不推延任何欲望的满足”，在性的领域也是如此。只不过人们从弗洛伊德的理论中找到了他们生活方式的“理论依据”。

把爱看成是一种相互合作，这种观点倒是可以在沙利文的理论中找到“根据”。沙利文认为，爱就是一种合作的关系，而合作就是一方按照另一方所表达出来的需要来调整自己的行为。这是“合作组”的精神，即“二人为我主义”，两个人把共同的利益放在一起，肩并肩地对抗敌对的、异化的世界。因而，无论现代人对爱的态度，还是关于爱的理论，都是在资本主义的社会现实的基础上产生的，都是对现代人的处境的一种反应。

五种病态的爱

把爱看成是性的满足和某种合作关系，是现代社会最普遍的两种虚假的爱的形式。在现代社会，还可以见到一些不同类型的病态的爱。

（1）爱是恋母之情的转移。有些人成年之后仍然依恋父母，并在恋爱和婚姻生活中把对父母的爱转移到对象或配偶身上。一种情况是把爱当成是对母亲的爱的转移。这种男人像个孩子，渴望着母亲的保护、温暖、照顾、赞许。在与女人的关系上，他的目的是被爱，而不是去爱。当他找到合适的女子，他就感到安全，这时他就能施展大量的柔情和魅力。但他是不负责任的，因为他依赖于这个女子的钦佩和无条件的肯定，正如他依赖于母亲的赞许和无条件的保护一样。他有很强的虚荣心。当这个女子并不总是钦佩他，或声称要过自己的生活，或希望自己被爱、被保护，他就感到深受伤害，感到不公正，并且悲痛地抱怨对方忘恩负义，像一个委屈的孩子。这种男子如果找到一个与母亲相同类型的妻子，如果他在社会生活中能充分施展才能和魅力，像某些成功的政治家，成功的背后有一位伟大的女性，那么他就会感觉良好。但他并不是一个真正的男人。假如他不这么走运（显然这种情况更常见），他就会失望、消沉、一蹶不振。

（2）爱是恋父之情的转移。一个男子，如果他的母亲是个冷漠的人，那么父子之间的关系就很密切。父亲把全部柔情和兴趣集中在儿子身上。他是一个“好父亲”，但又是一个权威。当儿子的行为让他高兴时，他就夸奖他并流露出柔情；但只要儿子让他不高兴他就责骂儿子。在儿子这一方，由于父亲的柔情是他的唯一感情寄托，便奴隶般地依赖父亲。他的生活目的是使父亲高兴，当他做到这一点时，就感到幸福、安全和满足；当他犯了错误，父亲不高兴，他就感到泄气、没有爱、被抛弃。长大之后，在和女人的关系上，他似乎高高在上，让人感到难以接近。他在内心对女人怀着一种蔑视（这与他母亲有关），但常常以父亲对小女孩般的关心作掩饰。开始，这种人也许还因其男性特征（尽职、可靠、坚毅、有成就等）而给女人留下深刻的印象。但当妻子发觉自己注定只能扮演一个次要角色时，他们的婚姻就陷入了危机，除非这位妻子碰巧也恋父。

（3）偶像崇拜型的爱。如果一个人缺乏自我同一感，他就可能把自我投射到所爱者的身上，把所爱者当作“全部爱的承担者、全部阳光、全部幸福”，即当作完美的偶像加以崇拜。他剥夺了自己的全部力量，把他献给所爱者，在所爱者身上迷失了自我。时间一长，当他发现对方没能实现他的偶像崇拜式的期望时，便开始失望。于是，又去寻求新的偶像，如此循环。若把上文所写的“他”改成“她”，情形也一样。这种爱往往开始的体验是突然而强烈的，往往被形容为“真正的、伟大的爱”，但实际上仅仅体现了偶像崇拜者的“饥饿”和绝望。

（4）感伤型的爱。这种爱只能在幻想中得到体验，而不能在此时此地与另一个活生生的人的关系中得到体验。一个人在体验爱的时候也是作为一个消费者，他在手中的连环画、杂志上的爱情故事及爱情歌曲里体验爱。所有在现实中未能得到满足的爱，都在这种体验中得到了替代性的满足。这样的夫妻，当他们双双沉浸在银幕上的爱情故事中，都会感动得流下眼泪。这可能是他们体验爱的唯一机会。但这种体验不是他们彼此间的，他们都是体验“他人的爱”的旁观者。他们只能体验到白日梦的爱，一落入两个现实人的真实关系中，他们的爱就僵死了。这种白日梦还把他们带到过去或未来。他们回忆过去的爱情并感动万分，虽然在当时也没有体验过爱；或者憧憬未来的爱而深深陶醉，虽然在未来也不会有爱。多少对订婚或新婚夫妇在梦想着未来的爱的天堂，而在他们眼前的生活中却已开始互相厌倦！（孙依依译，1986，第89页）现代人总是回忆幸福的童年，规划幸福的未来，唯独现实是痛苦的。这种白日梦的爱是一种缓和现实痛苦、缓和个人孤独感和分离感的麻醉剂。

（5）以投射机制为基础的爱。所谓“投射机制（projective mechanism）”就是将自己的问题、缺陷投射到别人身上，以求得自己心理安宁的一种潜意识倾向。这样的人特别关心“所爱”者身上的不足之处，不放过对方身上哪怕是非常细小的缺点，但对自己的缺点却视而不见，好像自己总是那么完美无缺、无懈可击。因而总是忙于指责或试图改造对方。如果双方都如此，那么爱的关系就变成彼此投射的关系，这也是常见的。如果自己盛气凌人、优柔寡断或贪得无厌，就去指责对方是这样，并且要去改造对方。

对方也这么做。于是双方都忽视了自己的问题和缺陷。

投射的另一种形式是把自己的问题投射到孩子身上，把希望寄托在孩子身上，如果孩子避免了这个问题，似乎自己的问题就不存在了。当一个人自己无所作为，就希望孩子成大气候。

另外，当一桩不幸的婚姻面临解体时，孩子往往充当投射的目标。父母们的陈腐论调是，他们不能分离，以免剥夺一个完整的家庭给孩子带来的幸福。然而这样一个“完整的”、紧张和不愉快的气氛比公开的决裂更有害，因为公开决裂至少可以教育孩子，人能够靠勇敢的决断结束一种不可容忍的生活状况。

但真正的爱并不意味着无冲突，人们的错误在于不敢面对冲突。如果双方都能面对冲突，就会使人头脑清醒，使人净化，进而变得更有知识、更有力量。

真正的爱应该是两个人以其存在的中心（the center of their existence）相互交流，同时每一方都从其存在的中心体验自己。只有在这种“中心体验（central experience）”中才有人的实在，才有生命，才有爱的基础。爱是一种持续的挑战，是一种运动、成长、工作的共同体，而不是一块歇息之地或避难之所。不管是和谐还是冲突，是欢乐还是悲伤，两个人都从存在的本质中体验自己，同时与对方融为一体，也与自我融为一体，而不是回避对方、回避自我。双方关系的深度、各自的生命感和力量感，是爱的存在的唯一证明。

爱的对象

弗洛姆认为，从心理学的意义上讲，爱主要是一种对世界和对自己的情感，这种情感是一个人的人生态度的基础，它决定了一个人与世界的联系方式，所以爱主要不是指与某个具体的对象相联系的情感。如果一个人爱的只是某一个人，而对其他人漠不关心，那就不是真正的爱，而是一种共生性的相互依赖，或者是一种放大了的自我主义。但人们往往认为爱就意味着碰到值得爱的对象，而不是首先使自己具备爱心。这种谬误正如一个想绘画的人不去学习如何绘画，却说什么必须等待值得他画的景色出现，到那时他就能画出美丽的图画来。人们还认为，只有当一个人除了所爱的人以外不爱任何其他人时，才能证明这种爱是强烈的。但真正具备爱心的人不依靠这种证明，他如果真的爱一个人，那么他一定会热爱生活、热爱这个世界、热爱所有的人。

尽管爱的实质不取决于具体对象，但指向不同对象的爱还是有不同的特点。根据爱的不同对象，可以将爱划分为五种不同的类型：兄弟之爱、亲子之爱、性爱、自爱和对上帝的爱。

（1）兄弟之爱

兄弟之爱（brotherly love）的概念来自古希腊“philia”，后在基督教中亦有体现并升华。在基督教的观念里，普天之下皆兄弟。这是一种最基本的爱，它构成了各种类型的爱的基础。兄弟之爱是对任何他人以及对自己的责任、关心、尊重和理解。《圣经》里说：“爱你的邻人就像爱你自己。”这种爱的特征是不排他，它建立在这样一种体验上：我们都是人。这是一种与所有人相互融合、休戚相关和互相报答的体验。人与人之间在知识和能力等方面的差异，只是表面的、边缘性的，较之人性同一这一核心来说是微不足道的。为了体验这种同一性，就要从边缘深入到核心。如果我只看到另一个人的表面，那么就只看到了我们之间的差异，这些差异使我们相互分离。如果我们从表面深入到核心，我们就会看到我们的同一性。

兄弟之爱是平等的爱。但是，即使我们是平等的，却常常并不对等。就是说，当一个人需要帮助时，他与其他人之间是不对等的。但总的来说，每个人都需要帮助，今天我需要帮助，明天你需要帮助，所以人与人之间又是平等的。一个人需要帮助，并不意味着他是无力的，而其他人是有力的。因为在通常情况下，他既需要帮助，又能自助和帮助别人，只是在不同的条件下人的需要和表现不同而已。

但是，生活中确实有一些无依无靠的人、穷人，兄弟之爱的关键是对这些人的爱。再就是陌生人，你帮助了他，但你几乎不可能得到他的帮助。只有对这些人的爱，才真正体现出一个人的兄弟之爱的情怀。所以，在《旧约》中，爱的中心对象是穷人、陌生人、寡妇和孤儿。通过对弱者的同情和帮助，人便真正产生了对同类和同胞的爱。爱自己的子女不足为道，因为动物也爱它的后代并且照顾它们；无依无靠的人爱他的主人，因为他的生活有赖于主人；孩子爱他的父母，因为他需要父母的抚育。只有对那些穷人或陌生人的爱，才真正体现出兄弟之爱的实质。

（2）亲子之爱

在讨论人的需要时，我们已经分析了母爱与父爱的区别及其对人的成长的意义。由于亲子之爱（love between parent and child）在每个人的情感生活中都占有重要地位，所以在讨论爱的情感时，有必要进一步分析这一问题。

一个婴儿降生到这个世上，与母体的分离并不会使他感到焦虑和恐惧，尽管他会发出哭声。这是仁慈的命运的安排，他虽然离开了子宫，但他与在母体中的状况相差无几。他不能意识到自己，也不能意识到外部世界。他只感受到温暖和食物的刺激，而且不会区分温暖、食物与它们的来源——母亲。母亲就是温暖，母亲就是食物，母亲就是满足和安全。他不能区分自己与外部世界，外部事物只是在满足或妨碍他的需要时才有意义，他不能意识到外部世界本身的性质和独立性。

随着孩子一天天长大，他逐渐能够区分自己的需要与母亲的乳房，逐渐能够区分许多其他的事物。他学会了给这些事物起名称，学会了把握事物的特征。知道了火是热的且会烫人，木头是坚硬且沉重的，纸是轻的且能燃烧。他还学会了如何去把握人：母亲的身体温暖又舒服；当我吃东西的时候母亲会笑；当我哭的时候她会把我抱在怀里；当我大便时她会夸奖我……所有这些凝结成一种体验：我被爱。我被爱因为我是母亲的孩子；我被爱因为我弱小无力；我被爱因为我漂亮、讨人喜欢。这种被母亲所爱的体验是一种被动的体验。我无须做任何事情就能得到母亲的爱，只要我是母亲的孩子，母亲就会爱我。或者说，母亲爱我，只因为我是她的孩子。在这个意义上，母爱是无条件的。母爱是天堂，是宁静，它无须去获取，也无须被报答。

对于儿童来说，他的情感生活主要是被爱而不是主动地去爱。根据沙利文（Sullivan，1953）的研究，到9岁左右，一种新的情感——主动地去爱别人——萌发出来了。他想到要给予父母一点儿什么：一首诗、一幅画，或者无论什么东西。孩子从此开始不仅需要被爱，而且需要主动地去创造爱。经过若干年的发展，他逐步克服了自我中心，不再把他人看成满足自己需要的工具，能够意识到他人的需要与自己的需要是同等重要的，并且能关注和尊重他人的需要。对于一个具备成熟的爱的能力的人而言，给予比接受更令人满足，爱比被爱更重要。通过爱，他走出了因自我中心而造成的、孤独和分离的牢狱；通过爱，他感到一种新的融合、一种分享和一种合一的体验，他感到与其依赖被爱，不如自己去创造爱。为了被爱，他不得不幼小、无助、乖乖的、病歪歪的；为了去爱，他就得成熟、有力量、主动而又健康。幼儿的爱遵循着这样一条原则：我爱因为我被爱。成人的爱则遵循另一条原则：我被爱因为我爱。不成熟的爱说：我爱你因为我需要你。成熟的爱则说：我需要你因为我爱你。

与爱的能力（capacity）密切相关的是爱的对象（object）的发展。在孩子最初的年月里，他最依恋的是母亲。生物学的法则决定了他必须依赖母亲。但他一天天长大，变得越来越独立了：他学会了走路，学会了说话，学会了探索世界，他不再完全依赖母亲，与父亲的关系变得越来越重要了。

为了理解这种转变的心理学意义，我们必须回顾已经讨论过的母爱与父爱在性质上的根本区别。母爱的本质是无条件的。母亲爱她的孩子仅仅因为这是她的孩子，并不是因为这个孩子符合任何特定的条件，或实现了她的任何特定期望。母爱是对孩子生命和需要的无条件的肯定。这种肯定包括两个方面：一方面是为保护孩子的生命和成长，去关心他、尽职尽责；另一方面则比这种保护更深一层，就是培养孩子热爱生活的态度，从而使孩子产生这种感受——活着是美好的，做个小男孩或小女孩是美好的，活在这个世界上是美好的！母亲的职责不仅仅是养活孩子，还应让孩子热爱生活。《圣经》里写道，上帝答应给亚伯拉罕及其后裔的土地（土地是母亲的象征）被描述为“流奶与蜜之地”。奶（milk）是爱的第一方面的象征，是哺养、关心、保护的象征；蜜（honey）则象征着生命的甜蜜、生活的幸福和对生命的热爱。大多数母亲都能给予“奶”，但只有少数母亲能够给予“蜜”。为了能给孩子以蜜，一个母亲不仅必须是一个“好妈妈”，而且必须是一个幸福的母亲，但这样的母亲并不多。一个热爱生活的母亲，或者是一个焦虑的母亲，这两种母亲的情绪都会感染到孩子，对孩子的整个人格产生深刻的影响，这种影响的重要性怎么说都不夸张。我们可以在孩子们中间以及在成年人中间，区分出哪些人只得到了“奶”，哪些人则同时得到了“奶”和“蜜”。

与兄弟之爱和性爱的对等关系正好相反，母亲和孩子的关系就其本质而言是不对等的。在这种关系中，一方需要的是完全的帮助，另一方则给予这种帮助。由于母爱具有利他、无私的特点，因此一直被视作最高尚的爱和最神圣的情感。然而，母爱的真正实现主要不在于母亲对初生婴儿的爱，而在于对成长中的孩子的爱。实际上，只要婴儿尚小且还完全依赖母亲，绝大多数母亲是爱孩子的。大多数妇女都想要生养孩子，和新生儿在一起便感到非常幸福，而且渴望着照顾孩子。尽管除了孩子脸上的一个微笑或满意的表示外，她们并没有从孩子那里得到任何回报。母爱中包含一些本能因素，我们可以在动物身上看到许多相似的行为。但人类的母爱更多地包含着人所特有的心理因素，其中一个重要的心理因素就是我们讨论过的超越需要。母亲面对她的孩子，会产生一种作为创造者的感受，一种超越了生物被动地位的人的感受。在婴儿身上她超越了自己，对婴儿的爱给予她生命以内涵和意义。男人没有能力通过生育孩子来满足超越需要，这使得他们极力通过创造物质的和精神的产品来实现超越。

然而，孩子必定是要长大的，必定要离开母亲的乳房，最终成为一个完全独立的人。母爱的真正本质是关心孩子的成长，也就是说，希望孩子成为一个独立的人，而独立则意味着分离。在这一意义上，体现出母爱与性爱的根本区别。在性爱中，本是分离的两个人成为一体；在母爱中，本是一体的两个人分离为二。母亲必须容忍分离，而且希望和支持孩子与她分离。这对母亲是一种考验，因为它要求无私，要求能够给予一切，而且除了所爱者的幸福以外一无所求。正是在这一方面，许多母亲未能完成母爱的任务。那些不能容忍分离的母亲，可能受到自恋的支配，因为孩子是她的得意之作，是她的一部分；也可能受到权力欲和占有欲的支配。孩子小的时候，她很容易满足这些需要；一旦孩子长大成人，要去创造自己的生活，她就不能容忍了。只有坚定地植根于自身存在的妇女，才有可能在孩子与她分离的时候，仍然爱着她的孩子。

母亲爱她幼小的孩子大多数妇女都能做到，自身一无所求而只为孩子成长，这种母爱最难以做到。但正是由于这种困难，所以对一个女人来说，只有她同时爱丈夫、爱他人的孩子、爱陌生人、爱人类，她才是一个真正爱着的母亲。一个不能在这个意义上爱的女人，只有当孩子尚小时，才能做一个慈爱的母亲，但她不能做一个真正爱着的母亲。这里，检验的标准是看她是否能够承受分离，并且在分离后继续爱着她的孩子。

总之，母亲是我们来到人世的源地，她是自然、是土地、是海洋，是无条件的肯定和鼓励。

父爱则不同，父亲不代表自然世界，却代表着人性存在的另一极——思想的世界、人造物的世界、法律和秩序的世界、旅行和冒险的世界。父亲是孩子的老师，他向孩子指出进入人世的道路。父亲的这种作用是与社会经济制度密切相关的。在私有制社会中，父亲的私有财产可以由一个孩子继承。父亲自然要寻找那最适合做他的继承人的儿子，往往是最像他的儿子，他最喜欢的儿子。父爱是有条件的爱，其原则是“我爱你因为你实现了我的期望，因为你尽了你的义务，因为你像我”。像无条件的母爱那样，我们在有条件的父爱中也应该看到消极的一面和积极的一面。从消极的方面看，要得到父爱就得服从，如果一个人不做父亲所期待的事，父爱就会丧失。服从是主要的优点，不服从是主要的缺点，对不服从的惩罚就是收回父爱。从积极的方面看，要得到父爱就要努力，一个人能够通过努力来得到父爱，也就是说父爱是他能够控制的。母爱不需要通过努力就能得到，因此一个人能否得到理想的母爱不是他自己能够控制的。

6岁左右，孩子对父爱的需要发展起来。他需要父亲引导他去探索世界。母亲的作用在于使孩子感到安全，父亲的作用在于教育和引导孩子应对生活的难题。在理想的状况下，母亲不去阻止孩子的成长，也不过分焦虑以免这种焦虑影响孩子。她希望孩子长大成人，并能承受与孩子的分离，孩子的成长是她的内心愿望和生命的组成部分。父亲则用原则和期望引导孩子，他耐心、宽容，而不是恐吓、独断。他能给成长中的孩子以日益增强的力量感，使其最终成长为自己的权威，而不依靠父亲的权威。

最终，一个成熟的人能够达到这样的境界：他是自己的母亲，也是自己的父亲。他既具有母亲的良知，也具有父亲的良知。母亲的良知说：“有不端行为，甚至犯罪都不会使你失去我对你的爱和希望。”父亲的良知说：“你做错了，免不了要自食其果，最重要的是，如果要我爱你的话，你必须改变你的方式。”成熟的人不受外在的母亲和父亲形象的影响，而是在内心建立起父母的形象，并且以母亲的良知和父亲的良知对待自己和他人。但弗洛姆强调，他所说的内心的父母形象与弗洛伊德的超我概念不同，个人并不是通过把母亲和父亲合为一体而建立自己的道德形象，而是把母亲的良知建立在自己的爱的能力上，把父亲的良知建立在理性的能力上，从而在内心建立起父母的形象。成熟的人既有母亲的良知又有父亲的良知，既有爱的能力又有理性的能力，尽管二者似乎是相互矛盾的。如果一个人仅仅保持父亲的良知，他就会变得严厉而缺乏人性；如果他仅仅保持母亲的良知，就很可能失去判断力和批判性，从而妨碍自己和他人的发展。

当然，弗洛姆也谈到，这里所讨论的母爱和父爱的性质是在典型的或“原型”的意义上而言的，并不是说在实际生活中每个父亲或母亲都以这里所说的典型方式去对待孩子。

从母爱中心到父爱中心，最后达到二者的平衡，这是一个人实现心理健康的基础。这种发展不顺利，是各种神经症形成的基本原因。如果一个孩子有一个过分放纵或盛气凌人的母亲，又有一个软弱而又无动于衷的父亲，在这种情况下，孩子可能滞留在对母亲的早期依恋里，发展成一个过分依赖母亲的人。他总是希望得到照顾和保护，而缺乏父亲的品质——保持原则、独立和掌握生活的能力。这样，他可能企图在每一个人身上找到“母亲”，有时在女人身上，有时则在具有权威或权力的男人身上，从而得到母亲般的温情和保护。如果他的母亲冷酷无情、感觉迟钝，他就会把受母亲保护的需要转移到父亲这边，继而转移到所有的“父亲”形象上，这样，他很可能发展成一个片面的、由父亲定向的人，完全热衷于法律、秩序、维护权威，而缺乏爱的能力。这些症状的病因都是父亲的良知和母亲的良知中的某一方面没有得到发展。

（3）性爱

兄弟之爱是平等者之间的爱，亲子之爱是对无助者的爱。尽管二者互不相同，但有一点是共同的：它们都不限于只爱一个人。性爱则不同，它是对完全结合的渴望，它本质上是排他的。

性爱是一种最使人困扰的东西。在性爱开始实现的一刹那，便产生一种爆发性的堕入情网的体验，似乎一直存在于两个陌生人之间的屏障突然倒塌了。但是，这种突如其来的亲密体验很可能是短暂的。陌生人之间突然变得亲密无间，不再有屏障需要打破，不再有突如其来的惊喜和亲密感了。对“所爱”的人像知道自己那样知道得那么多，其实是像知道自己那样知道得那么少。如果对一个人真会有深刻的体验，如果一个人能够体验到另一个人的丰富性，那么，对于他来说那个人就不会变得这样熟悉，他就会经常发现奇迹并感到惊喜。但是，对大多数人来说，他自己与“所爱”的人相识后，本性很快就暴露无遗，感情也索然无味了。对于他们，亲密感主要是通过性交往而建立。因为他们所体验到的与另一个人的分离主要是肉体的分离，因此肉体的结合也就意味着克服了分离。

为了克服分离，还可以诉说自己的私生活，自己的希望和焦虑，表现自己的天真幼稚的一面，培养一种共同兴趣，甚至表现出气愤、仇恨、缺少自制力也成了亲密的表现。这可以解释夫妇双方常有的那种变态的相互吸引，只有当他们在床上或发泄彼此的愤怒和仇恨时，他们似乎才能亲密起来。但所有这些类型的“亲密”都随着时光的流逝而越来越弱，他于是就去寻求对另一个新识者、新的陌生人的爱。这个陌生人再次转变为“亲密者”，堕入情网的体验又一次使人兴奋和紧张，这种亲密又逐渐消失，从而他希望另一次新的征服、另一次新的爱。总是幻想新的爱会不同于以前的那些爱，这种幻想在很大程度上是由性欲的欺骗性造成的。

性欲的目的是结合，但这种欲求不仅仅是一种肉体的欲望，是一种迫切的紧张得到减缓。孤独的焦虑、征服或被征服的愿望、虚荣心、伤害甚至破坏的愿望都能刺激性欲，就像爱也能刺激性欲一样。性欲似乎很容易和任何一种强烈的情感交织在一起并被这种情感所刺激，而爱只是这类情感中的一种。在大多数人的意识中，性欲是和爱结合在一起的，因此他们很容易错误地得出结论，只要他们在肉体上互相需要，他们便彼此相爱着。爱的确能激发性结合的愿望，但在这种情况下，肉体上的关系不包含贪婪，以及征服或被征服的欲望，而只是温柔地交融。如果肉体结合的欲望不是由爱所激起的，如果相爱不同时也是兄弟之爱（人之爱），那么其结果只不过是短暂而放荡的结合而已。在那一瞬间，性快感创造出融合的幻觉。然而，没有爱，这种“融合”只能使两个陌生人还像以前那样疏远，有时还会使他们彼此感到羞耻，乃至互相仇视。因为当幻想消失后，他们感到比过去更加陌生。温柔不是性本能的升华，它是人之爱的直接结果，它既存在于非性爱的关系之中，也存在于性爱之中。

性爱具有排他性，这是兄弟之爱和亲子之爱所不具有的，但性爱的排他性常常被曲解为占有性依恋（possessive attachment）。人们常常看到热恋中的两个人是不会爱其他任何人的。事实上，他们的爱是一种两个人之间的自爱主义：他们是互相认同的两个人，他们都有克服孤独的需要，但由于他们与其他人相分离，因此他们两人之间仍然是相互分离、彼此疏远的，他们的融合只是一种幻觉。真正的性爱是在对一个异性的爱中体验到对生命和人类的爱。性爱只是在我能完全地、强烈地将自己只与另一个人融合的意义上才是排他的，只是在性结合的意义上、在它承担了两个人的全部生命的意义上才是排他的。

爱一个人并不只是一种强烈的情感，它同时是一项决定，一种判断，一个承诺。如果爱只是一种情感，那么永远彼此相爱的承诺就没有基础，一种情感产生以后也可能消失。如果我的行为不包含判断和决定，我怎么能断定这种情感将永远持续下去呢？

（4）自爱

人们普遍认为，爱他人是善行，爱自己却是罪过；如果我爱自己，我就不会爱别人；自爱（self-love）和自私（selfishness）是一回事。加尔文（Jean Calvin，1509—1564）说：自爱是一只害虫。弗洛伊德认为，爱是力比多（libido）的表现，力比多指向他人就产生爱，指向自己就导致自爱。力比多在一种爱中多，在另一种爱中就少；爱他人多，爱自己就少，反之亦然。所以爱他人与爱自己是互相排斥的。如果自爱是恶行，那么无私便是美德。在弗洛伊德看来，自爱与自恋一样，是力比多向自身的转向。儿童自恋是正常的，但成年后力比多应转向他人。如果不能实现这种转向，就是说其力比多固着（fixation）或滞留在童年时期；或者其力比多已经转向他人，但因某种挫折经历，它又回到自身，就是说其力比多退行（regression）到童年时期，这些人的力比多滞留或退行到童年的自恋状态，以儿童的方式来应对生活或满足欲望，如歇斯底里就是身体好好的成年人突然失去了行动的能力，像一个婴儿一样需要被喂养。这就是弗洛伊德所揭示的神经症的病理学。照他的逻辑，既然自爱与自恋一样，那么自爱的人就不会爱别人。

但无论从逻辑上讲，还是在现实的心理生活中，爱他人与爱自己互相排斥这一观点都缺乏根据。

从逻辑上看，如果说爱邻人也就是爱人类的话，那么这种爱就包括自爱，因为我也是人，人的概念必定包括我在内。如果爱他人是美德，那么爱自己也必定是美德。《圣经》中“要爱邻舍如同自己”这句话，暗含着这样的思想：人对自身完整性和唯一性的尊重、对自我的热爱和理解，与对他人的尊重、热爱和理解是不可分割的。爱他人是和爱自己不可分割地联系在一起的。

从心理生活的实际来看，人是有自我意识的，他人和自己都能成为主体认识和情感的对象，对他人的情感与对自己的情感本质上是并存的和一致的，爱他人与爱自己并非二者必居其一。恰恰相反，在所有能够爱他人的人身上，都可以发现他们同时是自爱、是珍惜自己的生命存在和幸福的。就爱的对象与爱的主体的关系而言，爱是不可分割的。真正的爱不仅是一种为某人所爱的意义上的情感，而且是一种为了所爱的人的成长和幸福的、积极主动的奋斗，它植根于主体自身的爱的能力中。

爱某个人是爱的能力的实现和凝聚。爱所包含的基本肯定，直接指向作为人类本质特征化身的、那个所爱的人。爱一个人就意味着爱人类本身。那种只爱自己和自己的家庭，但对陌生人没有感情的人，恰恰体现了他缺乏真正的爱的能力。

人对自己的生命、幸福、成长、自由的确定，植根于他的爱的能力。如果一个人有能力爱，他也就既爱自己也爱他人。我自己也是我爱的一个对象，正如其他人是我爱的对象一样。一个有爱的能力的人，必定是爱自己也爱他人的。仅仅“爱”自己或仅仅“爱”他人，都不是真正的爱。

自私不同于自爱。自私的人只对自己有兴趣，一切为自己着想，不愿给予，只热衷于接受。他只在盘算着能从中得到多少的时候，才打量外部世界。他对别人的需要没有兴趣，对别人的尊严缺乏尊重。除了自己，他一无所见。他只是从对自己是否有用的角度来判断每一个人和每一件事，这样的人缺乏的就是爱。自私与自爱是对立的。自私的人，爱自己不是太多而是太少，事实上他仇视自己。正是由于缺乏对自己的爱，缺乏对生活的爱，才感到处处不如意，时时焦虑地谋划着从世上捞取满足。他看上去是太关心自己了，但实际上只是用一种不成功的企图掩盖和补偿真正的自我关心的失败。自私的人的确没有能力爱他人，但他也没有能力爱自己。

与自私一样，有一些无私的人也缺乏爱、缺乏自爱。这样的人“自己不需求任何东西”，他“只为他人而活着”。他认为自己无足轻重，并以此为荣。但是，使他百思不得其解的是，尽管他是无私的，却没有幸福感，他与最亲近的人的关系并不令人满意，他常常感到疲劳、工作效率不高，还有性爱方面的失败。他唯一能够引以为傲的是他的无私。从精神分析的临床治疗中可以证实，在很多无私的人身上，“无私”实际上是一种神经症症状。他没有能力去爱，无法享受生活，却充满了对生活的敌视。尽管他表面上是无私的，内心深处却隐藏着一种难以察觉到的自我中心感，只有当他的无私被理解为一种症状，并找到这一症状的根源——缺乏爱的能力，他的病才有可能好起来。

无私的本质在影响他人时变得特别明显。常见的情形是一个“无私”的母亲对她的孩子的影响。她认为她的无私会使孩子体验到什么是被爱、什么是去爱，并促使孩子去学习。但她的无私所带来的结果与她的期望截然相反。孩子并没有感受到确信自己被爱着的那种幸福，他们焦虑、紧张，害怕母亲的非难并急于实现母亲的期望。他们受隐藏在母亲身上的对生活的敌视的影响（当然这种敌视和影响并不是他们清楚地认识到的），最后他们自己也染上了对生活的敌视。“无私的”母亲的作用与自私的母亲的作用并没有什么区别，甚至更糟，因为母亲的无私使孩子们不能去批评她，他们觉得不该让她失望。他们受到的教育是在德行伪装下的对生活的厌恶。因为他们的母亲之所以过分地关心他们，并不是因为她十分爱孩子，而是因为她不得不以此来补偿她所全然没有的爱孩子的能力。

而一个真正自爱的母亲，不会压抑自己对生活的爱和向往，不会压抑自己的成长和创造性并让孩子感受到被爱是一种负担，她的爱是对自我和所有生命的肯定，是从内心深处流露出的对孩子成长的关心和促进。被一个自爱的母亲所爱，比被一个“无私”的母亲所爱更能使一个孩子感到幸福。只要留心观察一下生活中的相关现象，就不难接受这一点。

（5）对上帝的爱

对爱的需要，是建立在分离的体验，以及需要通过融合以克服分离所致的孤独和焦虑的基础上的。爱的宗教形式，也就是对上帝的爱，从心理学上讲，对上帝的爱也是从克服分离并实现融合的需要中产生的。

人的宗教情感和宗教活动，从崇拜对象或内容上看，有如下三种形式：一、图腾崇拜。人类历史之初，虽然与动物相比，人已脱离与自然的原始融合，但他与自然的结合依然很紧密。只有在与自然的密切结合中，他才感到安全。人通过与动物和植物的结合来寻求这种安全。其中动物被转化为图腾。在最肃穆庄严的宗教活动或战争中，人穿上畜皮衣服。人把动物当作神来崇拜。二、拜物教。当人的技能发展到匠人的和艺术的技术程度时，当人不再仅仅依靠自然界的赐物，如找到的果实或捕杀的动物时，人便把自己生产的东西转变为神。这就是崇拜以泥土或金银制造的偶像的阶段。人把自己的能力和技术投射到他所创造的东西上。这样，他以一种异化的方式，崇拜着他的技术和财富。三、人格神崇拜。人赋予神以人的特性，把神看成是完美的人或无所不能的人。这是到了人能更加清楚地意识到自己，发现人是世界上最高级、最尊贵的生物时才出现的。

人对人格神的崇拜也经历了一个漫长的演变过程。在母系氏族制社会，母亲是最高的存在，母亲是神，也是家庭和社会的权威。人们将母亲的特征赋予神，人们爱上帝就像爱一位包容一切的母亲：我相信她的爱，她不会只要其他孩子而不要我；无论我发生了什么事，她都会帮助我、拯救我、宽恕我；如果上帝是母亲，那么爱她如母，她也会爱我如子。到了父系氏族制社会，父亲取代母亲成了至高无上的存在。父爱的本质是他提出要求，建立原则和纪律，他对儿子的爱取决于儿子对这些要求的服从。他最喜爱的是最像他、最服从、最适合成为他的继承者的儿子，并将这个儿子确定为其财产的继承者。结果是，父系氏族社会是等级制的，兄弟之间的平等让位于竞争和彼此间的冲突。现存的世界各大宗教，都是男性神居首的宗教。但由于人们内心仍怀着对母爱的渴望，所以诸神殿中仍保留着母亲人格神的形象，如天主教的圣母玛利亚。在父亲人格神的宗教中，人们爱上帝就像爱一位父亲：我相信他是正义而严格的，他赏善罚恶，最终他将选我为他最亲爱的儿子。就像上帝选了亚伯拉罕与以色列，以撒（Isaac）也选了雅各（Jacob），上帝选了他特别喜爱的民族。如果上帝是父亲，那么我爱他如父，他也会爱我如子。随着人对自身力量的觉醒，人们开始把神作为终极价值的象征，人把上帝从父亲的形象转变为一种原则的象征，这些原则就是真理、正义和爱。上帝就是真理、正义和爱，就是最高的善，就是终极价值。上帝不再是一个女人或一个男人，一个母亲或父亲，上帝是各种现象背后的终极真理的象征，是人的精神世界和生命追求的象征。理性、正义和爱之所以是实在的，是因为人在自己的演变过程中能够在自己身上发展这些能力。以这种观点看，除非人自己给予生命以意义，否则生命就没有意义。这样看来，上帝就是人所赋予的生命的意义，就是人的精神追求，就是人，就是“我”。这就催生了无神论的上帝概念。弗洛姆说：“我自己并不信奉有神论的上帝概念。在我看来，上帝概念只是一定历史条件下的概念。这个概念，表达了在一定的历史时期，人类对更高力量的体验，以及对真理和人类大同的追求。”（Fromm，1956/1974，p.61）

一个真正爱上帝的人，真正的宗教徒，不会从上帝那里乞讨任何东西，也不会指望从上帝那里得到任何东西，他不是像一个孩子爱母亲或父亲那样爱上帝。他已学会谦卑地感受到自己的局限，因为他对上帝一无所知，对真理一无所知，他唯一应该去做的就是去追求。他相信上帝所代表的原则，他思考真理，实践爱和正义，认为他全部生命的价值，在于生命给予了他全面地显示其人的力量的机会——这是唯一重要的实在，是终极关怀的唯一对象。最后，他不论及上帝，甚至不提“上帝”这个名字。爱上帝——如果他真要使用这个词，那么，这就意味着寻求获得爱的全部能力，寻求实现上帝在他心中所代表的一切。

因此，爱上帝既不是在思想中去认识上帝，也不是去思考自己对上帝的爱，而是去体验与上帝同一的行动。就是说，爱上帝意味着一种生活方式：全部的生命，每一细小或重要的行动，都奉献给上帝。但这种奉献不仅是正确的思想，更重要的是正确的行动。宗教的终极目的不是正确的信仰，而是正确的行动。通过行动，我使上帝成为我自己；通过爱上帝，我渗透在上帝中。

弗洛姆是将人对上帝的爱与对父母的爱联系起来加以研究的。一开始，无能无助的婴儿最需要母亲包罗一切的爱；然后，他的情感中心转向父亲，他希望得到父亲的称赞，避免父亲的不悦，需要父亲的权威引导他去生活；到了成熟阶段，他在自己身上建立起母性和父性的原则，在精神上成为自己的母亲和父亲。人对上帝的爱也经历了相同的发展过程：从像一个婴儿依附于母亲之神那样爱上帝开始，经过恭顺地依附于父亲般的上帝，到达成熟阶段，上帝不再是外在力量，人将爱和正义的原则融入自身，与上帝成为一体。最后，他只是在诗的、象征的意义上论及上帝。

如果一个人不从对母亲、氏族和家庭的依附中解脱出来，如果他还像孩子一样依附于一个赏罚分明的父亲或其他权威，那么，他就不能发展出成熟的对上帝的爱，他的宗教信仰就是早期阶段的宗教信仰，他对上帝的爱就是对母亲形象或对父亲形象的爱。

在当代的宗教生活中，可以见到从最原始到最成熟的各种发展阶段的宗教。“上帝”或最高的神，在不同的文化中有不同的含义：一种动物、一种权威（如部落首领、政治领袖）、一种绝对价值等等。同样，在个人身上，也存在着不同发展阶段的上帝概念：上帝可能是母亲、父亲，也可能是某种精神价值，当然也可能三种都是。弗洛姆说，需要强调的是，尽管人对上帝的爱直接来源于家庭关系，但从根本上讲，是由他生活于其中的社会结构所决定的。如果社会结构是屈从于权威的结构，那么社会成员的上帝概念就往往是儿童式的、远非成熟的概念。

现代人心目中的上帝大多是有求必应的父母。人们焦虑不安，感到除了向前走以外别无选择，就像孩子总希望在孤立无援的时候父母（上帝）就会来到身边。

现代人除了生存下去，生命没有目的；除了公平地交换，生命没有原则；除了不断消费，生命没有满足。上帝不是一种信仰，而是一种工具，帮助人在生存竞争中取得成功的工具。宗教的功能在于帮助人们从事商业活动，对上帝的信仰和祈祷被当成一种提高自己的能力以获得成功的方法。与其说信仰意味着人在对爱、真理和正义的追求中与上帝成为一体，不如说上帝已成为生意上的伙伴。或者上帝成了一位遥控指挥“宇宙公司”的董事长，你知道他在那里，他管理着一切，你却从未见过他；但当你遇到困难，他就会来帮助你、引导你。

四

扭曲的人性：现代人的性格

人的基本需要和情感都是人对生存处境的反应，而人的性格则是人在一定处境下满足这些基本需要的方式，以及一些相对稳定的情感倾向。现代人的性格就是在现代社会经济、政治和文化条件下所形成的一些常见的满足需要的方式和情感倾向。

1　关于性格

如上所述，性格是人在与自然、与他人、与自己的关系，即人的基本处境的基础上形成的满足需要的方式和稳定的情感倾向。因而弗洛姆是从人与世界的关系来研究人的性格的。人与世界的关系有两种：就人与物的关系而言，人要获取物体，即同化（assimilation）；就人与人的关系而言，人要使自己与他人（及自己）发生联系，即社会化（socialization）。因此，性格是“把人之能量引向同化和社会化过程的相对固定的形式”（孙依依译，1988，第71页）。弗洛姆说：“人能够通过取得或接受外在的来源，或依靠自身的努力生产而获得事物。但人为了满足自己的需要，必须以某种方式来获得和同化它们。人也不能单独地生活，而与他人毫无联系。为了防卫，为了工作，为了性的满足，为了玩，为了养育下一代，为了知识的传播和物质的占有，他必须与其他人发生关系。除此以外，他也需要与其他人、与群体相联系。完全孤立是令人无法忍受的，且是与健全之生活不相容的。人使自己与其他人相联系的方式是多种多样的：他能够爱或恨；他能够竞争或合作；他能够在平等或权威，自由或压迫的基础上建立一种社会制度。但他必须以某种方式与他人相联系，而这种特定的联系形式就表现出他的性格。”（孙依依译，1988，第70—71页）

这里说的“能量”不是“力比多”，而是基于人的处境而产生的需要。但弗洛姆还是继承了弗洛伊德关于性格的动力性的概念，即性格不是行为的特征，而是人的动力系统的特征。这样，弗洛姆的性格概念首先是区别于行为主义的，同时也发展了弗洛伊德的概念。

行为主义心理学认为性格特征就是行为特征，性格就是某个人所特有的行为模式。但弗洛姆认为性格特征不等于行为特征。行为特征是可以被他人观察到的，例如行为特征“勇敢”就是指某个人为了达到某种目的，甘冒丧失幸福、自由和生命的危险；而“节俭”是以节省金钱或其他物质财富为目的的行为。但是，如果我们研究一下这些行为特征背后的动机，特别是潜意识动机，就会发现，在同一行为特征背后，可能是完全不同的性格特征。勇敢的行为可能是由野心所激发，甚至一个人为了获得赞誉而在特定情境下甘冒生命的危险；勇敢的行为也可以由自杀的冲动所激发，这种冲动驱使一个人有意无意地寻求危险，因为他感到生命没有价值，想毁灭自己（这种倾向在前文讨论创造与毁灭时已涉及）；勇敢的行为也可能是因为缺乏想象力，他根本没有发觉危险正在前面等着他；最后，勇敢的行为也可能出自对某种理想的真正的献身精神。上述各种情形，动机大不相同，但从表面上看，行为是一样的。当然，如果仔细观察，还是会发现动机不同也导致行为的细微差别。一位作战中的军官，如果出于为理想而献身的精神，当所冒的危险与所要达到的目标不一致时，他不会发起攻击。如果为虚荣心所驱使，那他就可能不顾自己和士兵的生命危险盲目地发起进攻。再说“节俭”，一个人节俭，可能是由经济原因造成的，他不得不如此；也可能是由于吝啬的性格特点，节约本身就是目的，他从节约的行为中得到满足。两种情况下的节俭，在行为上也有细微的区别。前者能区别何处该节俭，何处该花钱；后者则不考虑客观需要只顾节俭。我们还可以根据动机的不同来预测人的行为。如果一名士兵的“勇敢”是出于野心，就可以预言，只有其“勇敢”能得到报偿时，他才会冲锋在前；如果这位战士的勇敢是出于对事业的献身精神，那么他的勇敢能否得到赏识这个问题并不影响他的行为。因而，把性格归结为行为特征是不够的，精神分析的性格学（characterology）不应停留在表面的行为特征上，而应深入到深层的动力系统。

弗洛伊德强调性格特征的动力性，认为一个人的性格结构代表了一种特殊的形式，生命的能量借助于这种形式汇合成生命的过程。性冲动是性格的能量源泉，而性格特征则是性冲动的各种升华或反应形式。这种理论把能量看成实体的（substantial）存在，即认为能量存在于孤立的个体内部。这是一种流行于19世纪的自然哲学观。

随着科学的发展，精神分析理论对能量的看法发生了改变，即把能量看成关系的（relational）存在，把能量概念建立在人与他人、与自然、与自己的关系的基础上（Fromm，1947/1986，p.57）。持这一立场的先驱沙利文把精神分析定义为“人际关系的研究”。

但弗洛姆还是继承了弗洛伊德关于性格的如下基本观点：性格是行为的基础或动力，是激发人的行为的、占统治地位的内驱力；性格所构成的力量虽然强大，但人对它可能是毫无意识的，例如一个爱炫耀的人可能意识不到自己性格中的自卑感。性格不是由一些孤立的性格特征组成的，而是一个整体结构，任何一种性格特征都取决于性格结构整体。弗洛姆的性格概念与弗洛伊德的性格概念的主要区别在于，前者认为性格的根本基础不在力比多中，而在人与世界的关系中。

性格的功能：第一，性格可以被视为人对动物本能器官的替代物，是人对自己生物学上的软弱性的克服。因为性格使人对环境的反应自动化了，不必事事都慎重考虑。人的行为已不是由本能自动实现，但如果每一次行动、每一个步骤都要慎重地下一番决心，那生活是不可想象的。生活中的许多事需要迅速完成而不允许经过深思熟虑的过程。按照行为主义的观点，人要半自动地反应，就要养成习惯的行动和思想，这些习惯就是条件反射。尽管这一观点在一定程度上是正确的，但它忽略了这样的事实：作为一个人的主要特征的、最不易改变的、根深蒂固的习惯和意见，是性格结构的产物。性格使一个人的行为前后一致，并免除了人每次都要做出新的慎重决定的负担。

第二，性格具有选择观念和价值的功能。人的大多数观念并不是理性的逻辑思维的结果，而是性格的产物。人所接受的观念又加强了性格结构，使其更稳定，因为观念可以使性格显示出某种正确性或合理性。

第三，性格是人适应社会的基础。人一出生，就受父母的影响，而父母代表社会，由此形成的性格使人想做他必须做的事，使人与同一阶层、同一文化中的大多数人具有共同的性格结构的核心。这样，个人才能被社会所接纳，同时又从社会中得到归属感。如果一个人的性格中不具备那些核心的因素，那么他就会被其所在的群体所排斥。性格使人不自觉地、毫不犹豫地按照社会欢迎的方式行事。这样，他就没有被排斥的焦虑，周围的人也乐意接纳他。

性格是由一系列性格特征（character traits）构成的，一些性格特征具有共同的倾向性，弗洛姆称之为性格倾向（orientation of character）。一个人的性格结构中可能有几种性格倾向，我们根据占主导地位的性格倾向来划分性格类型。

2　同化过程中的性格倾向

弗洛姆根据同化过程中的性格倾向是否具有生产性（productiveness），将人的性格分为非生产性倾向（nonproductive orientation）和生产性倾向（productive orientation）。非生产性倾向有四种：接受倾向（receptive orientation）、剥削倾向（exploitative orientation）、囤积倾向（hoarding orientation）、市场倾向（marketing orientation）。[1]

他人给的是最好的：接受倾向

具有这种倾向的人特别乐于被动地接受所需要的东西（物质的和精神的）。他觉得一切好的东西都来源于外界，相信他所需的无论是物质的东西，还是感情、知识、快乐等精神的东西，唯一的途径是从外界接受。这种人在他们选择所爱的对象时，常常不加

1 “orientation”，一译“取向”。取向似乎包含有意识地主动选择的含义，而性格主要指一些潜意识的倾向性，是在社会生活中形成的一些积淀到心灵深处的东西，而不是一些观念性的东西，所以这里译为“倾向”。尽管“倾向”有另一对应词“tendency”，弗洛姆在《逃避自由》一书中用的就是这个词，两个英文词在原著中可视为同义词。为了行文方便，本书将“orientation”和“tendency”都译为“倾向”。

区分，因为他淹没在一种渴望被人爱的体验中，以至于只要有人给他以爱或似乎在爱他，他就会被“迷住”。他对施爱者的态度（拒绝或冷漠的表示）非常敏感，只要觉得自己被爱着，就满足了。

在思维领域，这样的人也是如此。即使他绝顶聪明，也只不过是最佳听众，他只想听取意见。如果让他发表自己的意见，他就感到无话可说。离开了他人，眼前就一片漆黑。如果需要什么知识或资料，他就去找别人，自己不用去费神。

如果是宗教信徒，他就完全依赖上帝的恩赐，自己无须动手。上帝会给我一切。如果不信宗教就去依靠他人或某种机构，总去寻找某种“神秘的帮助者（magic helper）”，其实与依赖上帝没什么区别。

这种人往往表现得特别忠诚。但忠诚背后的实质是，一方面对喂养他的人感激涕零，同时又提心吊胆地担心会失去这种喂养。因为他要在依赖中获得安全，所以必须忠诚于所依赖的人。对他来讲，开口说个“不”字比登天还难；而且他很容易陷入忠诚与承诺的冲突中，因为他乐意对每件事每个人说“是”而不说“不”，导致判断力日渐退化，于是更加依赖他人。

这种依赖还泛化为依赖于任何人在任何方面的支持。当他孤身一人，就茫然无措，没有人帮助，什么也干不了。即使是在应该由自己做出决定并承担责任的情况下，他也去寻求帮助；以至荒唐到当他不得不对某人做出某种决定时，他竟会去征询此人的意见。

属于这种性格类型的人最大的爱好往往是吃喝，通过吃喝来消除焦虑和沮丧。他的嘴巴常常张开着，似乎期待着不断地被喂食。在他的幻梦中，被喂象征着被爱，挨饿则象征着挫折和失望。

这种类型的人表面上是乐观、友善的，对生活和自己的能力有一定信心，但当“供应来源”受到威胁时，就会感到心慌意乱。他也可能热心助人，但主要是为了博得别人的好感。

如果接受倾向成为一个社会中多数人身上占主导地位的性格倾向，那么这个社会的根本特点就是，一个集团牢固地控制着另一些集团，而这种控制建立在剥削的基础上。由于被剥削的集团没有力量改变自己的处境，所以倾向于依靠统治者，把自己的主人（master）当成供养者（provider），希望从他那里得到生活所能给予的一切。尽管奴隶得到的非常少，但他觉得如果完全靠自己可能得到的更少。因为整个社会结构使他真切地感受到，他个人无法改变社会，也没有能力依靠自己的活动来获得什么。就当代美国社会而言，粗略一看，似乎根本不存在这种接受态度。整个美国文化都阻止着接受倾向的发展，而强调每个人都必须胸怀大志，对自己负责，发挥自己的创造性并有所成就。但实际上，接受倾向还是普遍存在着。现代人所处的相互分离、疏远的处境使人感到孤立无援，这种孤立无援之感正是人们身上一些微妙的接受倾向赖以产生的根源，特别表现在对专家和舆论的态度上。人们指望在每个领域都有专家来告诉他们该怎么办，只管听取和采纳专家的意见就是了。现在有各种各样的专家，如生活艺术专家、幸福专家、婚姻专家、美容专家，以至在吃、喝、穿、用等所有的事情上都有专家指导。这种微妙的接受性，在现代社会有各种奇特的表现形式，而广告则使其变本加厉。尽管人们知道“一夜之间成为富翁”的种种“高招儿”都是些骗人的鬼话，但人们还是禁不住被这些“点子”所吸引。“无须换挡的汽车”“不用取下笔套的自来水笔”等“奇妙”设计总是让人感到激动。还有许多通向幸福之道的“谋略”，如在一本书中，作者宣称：“本书将告诉你如何改变自己，使自己与过去判若两人——快乐、健康、精力充沛、自信、拿得起放得下。只要你按照这些不费力的身心修炼办法去做就能如愿以偿，实际上做起来比我说的还要简单得多……这里所列的秘诀包你满意，你也许觉得不可思议，因为这些秘诀能使人不劳而获……但这是千真万确的，你一试便知。”（Fromm，1947/1986，p.80）

夺人所爱是最愉快的事：剥削倾向

剥削倾向和接受倾向的基本前提是相同的：一切好的东西都源于外界，人不管想要什么，都得到外界去寻求，靠自己不能创造出任何东西。二者的主要区别是，剥削倾向的人并不期望像接受礼物一样得到别人的东西，而是通过强迫或诈骗手段，将别人的东西占为己有。

在感情生活中，这种人热衷于从他人那里“抢走”被他人所爱的人。一个人越是被他人所眷恋和追求，对剥削倾向的人越有吸引力。剥削倾向的人不会去爱没有其他追求者的人。

在认知活动中，这种人不会创造新思想，却善于剽窃。他或者直接剽窃，或者更加狡猾地把别人的作品改头换面，用不同的表达方法重复别人的思想，并大言不惭地宣称，这是他自己创造的新思想。这样干的人常常是一些非常聪明的人，如果他依靠自己的才能，完全可能真正创造出新思想。有的人天赋很好，但缺乏创造性，这种性格倾向就可以说明其原因。

这种人对物质方面的东西也是如此。他喜欢从别人那里夺来的东西，总是通过利用和盘剥，从中榨取所需之物。他的座右铭是："偷来的果子最甜。"一个盗窃成性的人，即使有钱买，也只喜欢偷来的东西。

他所喜欢的是那些能榨取油水的人，而讨厌那些油水已被榨干的人。这种人往往有一张刻薄的嘴，常常对他人评头论足。他对人的态度是既怀着敌意又想去操纵。他把每个人都当作剥削的对象，并按其可利用的价值来加以估价。他的最大满足是夺人所爱，所以他常常过高地估计别人的所有物，而低估自己的所有物。一个东西一旦成了自己的，就失去了吸引力，它的价值主要在于争夺的过程中。与接受倾向的人所具有的对生活一定程度的信心和乐观精神相比，剥削倾向的人更多地具有猜疑、挖苦、妒忌等特征。

剥削性格可以追溯到海盗、封建社会的列祖列宗、19世纪榨取自然资源的强盗和巨商那里。他们的生活宗旨是：活着就要去索取。今天，那些为利润而漫游在地球上的“流浪的”“冒险的”资本家，就属于这种性格的人。他们以贱买贵卖为目的，无情地追求财富和权力。18、19世纪激烈的自由竞争的市场条件是产生这种性格的社会基础。在现代，赤裸裸的剥削在极权主义制度下又复活了，这种制度带领人们去竭力榨取自然资源和人力资源。弗洛姆这里所说的主要是当年的德国、日本等极权主义国家，对内剥削本国人民，对外用强大的武力侵略弱小国家。他们推崇强权政治，并以优胜劣汰、强者生存的自然规律来论证强权的合理性。在他们看来，爱和正派是软弱的表现，思想则是胆怯和堕落的表现。他们强调的是行动，信奉的是为达到目的而不择手段。

用节约和清洗来建立安全感：囤积倾向

接受倾向和剥削倾向的人有一点是共同的，即都期望从外界得到所需之物，但囤积倾向与二者有本质区别。这种倾向的人对从外界得到所需之物缺乏信心，而靠囤积和节约来建立安全感，把花钱看成是一种威胁。把财物积存起来是一种快乐，把财物消耗掉则是一种痛苦。他好像在自己周围建了一道围墙，其目的是以此作为牢固的阵地或仓库，尽可能多地把东西带进来，尽可能少地带出去。

他的吝啬既是对钱财，也是对情感和思想。对他来讲，爱只是占有而不是给予，占有了“被爱者”也就得到了爱。他紧紧抓住过去不放，沉溺于对以往情感和经验的回忆中，那种多愁善感的情调使过去的一切显得极其珍贵。他脑子里可能“装”着很多知识，但毫无用处，不能进行创造性的思考。

从面部表情等表现，也能识别这种人。他往往嘴唇紧闭，一副固执的样子。接受型的人往往温顺而活泼，剥削型的人往往刻薄而咄咄逼人，而囤积型的人则生硬、死板，似乎在强调他与外部世界之间隔着一道墙。

这种性格的另一个特征是重秩序、有条理，对一切事物、思想、感情，就像对钱财一样，有条不紊。他不能忍受把东西丢得凌乱不堪，会自动地去把它们收拾得整整齐齐。他感到外部世界总在威胁着他的阵地，井然有序意味着一种防御；把一切东西都放置在适当的位置上，好像就可以避免受到侵犯。与此相联系的另一种表现是，凡是在自己阵地之外的东西，都被看成是“不干净的”、危险的，必须通过清洗，以消除接触时的“污染”所带来的“危险”。正如有些宗教所规定的，凡是与不干净的人或物接触后必须进行清洗。与守秩序和爱干净紧密联系的特征是守时，这也是一种防御外界威胁的方式。

假如一个囤积性格的人感到自己的阵地受到威胁，他的反应往往是固执的，经常以“不”字作为对付侵犯的自动屏障。如果受到逼迫，他就稳坐不动。

这样的人往往把人的精力、能量看成一个固定数，认为一旦使用，就得不到补充，就会日益减少以至枯竭。他不明白，一切有生命的实体都具有自我补充的能力，人只有积极活动、让生命的能量得以发挥，才能使其增长，停止不用反而使其衰退。这种性格的人宁愿死亡或毁灭，也不愿新生或成长。创新是危险的，宁愿等死也比冒险好，因而他的最高价值是秩序和安全。他的座右铭是："世上没有什么新的东西。"与他人建立亲密的关系也是危险的，要么远离，要么占有，不然就不安全。这种人爱猜疑，但有一种特殊的"正义感"，即"我的就是我的，你的就是你的"。

囤积倾向和剥削倾向并存于18、19世纪的资本主义世界。囤积型的人是保守的，他对不择手段的索取不感兴趣，而热衷于使自己的行为合法化，并千方百计保存既得的一切，在此基础上，再通过一定方式在经济上追求更高的目标。对这种类型的人而言，财富就是他的自我，财富还象征着人的最高价值得到了保护，而最高价值就是人的安全感。19世纪资本主义世界相对稳定的环境给中产阶级提供了保护，所占有的财富和家庭则构成了一个安全的、易于掌控的世界。新教伦理强调只有工作和成就才能证明德行，并赋予生命以意义和宗教上的满足感。总之，稳定的社会环境、稳定的财产占有、稳定的伦理价值，这些因素综合在一起，给中产阶级以一种归属感、自信心和自豪感。

我就是你需要的：市场倾向

市场倾向发展成为一种主要的性格特征，只是现代（指20世纪）的事。为了理解这种倾向的本质，必须了解现代社会中市场的经济功能，因为它是这种性格倾向得以发展的基础和主要条件。

物物交换本来是一种最古老的经济机制，但传统的地方市场与现代资本主义市场有本质的区别。传统的市场为人们提供了以交换商品为目的的机会。生产者和主顾们是互相熟悉的，生产者多少了解主顾的要求，所以能按照主顾的具体要求来生产。

现代市场则是一台以抽象、与个人需要无关为主要特征的机器。生产者是为市场而不是为所熟悉的主顾而生产。生产的多少完全建立在供求规律的基础上，完全取决于产品能否卖得出去，以及可卖到什么价格。但生产者面对市场又是茫然的，他无法确实地知道市场是否需要他的产品，即使他保证产品的质量。现代市场所反映的需要往往不是人的真正需求，只是体现了人们不断更新的“口味”而已，而人们的“口味”更新的周期越来越短。除了追求“新奇”，人的“口味”几乎无规律可循，而什么样的“新奇”能对得上人们的“口味”则无法预知。比如一种鞋，质量好，在生产者看来式样也好，仍有可能供大于求，被判经济死刑，似乎当初就不该生产，以后当然也就不会再生产了。因为一种鞋的销路往往不取决于它的使用价值，而取决于式样是否新、牌子是否“好听”，而这些特征都是抽象的、难以把握的。因此，现代市场上起决定作用的往往是交换价值而不是使用价值。

这种市场机制对城市中产阶级的性格形成产生着深刻的影响，进而影响社会各阶层人的性格形成。市场的价值观念，即强调交换价值而不是使用价值，使人们对他人，尤其对自己也形成了类似的价值观念。作为性格特征的市场倾向的本质，就是把自己当作商品并以交换价值来衡量一个人的价值。一个人即使有真才实学，如果不善于推销自己，不能在市场上卖到好价钱，那他的真才实学也不能得到承认。一个人无论当教师还是当推销员，他都是那样一个人，他的“使用价值”不会一夜之间翻十倍。但他放弃当教师而去做推销员，他的“交换价值”，即他的工资就可能在一夜之间翻十倍，尽管当推销员所发挥的才能可能比当教师时要少。

在我们这个时代，市场倾向得到了迅速的发展，这是与几十年来发展起来的“人格市场”紧密相关的。职员、售货员、商业主、医生、律师、艺术家等都出现在这一市场上。虽然他们的合法身份和经济地位各不相同，有的独立经营，靠提供服务获得报酬；有的被雇佣，靠出卖劳动力来领取薪水。但是，所有这些人为了取得物质上的成功，都得依靠那些顾客或雇主，依靠他们对其个人特别是人格上的认可。

人格市场和商品市场的估价原则是一样的，只是前者出卖的是人格，后者出卖的是商品。二者的价值都是指交换价值，使用价值只是一个必要条件，而不是充分条件。的确，假如一个人只具有某些理想的人格特征，但不具有所从事工作的相应的技能，他是不能成功的。一个人如果不掌握基本的医学知识和医疗技术，服务态度再好，医疗设备再完备，也不能成为一个医生；假如一个人不能快速打字，即使他具有最讨人喜欢的性格，也不能当一个好秘书。但是，如果深入分析一下，技术和人格——作为成功的条件——各自所占的比重，就会发现：只有在特殊情况下，成功主要靠的是技术和其他一些作为人的品质（human qualities，人品），如诚实、正派、廉洁等等；在大多数情况下，人格因素（personality factor）往往起着决定性作用。就是说在具备了基本的技术和作为人的基本品质以后，一个人能不能获得成功，主要取决于他在市场上能否有效地推销自己：他能否使自己的人格被人所接受，他的“包装”是否精美，是否给人一些好的印象，如“令人愉快”“健康”“可靠”“进取”等等。此外，能否成功还取决于他的家庭背景如何，属于哪一个组织，是否认识某些上层人物，等等。显然，弗洛姆这里说的“人格因素”是指一个人所表现出来的给人某些印象的东西，接近于人的面具（persona），而不同于“人品”。人品是人真实具有的特质，而不仅是表现出来的东西。

当然，什么样的人格因素受欢迎，在一定程度上取决于一个人所从事的工作。股票经纪人、售货员、秘书、铁路主管、大学教授、旅馆经理，要求具备不同的人格；但有一点是相同的，即都要符合所在岗位的需求。

因此，一个人要获得成功，仅仅具有相应的技能和才能是不够的，他必须有效地表达他的人格，以便在竞争中得到肯定，正是在这一过程中人们不知不觉地形成了对自己的态度。假如一个人完全凭知识能力而生活，那么他的自尊就和他的知识能力成正比，即人的自尊与人的使用价值成正比。但是，由于成功主要取决于人如何展示他的人格，所以他就把自己看成一种商品。确切地说，他既是一个卖主，又是一种待售的商品。一个人所关心的不是他的生命和幸福，而是他的销路；或者说一个人生命的意义和幸福完全取决于他的销路，而不是他的理性和爱的潜能是否得到了健康的发展。假如商品也能感觉和思想，那么人的这种感受和商品（例如柜台上的手提包）的感受就差不多。每个手提包为了吸引顾客，都尽可能使自己富有“吸引力”；为了获得高于同类的价格，都尽力使自己显得高贵。以最高价格卖出去的手提包就得意扬扬，因为这意味着它是最有价值的；那些卖不出去的手提包则垂头丧气，认为自己一钱不值。还有一种手提包，虽然装潢精美，也很实用，但款式过时了，就成了明日黄花，也因卖不出去而郁郁寡欢。

像手提包一样，人也得在人格市场上赶时髦，他必须留意市场上需要什么样的人格。这方面知识的传授，一般来说贯穿了从幼儿园到大学的整个教育过程，家庭教育再做些补充。但仅靠教育途径是不够的，它们只提供了一些一般性的知识，例如，如何适应环境、树立抱负、迎合他人不断变化的要求等。更加具体的成功之路，是通过其他途径找到的。各种图书杂志、报纸、新闻短片都展示着各种成功者的画面和生活故事，人们从中可以得知，一个人想在当代人格市场上赚大钱，他应该是什么样子。

向大众提供“理想的”人格模式的最重要的工具是电影。年轻的女子竭力模仿女明星的面部表情、发型、姿势，以此作为通往成功的途径；年轻男子的一举一动也照着银幕上的明星学。大众与那些最走运的人在生活上几乎没有什么接触，但同电影明星的关系有所不同：虽然与电影明星也没有真正的接触，但可以在银幕上一遍又一遍地看到，可以给他们写信，收到他们的照片。

明星不仅向普通人中的同性提供一种理想模式，也容易成为普通人中的异性的理想恋人，进而强化了作为同性的理想模式的功能。当某一明星成为当时女孩子心中的偶像，生活中的男子就会自动地去模仿这一明星。

弗洛姆说，与我们时代的情况相反，过去演员是为社会所鄙视的，但他们向观众传播杰出的诗作。今天的明星一般并没有传播伟大的作品或思想，他们的作用是充当普通人与“伟人”（the great）[1]的中介。普通人即使不指望获得“伟人”那样的成功，但还是能努力效仿他们，把“伟人”当作偶像。因为“伟人”已获得了成功，所以他能成为普通人的楷模。

由于现代人既把自己看成卖主，又把自己看成待出售的商品，所以他的自我价值就建立在无法控制的条件上。如果他成功了，他就有价值；如果不成功，就没有价值。如果一个人感到他自身的价值首先不是由他所具有的人之特质所构成，而是取决于瞬息万变的竞争市场，那他就不能确立自尊，因为他不断地需要他人的肯定。因而，人们被无情地驱使着去为成功而努力，任何挫折对其自尊都是一种严重的威胁，结果就产生了孤立无援之感、不安全感、自卑感。

1　弗洛姆这里所说的“伟人”指明星在银幕上扮演的“成功者”的角色。

具有市场倾向的人，他自己的力量成了异化于自我的商品。由于他所关心的并不是如何在使用这些力量的过程中实现自我，而是如何在出卖自己的过程中获得成功，这样，他的力量及其所创造的，都变成了外在的、与他自身相脱离的东西，变成了供他人判断和使用的东西。他的自我同一感像他的自尊一样动摇了。他的自我同一感不能表述为“我就是我”，而是由他所能扮演的所有角色构成的——“我就是你所需要的”。

市场倾向不能发展人的任何潜能，除非我们荒谬地假定，“虚无”也是人的特质。这种性格的唯一永恒的特征是随机应变、见风使舵。人得以发展的是那些最适合于被出售的特质，没有一种特定的态度占统治地位，如果说有，也就是随时准备迎合他人的期望。但这已不是“特质”这一词语的原义，而是指所扮演的角色，是指表现出来的某种特质。如果市场需要另一种特质，它就随时准备被替换。比如，营业员应该用诚实、可靠、负责这些特质来打动顾客，于是他就表现这些特质，至于他是否真的诚实，无关紧要，也没有人去关心，他自己也不关心，他只关心诚实能在人格市场上给他带来什么。市场倾向的前提是“空白（emptiness）”，没有任何确定的、不可改变的、具体的特质，因为任何固定的性格特质总有一天会同市场的要求相冲突。

生产性倾向的一般特征

弗洛姆认为，从古典时代、中世纪一直到19世纪的文学作品，以及哲学、神学著作，都力求说明理想的人和理想的社会应该是什么样子。到了20世纪这类描述明显地减少了，重点被放在对人和社会的批判分析上。尽管这种批判分析是必要的，而且它本身蕴含着什么是理想的人和社会应该是什么样子的判断，但由于没有正面勾画出来，就动摇了人对自己和未来的信念。

弗洛姆在对现代人的性格进行批判分析的同时，还提出了正常、成熟、健康的性格倾向，即生产性倾向。生产性是一种基本的人生态度，是人在一切领域中对客体的反应方式，包括对他人、对自己、对事物的心理反应方式，它关心人所特有的潜能的实现。生产性是人运用他的力量的能力，是实现内在于他的潜能的能力。生产性的人体验到自己是其力量的体现者和行动者，是自主的而不是受任何外在力量支配的。

一般来说，生产性（productiveness）这个词是与创造性（creativeness），尤其是与艺术创造相联系的，真正的艺术家是最令人信服的生产性的代表。但一个人没有创造某些可见物或可传授物的天赋，也能生产性地体验、观察和思考。正如一个人不一定会写诗，但应该有诗情、诗的感受。生产性指的不是实际结果，而是一种态度，一种在生活过程中的反应模式和取向模式。生产性是指人的性格，而不是人的成就。因而生产性是每个人都能具有的一种性格倾向。这种观点类似于马斯洛对自我实现的描述，马斯洛说自我实现并非高不可攀，“高峰体验”并非神秘莫测。一个普通人在日常生活中也可能获得这样的心理体验：“一个年轻的母亲在厨房里忙碌着，为她丈夫和孩子准备早餐。阳光照进屋里，孩子们穿戴得整齐又干净，边吃着饭边喋喋不休地说着话。她丈夫在和孩子们随便说笑着。当她看着他们时，她突然陶醉于他们的美、自己对他们的巨大的爱以及自己的幸福感，以至进入了一种顶峰体验。”（戈布尔著，吕明等译，1987，第61页）

那么，生产性所包含的人的潜能的实现、人的力量的使用，究竟指的是什么？人生产性地运用其力量的能力就是他的潜能。人运用理性的力量，就能透过事物的表面现象理解其本质；人运用爱的力量，就能突破把他与他人隔离开的围墙；人运用想象力，就能预见尚未出现的事物，制订计划并开始创造。因而，力量是与“统治”或“控制”不同的。人发展了统治世界、控制他人的欲望，以这种方式对待自己与外界的关系，恰恰是缺乏力量的表现。统治与死亡相联系，力量与生命相联系。统治产生于缺乏力量，反过来又加剧了力量的缺乏，因为一个人强迫别人服侍他，那他自己对生产性的需要就逐渐丧失了。

人的潜能或力量就是爱和理性。生产性的人发挥爱和理性的潜能创造物质财富、艺术作品和思想体系，但最重要的是创造人自己，使自己的身心得到健康成长。

歌德以诗的形式，美妙地描述了什么是生产性的活动。浮士德是永无止境地寻求生命意义的一个象征，能对浮士德的问题做出回答的，既不是科学、欢乐，也不是权势，甚至不是美。唯一能对人的问题做出回答的是生产性的活动，是“永远的前进”和

“不停息的追求”。

在《天上序幕》中，上帝说，阻挠人的并不是过失，而是缺乏主动的活动：

人的活动太容易弛缓，
动辄贪求绝对的晏安；
因此我才愿意给人添加这个伙伴，
他要作为魔鬼来刺激和推动人努力向前——
可是你们这些真正的神子啊，
应欣赏这生动而丰富的美！
那生生不息的造化，
将把你们纳入爱的幸福范围。
世间事尽管是波谲云诡，
要牢牢地绾以持续的思维！

在第二部分结尾，浮士德赢得了他和靡非斯陀的打赌。他虽然犯了错误，带有罪恶，但没有犯最大的罪——不“生产”之罪。浮士德的最后一段话非常清楚地表达了这一思想，并以围海造田的行动为象征：

我为千百万人开疆辟土，
虽然还不安定，却可以自由活动和居住。
原野青葱，土壤膏腴！
人畜立即在崭新的土地上各得其趣。
勇敢勤劳的人筑成那座丘陵，

向旁边移植就可以接壤比邻！
这里边是一片人间乐园，
外边纵有海涛冲击陆地的边缘，
并不断侵蚀和毁坏堤岸，
只要人民同心协力即可把缺口填满。
不错！我对这种思想拳拳服膺，
这是智慧的最后结论：
人必须每天每日去争取生活与自由，
才配有自由与生活的享受！
所以在这儿不断出现危险，
使少壮老都过着有为之年。
我愿看见人群熙来攘往，
自由的人民生活在自由的地上！
我对这一瞬间可以说：
你真美呀，请你暂停！
我有生之年留下的痕迹，
将历千百载而不致湮没无闻——
现在我怀着崇高幸福的预感，
享受这至高无上的瞬间。

（歌德著，董问樵译，1983）

歌德笔下的浮士德表达了对人的信念，这种信念是18、19世纪进步思想家的特征。他们对理想的人的描述是大体一致的。

探讨了生产性倾向的一般特征，需要进一步考察表现于具体活动中的生产性。

生产性的爱和思维

人一方面要与世界融为一体，避免与世界分离，避免孤独；另一方面又必须保持自身的独立，维护自我的独立性和整体性，这是人的存在的矛盾性。弗洛姆认为，只有发挥人的生产性才能解决好这一矛盾。

爱的力量使人能突破把人与他人隔开的屏障。[1]理性的力量使人透过表面现象进而把握事物的本质。爱和理性是相互依存的，但爱体现了情感的力量，理性体现了认知的力量，因而还是可以对它们分别加以讨论。

“爱”在现代是一个非常模糊、混乱的词。从爱吃冰激凌到爱听交响乐，从一般的同情到最强烈的亲近感，好像都可以说是“爱”。但真正的爱是生产性的爱，它是一种主动的能力，一种把自己与他人联系起来的能力。爱使人克服孤独和分离之感，同时也使人成为他自己。

爱是一种主动的活动。爱的主动性特征体现为，爱主要是给予，而不是接受。对给予的最普遍的误解是，认为给予就是“让出”什么东西，就是被剥夺，就是牺牲。非生产性倾向的人就是

1　爱本来主要是社会化过程中的倾向性，弗洛姆为了将生产性的本质表述得更为详尽，所以将爱的问题放在一起讨论。

这样看待给予的，所以他们一般都拒绝给予。有的人以给予为美德，也是因为把给予看成一种牺牲，一种痛苦，所以给予是善，人应该给予。对生产性倾向的人而言，给予则是潜能的最高表达。正是通过给予，我体验到我的力量、我的财富、我的能力，体验到生命力的流动，体验到真正的快乐。正是给予的行动表明了我生命的存在。

在物质范围内，给予意味着富有。并不是一个人有许多财产他才富有，而是他给予了许多他才富有。尽管给予取决于一定的物质条件，但给予与财富之间并没有直接的因果关系，穷人往往比富人更愿意给予。然而，最重要的给予的范围不在物质领域，而在人的生命。一个人所给予的最珍贵的东西是他生命的活力，他的欢乐和悲哀，他的旨趣，他的理解、知识、智慧和幽默感。在这种给予中，他使另一个人富有，他提升了自己的生命感，也提升了另一个人的生命感。给予不是为了得到，给予本身就是极大的快乐。给予意味着使另一个人的生命得以复苏，使另一个人也成为给予者，意味着“爱是一种产生爱的力量”（Fromm，1956/1974，p.21）。

除了给予这一因素，生产性的爱还包括一些基本因素，即关心、责任、尊重和理解。这些因素在一个生产性倾向的人身上是相互依存的，是一些共存因素。它们都是内在于人的性格中的，而不是外界强加的。

爱作为一种态度，一种性格倾向，决定着一个人与整个世界的联系，而不只是与特定的对象的联系。如果一个人爱的只是某一个特定的人，而对其他人漠不关心，那他的爱就不是真正的爱，而是一种放大了的自我主义。

一个人要获得爱的能力，并没有现成的处方，必须通过亲身的实践才能获得。这种实践的基本要求是：

（1）要严于律己。现代人在工作时所守的纪律是外在的纪律；工作之余，就没精打采，想“松弛松弛”。总之，这两种情况下都是缺乏自我纪律的表现，即没有把自己的生活看成一种需要认真对待的过程。

（2）要集中。现代生活方式使人朝三暮四、见异思迁。现代人往往同时做许多事情，阅读、听广播、谈话、抽烟、吃、喝，对每件事都漫不经心，对爱也是如此，不能集中注意力地对待爱的对象。

（3）要有耐心。工业文明追求的是迅速。现代人也用这种态度对待爱，耐心意味着浪费时间。这是现代人缺乏爱的能力的一个原因。

（4）要全力以赴。也就是要对爱的对象给予最大的关注。

总之，爱是对人的存在问题的真正解决。任何排斥爱的社会，从长远来看，都必将腐烂、枯萎，以至毁灭，因为它否定了人的本性中的基本要求。谈论爱绝不是说教，因为爱是每个人的终极需要。

生产性的思维即理性（reason）。要明确理性的特征，可将其与智力（intelligence）进行比较。智力是人达到实际目标的工具，体现在运用有关的知识以解决问题的过程中。对问题本身、目标本身、对“理智的（intelligent）”思维所依赖的前提则不应该去怀疑，而应视为理所当然的。然而这些前提也许合乎理性，也许不符合理性。理性是透过表面发现本质，发现真理。理性与智力的这种区别可以从分析偏执狂患者得到说明。偏执狂患者的前提是：所有人都密谋反对他。这一前提显然是不合理的。但在这一前提下的思维过程，往往表现出非凡的智力。他把所观察到的东西联系在一起，并进行逻辑推理，这种推理本身往往极富说服力。当然，这只是病理现象。大多数情况是，人的思维只为了达到实际效果，而不关心前提的正确性，也不是为了追求真理。

追求真理，现在变成了一种陈腐的观念，人们关心的只是智力。绝大部分的智力测验，所测验的与其说是人的理性，毋宁说是人对某种特定环境迅速适应的能力，可以把它们贴切地称为“心理适应测验”。在这些测验中，所有的问题、条件都同样值得注意，而不应该只对特定的现象及其性质进行分析。思维和知识仅仅被当作达到某种效果的工具。

在西方思想的伟大传统中，作为关于人自身的知识的心理学，历来被认为是一门确保德行、幸福、健康生活的学问，现在却变了质，蜕化为在市场研究、政治说教、广告宣传及其他方面更好地操纵别人和自己的工具。

这种思想对现代教育制度产生了深远的影响。从入小学到大学毕业，学习的目的就是尽可能多地收集主要用于应付市场需求的资料。学生要学的东西太多了，以致没有时间和精力去思考。学生接受教育的动机，不是对课程或知识本身的兴趣，而是为了提高自己的交换价值。在今天的西方世界，人们对知识和教育虽有极大的热情，但那些只涉及真理、在市场上无交换价值的知识或学科，被看成是无用的、不切实际的东西而遭到怀疑和蔑视。

在生产性思维中，主体虽极为关注客体，但不仅仅或主要不是出于功利，而是出于对世界和人的存在的关注。佛陀看到一个死人、一个老人和一个病人，而他自己虽是个年轻人，但却深深地为人的不可逃脱的命运所感动，这促使他思考生命的本质，形成了普度众生的理论。

生产性思维的思考者出于对对象的关切，受对象的影响并对对象做出反应，他对客体怀着浓厚的兴趣，但这些主观因素并不妨碍思维的客观性。思维者尊重客体，按客体的本来面目来认识，而不是凭主观愿望歪曲事实。主观性与客观性的统一、认识和情感的统一是生产性思维过程的一般特征，也是整个生产性倾向的一般特征。

生产性的工作就集中体现了这一特征。这种工作不是为生活所迫，不是为强权所迫，也不是为了克服无聊和空虚，而是出于生命的本性。通过工作，实现人的潜能，正是在这一意义上，可以说生产性思维并没有脱离生活的实际目标。

各种倾向的混合

单独讨论各种性格倾向，只是为了便于说明问题，现实的人的性格往往是各种倾向的混合，只是有某一种倾向占主导地位，因而决定了人的性格类型。

一种是非生产性倾向的混合，最常见的是接受倾向和剥削倾向的混合，因为二者都倾向于依赖能提供他所需要的东西的人。一个人面对强者可能倾向于接受，而面对弱者可能倾向于剥削。

另一种是非生产性倾向与生产性倾向的混合。在一个人的性格结构中，如果非生产性倾向占主导地位，相应的性格特征就是消极的。前文关于几种非生产性倾向的分析就是在这一假设前提下展开的。如果生产性倾向占主导地位，那些非生产性倾向的特征就可能转化为积极的。如接受倾向在性格结构中占主导地位（接受型）的人的一个消极特征就是缺乏自尊心；而在一个生产性倾向占主导地位的人的性格结构中，接受倾向的这一特征就可能转化为谦虚。同样，剥削倾向的自负可能转化为自信，囤积倾向的吝啬可能转化为节俭，市场倾向的浪费可能转化为慷慨。弗洛姆列了一个详细的图表来表示四种非生产性倾向的各种特征的消极面和积极面。

表4–1　接受倾向的特征

接受倾向（领受）	
积极方面	消极方面
领受	被动、没有主动性
易于响应	无主见、无个性
忠实	顺从
谦虚	无自尊心
得人缘	奉承
适应性强	无原则
社会性适应好	奴性、无自信
有理想	不切实际
敏感	怯懦
有教养	无骨气
乐观	不切实际
信任	轻敌
温柔	多愁善感

表4–2　剥削倾向的特征

剥削倾向（获取）	
积极方面	消极方面
主动	剥削
进取	侵略
能提出要求	自私自利
自豪	自负
有冲劲	鲁莽
自信	傲慢
有魅力	勾引

表4-3　囤积倾向的特征

囤积倾向（保存）	
积极方面	消极方面
重实际	无想象力
节俭	吝啬
谨慎	多疑
稳重	冷漠
有耐心	无生气
慎重	焦虑
坚定	顽固
沉着	懒惰
临危不惧	迟钝
有秩序	迂腐
有条不紊	固执
忠实	占有

表4-4　市场倾向的特征

市场倾向（交换）	
积极方面	消极方面
有目的	投机
随机应变	反复无常
年轻有为	幼稚可笑
目光远大	胸无大志
虚怀若谷	无原则、无定向
善交际	不甘寂寞
重实际	无目标
不独断	相对主义
讲效率	过分积极
好奇	不老练
聪明	耍小聪明
能适应	无是非观念
宽容	冷漠

续表

市场倾向（交换）

积极方面	消极方面
机智	愚蠢
慷慨	浪费

这些积极或消极的特性并非只具有质的差异，如一个人往往并非要么是慷慨的，要么是浪费的。其中还存在量的差异，在不同人身上不同特性所占的分量是不同的，特别是占主导地位的倾向在性格结构中的分量，在不同人身上是不同的。生产性倾向的分量的变化达到一定程度，会引起性格结构的质的变化。同时，不同的性格结构在物质、情感或认知活动中所起的作用也不同。再加上不同的人具有不同的天赋和气质。这样每个人在人格上都显出不同的个人特点。

3　社会化过程中的性格倾向

以上关于性格类型的理论是弗洛姆在《为自己的人》（1947）中提出的，许多评论者仅以此作为弗洛姆的性格类型理论，是不够全面的。弗洛姆早在《逃避自由》（1941）中就提出过性格类型理论，是着重从人在解决其存在的矛盾的过程中、在人与人的关系方面的倾向性中来分析的，也就是着重从社会化过程中所形成的性格倾向来分析的。人在社会化过程中所形成的不健康的性格倾向是：受虐倾向（masochism）、施虐倾向（sadism）、破坏倾向（destructiveness）、迎合倾向（automation conformity）。健康的性格倾向是自发性（spontaneity）。同化和社会化过程中的倾向是一一对应的，这些相对应的概念所指的对象是同一的，如接受倾向和受虐倾向所指的是同一类人，以此类推。

没有你，我就活不下去：受虐倾向

受虐倾向的人深感自卑、软弱无力和无足轻重。不由自主地轻视自己、贬损自己，甚至自我伤害和自我折磨，成天进行自我谴责和自我批评。似乎这样就可以克服孤立无援和微不足道之感：我本来渺小无能，经常犯错误，除非依靠外力的帮助，我就活不下去，所以全靠上帝、组织……因此，他就使自己屈从于某种强大的、在他看来具有永恒价值的外在势力（上帝、权威、组织、国家等），并使自己成为这个势力的一部分，以克服自我的弱小、孤单和生命的短暂等体验，同时也可以从中得到（接受）所需要的东西。这样，他就不必去做自己的事，或者说，主人的事、组织的事、集体的事就是自己的事，只管一切行动听指挥就是了。他很少体会到“我要”或“我是”是什么滋味。生活的力量是不可抗拒的，既无法主宰，也无法控制。

在某些神经症人格中，受虐还有这样一些表现：希望自己的身体生病，有意无意地等待着，好像生病是上帝赐予的礼物；有的人希望经常碰到一些倒霉的事，咀嚼那些不幸的事件，本来可以避免的事件，好像鬼使神差地遭遇上了；还希望身边总有人提出批评、警告，或说些带有伤害性的话。

受虐倾向本身是非理性的，但常常以理性的形式出现。这样的人把受虐式的依赖说成是爱和忠诚，把自卑感说成是恰到好处地认识到了自己的缺点，把种种不幸说成是由不可改变的环境造成的。在强调权威、社会利益高于一切而排斥个人独立思考和个人权力的社会里，往往有现成的理论来为这种性格倾向做出“合理的”解释。

使他人痛苦是最愉快的事：施虐倾向

施虐倾向是与受虐倾向相对立的倾向，它有三种类型：一、强迫他人依赖自己，对他人拥有绝对的、无限的统治权，把他人当工具使用，把他人视为泥瓦匠手中的泥土，任意摆布、任意宰割。二、不只是统治他人，而且还剥削、利用、蚕食他人，敲骨吸髓，榨取别人的物质、情感和智慧。三、看到他人痛苦就幸灾乐祸，一心一意要看别人的狼狈相，把自己的快乐建立在他人的痛苦之上，以至寻找机会去羞辱他人、伤害他人，使他人处于困窘、痛苦的境地。

施虐倾向一般来说比受虐倾向的力量更强，在为自己的行为制造理由时更加合理化，对社会造成的危害也更大。这种性格的人常常表现出对他人异乎寻常的关心和爱护。正如受虐倾向常常表现出敬爱，施虐倾向则常常表现出慈爱。下面的表述是施虐者控制他人时常用的理由：

> 只有我知道什么对你最有益，跟着我，服从我，只会对你有好处。
>
> 我智慧超人，力量无限，你只能服从我，寄希望于我。
>
> 我为你们做了那么多，付出了那么多，我是你们的恩人，你们应该报答我。
>
> 我过去受了太多的伤害，现在我有力量了，就该报复。
>
> 如果我不先发制人，我就会受伤害。我不去控制他，他就会控制我。

都是为你好。（除了自由，你可以得到一切。）

只要你听我的话，将来一定会过上好日子。

施虐和受虐一样，都是为了避免孤独和分离而依赖他人。受虐者的依赖性是显而易见的，施虐者的依赖似乎不可理解：施虐者那么强大、显赫，被他虐待的人如此势单力薄，“强者”怎么会依赖“弱者”呢？这是因为，没有“弱者”，“强者”也就没有“强大感”。正如一个虐待妻子的蛮夫，口口声声扬言要妻子“滚出去”，当妻子忍无可忍，真的要离开他时，他马上变软了，像泄了气的皮球，苦苦哀求她不要走，还会说他多么爱她，没有她，他就活不下去……通常都是女方让步，被这种自我表白感动了，留下不走了。然而，过不了多久，整个情形又从头开始，他又恢复了本来面目，她又发现难以相处下去，于是关系再次破裂，他再次乞求，她再次留下。千千万万对夫妻就生活在这种恶性循环中。

施虐者一旦要失去受虐者，就会感到软弱无力。那个丈夫说没有她就活不下去，并没有说谎。没有她，他确实活不下去，对妻子的“爱”只有在关系面临破裂时才显露出来。

施虐者往往用“爱”来解释对他人的统治。就像嘴上说“我太爱你了，我不能丢下你不管”，实际上是“只因为统治了你，我才爱你”。当然这一点他不一定清楚地意识到了。不管是妻子、儿女、助手，还是侍从，只要成了他的统治对象，就会对其产生“爱意”。他往往通过物质刺激、轻易许诺、自我炫耀、假惺惺地关心以及其他笼络人心的办法来控制他人。他可以提供一切，但只有一样东西除外，这就是自由和独立的权利。这种情况最常见于父母与子女的关系中。父母往往用一种自然的关心、照顾和爱护来掩盖对子女的控制。子女犹如关在金色笼子中的鸟，有吃有喝，应有尽有，就是不能飞出这个笼子。孩子长大成人，便怀着双重恐惧：害怕笼子外面的世界，同时也害怕爱。因为对他而言，爱就意味着被关在笼子里，意味着堵塞了通向自由之路。

弗洛姆引用巴尔扎克《幻灭》中的两个形象——年轻人吕西安和伪装为神甫的囚犯卡洛·埃雷拉——来说明这仁慈的施虐倾向。在认识了这个刚企图自杀的年轻人不久，神甫说：

> 我从水里捞你起来，救了你的性命，你变作我的附属品了，你跟我的关系正如万物之于造物主，妖精之于神仙，鬼怪之于撒旦，肉体之于灵魂！有我的铁腕支持，不怕你坐不稳权势的交椅；我给你享尽快乐、荣誉、连续不断的欢娱……永远不会缺少钱用……你在外边得意、夸耀，我蹲在泥地上打根基，保证你荣华富贵。我呀，我为权势而爱权势！我自己不能享受的东西，看到你享受我感到高兴。总而言之我会变做你！……假如你愿意做士兵，我可以做你的长官。只要你服从我，像妻子服从丈夫，孩子服从父母一样，我保证你不出三年成为特·吕庞泼莱侯爵，娶到圣·日耳曼区最高等的贵族姑娘，将来进贵族院。（巴尔扎克著，傅雷译，1978，第610—611页）

施虐倾向虽更多地表现为仁慈的形式，但也会表现为攻击的形式。攻击的施虐在表现上带有更多的残酷性。这种人喜欢亲眼看到自己带给他人的痛苦，即自己直接造成他人的肉体和精神痛苦并从中得到快乐。这种形式的施虐也往往凭借着某种不容置疑的理由，以便肆无忌惮地行动。

弗洛姆认为受虐和施虐都是在人与人的联系中失去了独立性，通过依赖他人（被动的依赖或主动的依赖）来建立人际关系，以逃避不堪忍受的孤独和分离。因此，要深入理解受虐和施虐，就要将二者联系起来分析。

施虐性格的人，总想去统治或伤害他人。这当然不是一件好事，但不奇怪，好像这是人的本性。霍布斯（Hobbes，1651）说过："一个人只要活着，就会贪得无厌地去追求权力。"这是所有人都具有的一种倾向。追求权力是人追求幸福和安全的、合情合理的结果。希特勒则认为，人为了在生存斗争中占据最有利的地位，必须掌握统治权。追求权力是人的本性，是天经地义的。但受虐倾向看上去就与这一本性相矛盾，人为什么会轻视自己以致伤害自己，并能从中得到快乐呢?

比受虐的性格倾向，更早地受到心理学家重视的是作为性变态的"受虐倒错（masochistic perversion）"现象，这种现象证明，痛苦确实能成为人所追求的目标。这种病人只有在肉体受到束缚和痛苦时才能获得最大的快感，所以主动地寻找这种途径使自己受苦受难，并从中得到满足。他希望别人咒骂自己、伤害自己。同样，施虐者也通过相应的手段得到满足，如咒骂、捆绑，以至鞭笞、毒打。受虐的性格倾向与受虐倒错本质上是一样的，只不过表现的程度和形式不同而已。后者偏重肉体的、行为的，与性冲动交融在一起，表现得较为外显、激烈一些；前者则偏重精神的、心理的，表现得较为隐晦、平和一些。二者都是通过自我折磨以逃避不敢正视的困境。

第一个力图彻底解释受虐问题的心理学家是弗洛伊德。他一开始只从性本能的角度来解释肉体上的受虐现象，后来认为精神上的受虐问题意义更大。他发现施虐和受虐虽是对立的两极，但往往同时存在于一个人身上。于是他又提出了一种新的本能理论，认为人有一种死本能，这种本能既可以指向他人又可以指向自己，如果指向他人就表现为施虐、攻击、破坏，如果指向自己就表现为受虐。而死本能又是和性本能混合在一起的，所以死本能一般可以消融于性本能之中。如果不能实现这种消融，性本能受到压抑，人就被迫在施虐（对他人）和受虐（对自己）之间做出选择。

可见弗洛伊德并未真正超出其性本能理论来解释施虐–受虐现象。阿德勒则将非性欲的攻击性现象作为其理论体系的核心问题加以研究。他认为人生来有自卑感，为了克服自卑感就发展了权力欲，通过统治他人来避免不安全和自卑感的威胁。如果权力欲不能得到张扬，人就陷入自卑感而不能自拔，于是就用贬损自己、伤害自己的方式寻求一种合理化的解脱。但弗洛姆认为阿德勒的解释没能超出目的论和理性决定论的视野，没能继承弗洛伊德注重从非理性领域来探究人的行为动机的传统，因此阿德勒的理论是肤浅的（陈学明译，1987，第199页）。

霍妮第一个看到了受虐冲动在神经症人格中的重要作用，她把受虐看成一种性格特点，其根源不在性变态；相反，性变态只是特定的性格结构在性活动中的表现。

弗洛姆认为，施虐和受虐的根源都在于人的处境，都是为了帮助人摆脱不堪忍受的孤独感和无能为力之感。具有这种性格特征的人总是陷入一种孤立无援的恐惧之中，但这种感受通常是潜意识的，往往被自以为高明和了不起的表现所补偿、所掩盖。

受虐者觉得，以渺小的自我来面对一个强大的人，去依附于他、屈从于他，哪怕受苦，也比孤单一人要强。至于“比自己强大的人”，有两种情况：一是此人确实了不起，一是因自视太低而相应地抬高了别人。在后一种情况下，一只耗子从身边跑过，或一片树叶掉下来，就足以使他吓得心惊肉跳（Fromm，1941/1961，p.152）。

有时，一个人越是小看自己，孤弱无助的恐惧感越是强烈，于是更加小看自己。这是一种通过强化某种东西来消除它的过程。但这显然是一种恶性循环，不仅不可能从根本上消除这种恐惧，甚至还加剧了这种恐惧。这好比一个陷入火海的人站在窗台上大声呼救，在那一时刻，呼救似乎减轻了一点儿恐惧，因为他还抱着一线希望。但他早已惊慌失措，不能判断形势，不知道与其慌乱地呼救，不如赶快从楼梯逃命。而几分钟后，楼梯也着了火。呼叫本来是为了获救，结果却招致毁灭。同样，受虐者极力追求的无非是消除自己的弱点、心理冲突、疑虑和不堪忍受的重负，但受虐只是暂时缓解了一下表层的痛苦，随之却招致更大的不幸。所以受虐根本不可能使人从现实的和心理的困境中解脱出来。受虐者像一个苦工，付出的多，得到的少，最后债台高筑，他为之付出高昂代价的目的——内心的安全和宁静，根本就没有达到。

在受虐倾向中，与自贱紧密相连的另一方面的表现，是力图使自己成为自身以外的、某个强有力的势力的一部分，参与到这一势力之中。这种外在的势力可能是一个人、一种机构，或上帝、国家等等。他认为这种外在势力无比强大、富有魅力，可以永世长存，既然已被接纳进这种势力之中，也就分享了它的力量和荣耀。他放弃了自我，宣称世界上任何力量和荣耀都离不开这个势力。他丧失了个人的尊严和自由，但因参与这种外在势力而得到了新的安全和尊严。如果得到了相应的文化的强化（比如法西斯主义意识形态就是一种把领袖神化、鼓吹群众应无条件服从领袖的文化），那么个人就通过参与崇拜领袖的仪式而感受到自己与千千万万的同胞是融为一体的，从而得到一定的安全感。个人把自己托付给外在势力，凡事无须自己决策，无须为自己的命运承担责任，也无须为什么事而焦虑，更无须去探究生命的意义和自我的价值。

尽管如此，尽管他感到有所归宿，自以为安全，但个体化的趋势是不可逆转的，他和所从属的势力并没有真正融为一体，有时还存在着尖锐的冲突。他的自我不可能完全丧失，他还是能若隐若现地感受到自己在强大的势力中实际上只是一粒微不足道的尘埃而已，感受到自我被淹没的痛苦。因而，一种力图克服这种依赖性，使自己真正获得自由的冲动还是存在，只是他可能没有意识到。

而施虐倾向的本质是，完全、绝对地控制他人，使他人服从我的意志，使自己成为他人的统治者，成为他人的上帝，把他人视为自己手中的玩物，伤害、奴役他人，使其痛苦不堪。他之所以要使他人痛苦，是因为再也没有比使人痛苦更能显示出对他人的统治权了。一言以蔽之，他通过虐待其他生命来得到快乐。

很明显，渴望依赖他人和渴望蒙难的倾向，与渴望统治他人并使他人受难的倾向是不同的，受虐与施虐是对立的两极。但这两种倾向往往不可分割，因为二者有共同的根源，即个人的渺小和孤独；还有共同的基础，即相互依赖，谁也离不开谁。这种现象叫作“共生（symbiosis）”，即一个人与另一个人（或与外在的任何其他力量）以这样的方式结合在一起：双方都使对方丧失了个人的完整性，一方离开了另一方就不能独立存在。施虐者之依赖其虐待对象的迫切性，不亚于受虐者之依赖能虐待他的对象。所不同的是受虐者通过受压迫来获得安全，施虐者则通过压迫别人来寻求安全。在前一种情况下，受虐者自己消失在某种外力之中；在后一种情况下，施虐者通过使他人成为我的一部分而扩充了我自己，获得了某种当我作为一个独立的自我时所不可能有的力量，就是说我的力量完全取决于他人，所以也丧失了自我的独立性。可见受虐与施虐虽然表面上是互相冲突的，但实际上有着共同的根源和基础。

受虐倾向的人和施虐倾向的人不仅相互依赖（共生），如果进一步分析，他们在很大程度上都在共同依赖权力、崇拜权力。施虐者依赖受虐者，是因为离开了受虐者，他手中的权力就无处显示；受虐者依赖施虐者，是因为施虐者手中的权力能决定他的命运，他只有服从，才有望得到更多的好处。施虐倾向的人因手中握有权力而扬扬得意，受虐倾向的人则因得到有权者的关照而沾沾自喜，二者都热衷于追求权力。有的人把追求权力看成人的基本动机（本性）。在西方，随着法西斯主义的崛起，渴求权力和信奉权力万能的浪潮达到了顶峰。数百万人成了权力迷，把权力（power）当作力量（strength）的象征。确实，从表面上看，一个人具有统治他人的权力，就说明此人具有超人的力量，权力来源于力量。假如我有权置某人于死地，那说明我比此人强。但从心理意义上看，则另当别论：权力欲并非来源于力量，而是来自懦弱。一个人去追求权力，说明此人无法依赖自己生存下去。由于丧失了自己真正的力量，就铤而走险去追求第二种力量。由此也可以解释为什么一些权势显赫的人物实际上有很深的自卑感，特别看重他人的尊重或尊敬，而对他人丝毫的否定极为敏感。他们在需要自己处理问题时，就显得极为虚弱。

受虐倾向的人对权力的依赖就是奴性，一副奴颜媚骨，将唯命是从视为天职。其“主动性”就体现在察言观色，揣摩主子的心思，溜须拍马，极尽讨好之能事。

由于施虐与受虐具有共同的根源和基础，所以不难理解为什么两种倾向往往可以存在于同一人身上。集这两种倾向于一身的人见到强者就退缩，见到弱者就欺负；在权力大的人面前就情不自禁地谄媚，在权力小的人面前就不由自主地逞强。对这种人而言，手中无权是无能和卑贱的标志。一旦所仰慕的人大权旁落，就马上变崇拜为轻视。世界是由有权者和无权者、高贵者和卑贱者这种对立的两极所构成的，人要么统治他人，要么受他人统治，别无他择。弗洛姆称这种人的性格为“施虐–受虐性格（sado-masochistic character）”。但人们常把“施虐–受虐”与“性倒错”“神经症”这些概念相混淆，所以在讲到施虐–受虐性格（特别是在不包括临床上的神经症患者）的时候，弗洛姆就用“威权主义性格（authoritarian character）”这一术语（Fromm，1941/1961，p.164）。因为施虐–受虐性格的人的主要特征就体现在对待权威的态度上，他仰慕权威，愿意屈从于权威，同时又渴望自己成为权威，迫使他人屈从于他。

为了深入讨论威权主义性格，有必要先澄清一下“权威（authority）”这一概念。权威是指某种人与人的关系，在这种关系中，一个人把另一个人看成是至高无上的。但有两种根本不同的权威，一种是“合理的权威（rational authority）”，体现了“优劣关系”；另一种是“抑制性的权威（inhibiting authority）”，体现了“利益冲突关系”。[1]

例如老师与学生的关系、主人与奴隶的关系，都是建立在一

1 “authoritarianism”通常译为“权威主义”，但近年来在社会科学尤其政治学领域更多地译为“威权主义”。对应的“authority”则仍然译为“权威”。

方对另一方占有优势的基础上的。但老师与学生的利益是一致的：老师教育有方，学生进步了，双方都高兴；老师教育失败了，师生都沮丧。主人与奴隶的利益则是绝对冲突的，因为一方的利益建立在损害另一方的基础上。在这两种情况下，“占有优势”这一点起了不同的作用：对前者，它是帮助弱者的必要条件；对后者，它成了剥削的基本前提。在这两种情况下，权威的活动趋势大不相同。学生学得越多，与老师的差距越小，以至接近甚至超过老师，即他们之间原有的权威关系趋向于消失；而奴隶付出得越多，他与主人的距离越大。从心理关系上看，老师在学生眼里既是权威又是榜样，学生对老师充满着爱、羡慕和感激，而奴隶对主人则充满了憎恨。但对奴隶而言，这种敌意只能导致双方之间更大的冲突，在冲突中首先吃亏的还是自己。于是奴隶不得不压抑这种敌意，甚至用一种羡慕或崇拜取而代之：假如统治我的人是那么伟大、高尚，那么我服从他又有什么不好呢？我本来就不应和他平起平坐，因为他远比我强大、聪明、优越。这样，他越是敌视主人，就越是情不自禁地抬高主人。

但“合理的权威”与“抑制性的权威”的区别是相对而言的。即使是主人与奴隶的关系中，也有某些有利于奴隶的因素，奴隶至少能得到最低限度的食物和保护；而师生之间那种毫无利害冲突的关系也只是一种理想状态。在两种典型的权威形式之间还存在一些中间形式，如工人与老板、儿子与父亲、妻子与丈夫等等。要判断具体权威的性质，就要分析“合理的权威”和“抑制性的权威”在具体权威中各自所占的比重。

还可以把权威分为“外在的权威”和“内在的权威”。前者指具体的人或组织，表现在发号施令的行为中，命令你干这，不许你干那。后者指责任感、良心等等，即弗洛伊德说的“超我(superego)”。在西方，从新教到康德哲学的近代思想发展的主要特征，就是由内在权威取代外在权威。随着中产阶级的崛起，外在权威丧失了统摄地位，良心取而代之，成为支配人的力量。良心的统治地位要比外在权威稳定得多，因为人认为良心的命令是出自自己的，人怎么能背叛自己呢?

20世纪以来，“良心”已逐渐失去了重要性，似乎外在权威和内在权威都不起统治作用了。每个人都是完全“自由的”，只要不干涉他人的合法权利。但权威并没有消失，只是隐而不露而已。“公开的权威”不见了，取而代之的是“匿名的(anonymous)权威”。它伪装成常识、科学、心理健康、正规性、公众舆论，人们心照不宣，无须命令。不是粗暴地强迫，而是温和地说服，如“吸这种牌子的香烟，可以清凉肺腑”之类的广告词。匿名的权威比公开的权威更有力量。外在权威是有形的，人可以有针对性地反对它以维护自己的独立性；内在权威虽看不见，但人还是能够有所觉察。而在匿名权威的统治下，人对命令和命令的下达者都捉摸不定，像一个人中了枪弹却不知道开枪者是谁，即使想还击也找不到对象。

威权主义性格的最重要的特点就体现在对权力的态度上。只要手中有权(无论这权是属于个人还是属于组织)，就会自动地引起人们的爱慕，让人倾倒，无权的人也就自动地受到别人的轻视。有的人一看到手中无权的人，就想去攻击、统治和羞辱他。

威权主义性格不仅崇尚权力，还有一个似乎与之矛盾的特点，就是蔑视权威。一方面屈从，另一方面抵抗，二者似乎正相反。但这种性格的人反对权威，并不是革命，而是造反，即反对权威是为了自己成为权威。政治上的激进主义很容易倒向威权主义，就是这个道理。屈从和抵抗一样，都出于对权力的依赖、崇拜和追求。

破坏和毁灭真痛快：破坏倾向

破坏倾向作为一种性格倾向常常与施虐–受虐混杂在一起，因为它们有共同点，即敌视他人。尽管如此，二者还是有基本的区别：破坏倾向不是旨在与对象共生，而是旨在消灭对象；施虐者是要使对象受苦，受虐者是在受苦中得到寄托，二者都深深依赖对象。无奴才可统治，或无主子可依靠，都让人活不下去。而破坏倾向则是要去摧毁、消灭对象，置对象于死地。

破坏的性格倾向，不是为保护自己的生命和尊严不受侵犯，采取合理的反击性行为，而是一种深藏在人心中，时刻等待发泄的癖性。但一个人没有客观的“理由”，无端地发泄破坏性冲动，那此人就会被看成是心理病态。在大多数场合，人要发泄破坏性冲动总要想方设法找到合理的理由。当然他并不清楚地意识到，他是要发泄破坏性冲动，才有意识地去寻找理由；他的意识告诉他，自己是出于责任、良心、正义感，是为了民族、国家或革命理想。也许不能简单地将一切合理的理由都归结为破坏性冲动的合理化，就是说不排除确实存在着有正当理由的“破坏性”行为。但这里分析的破坏性是一种性格倾向，一种被压抑的激情，一旦找到合适的理由释放出来，他本人会感到强烈的兴奋、快乐，以至崇高和伟大。这样，破坏性行为本身会带来这些强烈的体验，即它本身成为人追求的目的。合理的“破坏性”与破坏性性格可能引导人去做同一件事，但在心理上对两种人造成的后果是不同的。如出于战略、战术的考虑，必须炸掉一座桥，作战的需要是这两种人的炸桥行为的共同理由。但对前一种人，炸桥是一种不得已的措施，爆炸不仅不会使他感到兴奋和快乐，反而使他感到痛苦，为人所创造的文明设施被摧毁而感到巨大的痛苦。而对后一种人，桥梁的爆炸会使他欣喜若狂，他会为自己的英雄行为而自豪。

如果具有破坏性性格倾向的群众在一面“崇高的”旗帜下聚集起来，那就意味着灾难即将降临。几乎所有的侵略战争都是在民族、国家，甚至国际主义的旗帜下发起的。如果出于各种原因，一个具有破坏倾向的人不能将这种激情引向外部世界的人或物，他就很容易把自身作为破坏的对象，这样，他很可能会患病甚至自杀。

破坏倾向也是根源于人的孤立、无助和渺小之感：我与外部世界相比是如此相形见绌、微不足道，一旦我起来攻击、破坏这个世界，我就会从那种糟糕的个人感受中解脱出来。如果我消灭了外部世界，它的淫威就不再能压倒我，我也就得到了拯救。

人在孤立无援的处境下，必然会产生焦虑（anxiety），而破坏行为往往是焦虑积累的最常见的反应。人的物质或精神利益受到威胁，也必然导致焦虑。破坏性是由于害怕自己营造的世界（囤积）被侵犯，而主动地、非理性地去消灭、摧毁对象。如果受害者知道威胁来自何处（何人或何物），那么破坏性可能会指向这些造成威胁的人或物。如果威胁来源不明确或威胁者很强大，不是对手，那么受威胁者可能将破坏性指向较弱小的人或物，比如一个人在单位里挨了批评，回到家里可能会冲着家具或家人撒气。一个人如果持续不断地受到外界的威胁，相应地也就持续不断地产生焦虑（尽管对于他自己可能是潜意识的），而焦虑的积累是导致破坏性的一个原因。

人的孤立无援的处境所带来的另一个严重后果就是生命遭受挫折，而挫折是导致破坏性的另一个原因。人在这样的处境下不可能顺利实现其感性和理性的潜力，生命力受到压制，因为他缺乏实现生命潜力的基本条件：内在的安全和自发性。就是说一个人在受到各种禁锢和威胁的情况下是无法健康地生活、爱和工作的。挫折的积累会促使一个人去破坏，正如焦虑的积累导致的结果一样。显然，挫折和焦虑本身就是密切联系的。

弗洛伊德晚年将破坏性归咎于人的死本能，这是从生物学的角度所做的解释，不能充分说明为什么不同的个人、团体所具有的破坏性在分量上有极大的区别。而按照弗洛伊德的理论，人的破坏性的总量是基本不变的，只是方向（指向自己或指向他人）不同而已。但实际情况不是这样。不同的人或社会团体在破坏性的分量上差异极大，例如欧洲下层中产阶级成员的破坏性，要比工人和其他处于社会底层的阶级的破坏性严重得多。人类学的研究也证明，有些人以破坏性冲动为主要特征，破坏性特别严重，而有些人则破坏性较少。

弗洛姆认为，一个人所具有的破坏性冲动的总能量与他被压抑了的生命能量大致相当。这里所说的被压抑了的生命能量，不是指本能欲望，而是整个受压抑的生命力，指无法自发地得到发展和表现的人的感性、理性等各方面的潜力。生命有自己的内在动力，它需要使自己得以发展和表现。如果这种倾向受挫，那么这些能量就会转向以破坏为主要目的的方向。生本能和死本能（如果沿用弗洛伊德的概念）并不是相互独立的，恰恰相反，它们是相互依赖的。生本能遭受的挫折越大，死本能就越强大，破坏倾向越强；生本能实现得越多，死本能就越弱，破坏性就越弱。“破坏性是生命遭受挫折的产物。正是那些使人的生命遭受压抑的个人和社会的条件，使人滋生了破坏性冲动，而这种破坏性冲动又构成了人们对自己和对他人怀有敌对情绪的主要根源。”（陈学明译，1987，第243页）

弗洛姆认为，下层中产阶级的破坏倾向是法西斯主义得以崛起的心理基础之一，纳粹主义诉诸这种破坏性，并利用它来发动反对其敌人的战争。而下层中产阶级的破坏性的根源在于其特殊的处境，在于这种处境导致的孤独感和生命力的受压抑。

显然，破坏性也不可能使人从困境中解脱出来。如果外部世界真的被摧毁了，就会使人更加孤独和无能为力。

自动地与他人保持一致：迎合倾向

以上三种性格倾向常见于法西斯主义国家，弗洛姆主要是指纳粹德国。在民主国家中（以美国为代表），更常见的是迎合的性格倾向。这是现代社会中大多数人身上具有的倾向。这种性格倾向的主要特点就是没有“特点”，即放弃个性，放弃自己，完全按照现存的文化模式来塑造自己，一味地适应社会，有意无意地向他人看齐，消除与他人的区别。说到底，大家都跟着市场走，成为能随着市场变化而自动调节的机器人。这样，“我”和外界的矛盾似乎消失了，周围的人和我一样，大家成为一体，所以不再感到孤独、分离和无助了。

但大多数人其实是自以为在按照自己的愿望思考、感觉和行动。现代社会的公众舆论和个人意识都强调一个人是属于“他自己”的，但在大多数场合中，这只是一个幻觉。那么，本来受外部世界驱使的人的感觉和思维，怎么会被人主观上当作自己的感觉和思维呢？当一个人接受了某种观点，尽管他没有从事实上和逻辑上进行独立考察，他还是会对这种观点深信不疑，并把它看成是自己的。正如一个接受催眠术实验的人，被提示某某人要偷他的书，他醒后果然去指责那个人偷了他的书，他还会说出理由，说那人早就想偷他的书。正如一个去海岛旅游的城里人，被问到天气趋势时，很可能会若有所思地说出他的“判断”，其实他只是照搬了从广播中听来的天气预报，但他还是装模作样地在那里分析风向、湿度等因素，好像他的结论是独立思考的结果。而一个渔夫，当被问及同样问题时，他可能说出同样的答案，并进行分析，但他是以自己多年在此生活的经验为基础的。他对广播中的预报并不是全盘接受，而是将其与自己的判断进行比较，并可能得出不同的结论。在结论相同的情况下，渔夫的行为表面上看与那位城里人没有什么区别，但稍加分析就可以发现，那位城里人的结论及其理由是虚假的。在结论不同的情况下，渔夫的预测即使是错误的，也是“他自己”的；那位城里人的结论即使是正确的，也不是“他自己”的，他只不过重复了权威的意见，只是他本人可能没意识到。现代人在谈及政治事件、文艺作品等问题时，常常出现同样的情形。很多人明明亲身经历了某一事情，例如参加了某一次艺术表演或出席了某一次政治会议，可总要等到在报纸上看到报道以后，才真正感到自己亲身经历过这件事。

现代人的感觉、思想、愿望，实际上来自外在的习俗、权威、舆论、责任等等，但人们主观上都自以为是自己的。这种幻觉十分危险，因为它使人盲目，被操纵了还误以为是自己的选择。

人在很小的时候，社会就开始压抑其批判性思考的能力，使其切身体会到独立思考会带来麻烦和痛苦，最好是人云亦云，或视而不见、避而不谈。

大多数人都这样看问题：只要自己所干的事并不是由外在力量强迫的，就说明是自己决定要干这些事；只要我们在追求某种东西，就说明自己确实需要这些东西。但这可能是一个最大的幻觉。我们的许多决定并不是由自己做出的，而是来自外部。我们成功地欺骗了自己，使自己相信这些决定是自己做出的，实际上是在被外部世界的各种力量驱使着。

如果一个人不得不做某事，他往往会自动地使其成为自愿的、乐意的，这样才能使自己积极地去干并且干好。一个学生只要意识到必须上学并且学好才对自己有好处，他就会压抑对死板的学校生活的厌倦，并使自己喜欢学校。有的人结婚一方面是出于自愿，另一方面又发觉自己已陷入了使其非结婚不可的一连串事件中，想逃也逃不掉了。如果他是“明智的”，就应让后一种感受尽快消失，多去想结婚的好处和对方的可爱之处。

这样，虚假的自我压抑了原始的自我，只有在梦中、在幻觉中、在喝得酩酊大醉时，某些原始的自我才可能溜出来。通常，这些溜出来的原始自我是一些令人感到害怕或羞耻的“坏念头”。但有时这些溜出来的原始自我也可能是一些“好念头”，只是因为当事人害怕这些念头一旦表现出来会遭人攻击、奚落，所以才把它们压抑下去。这里所说的“坏念头”主要是指与道德规范相冲突的欲望，如乱伦冲动。而“好念头”，主要指一些虽不合时宜却是正确的“念头”，如愿意从事薪水不高但是自己喜欢的工作，在我们现在的社会里就是一种不合时宜的“好念头”。

迎合，使自己与他人相一致也是为了避免孤独和不安全感。因为我与别人不同，我就会受到排斥。但是，一个人越是失去自我，就越是感到不安。就像伍尔芙在一篇小说里写的一个人，时常有意无意地掏出自己的名片，好像不这样，就不知道自己是谁。

是他根据名片，而不是名片根据他。个性既不能保持，又不能失去。这是一个心理学上的“悖论”。

以上四种性格倾向体现了人与人之间的两类关系：一是共生关系，施虐者离开了受虐者就牵肠挂肚，受虐者离开了施虐者就寸步难行；一是疏远关系，或者是一种回避、敌对的态度。破坏倾向显然包含着敌意，而迎合的倾向也不是去与他人建立密切的关系，表面上看，似乎人与人之间是友好的，但内心是冷漠的，因为自我与他人都被看成商品或机器人，而不是最丰富、最可珍贵的生命。所以从一定意义上讲，共生关系和疏远关系是两种方向相反的关系。

可见，以上四种性格倾向都不能使人克服孤独和不安全感，都是消极自由的状态，而积极自由则“在于全面、总体的人格的自发性活动”（陈学明译，1987，第333页）。

出自本性的爱和理性：自发性

所谓自发性的活动，就是积极地表现人的情感和理性的潜能，通过这种活动，人既能保持自我的独立和完整性，又能与自然、社会、他人融为一体。这种活动主要有两种：爱和创造性的工作。与自发性相对立的是强迫性，就是说自发性是基于他的本性的健康成长的性格倾向。弗洛姆后来将“自发性（spontaneity）”这一概念发展成“生产性”（Fromm，1947/1986，p.84）。我们已经对生产性进行了讨论，所以这里对自发性只做简要说明。

独立和自由并不必然意味着孤独和恐惧。“人完全可以做到既自由又不孤独，既具有批判的眼光又不怀疑一切，既独立又不与世界相脱离。这种自由只有通过实现人的自我，使人成为他自己才能获得。”（陈学明译，1987，第333页）也就是积极地去实现人的情感和理性的潜能。这与马斯洛的自我实现的理论是一致的（舒尔兹著，李文湉译，1988，第98页），它是人本主义者的基本信念。

积极自由的实现，“离不开对经济和社会的变革”（陈学明译，1987，第351页）。在当代社会中，自发性是一种罕见的现象，但也不是完全没有。很多人还是偶尔在刹那觉察到自发性，当我们面对美丽的自然风光，当我们经过一番痛苦的思索突然领悟到某种真理，当我们对某个人情不自禁地涌现出爱意——在这刹那，我们获得了真正的快乐，真正体会到自发性的滋味是多么美妙！假如这种经验不是如此少有，不是如此被人忽略，那我们的生活该是多么美好啊！

要达到这种境界，就要去自发性地爱和工作。自发性的爱就是在保持自我和他人独立性的基础上来建立和谐的人际关系。自发性的工作就是创造性的活动，例如艺术家的创造性活动、手艺人的创造性活动[1]。在这种工作中，创造者把自身与他的材料融为一体，而材料代表着外部世界。就是说，在创造性工作的过程中，人将自身与外部世界结为一体。无论是木匠做桌子，还是雕刻家

1 工作主要属于同化过程，爱主要属于社会化过程。但弗洛姆在讨论同化过程时着重讨论了爱，而在讨论社会化过程时着重讨论了工作。这可能与他写作当时所关注的侧重点不同有关。

雕琢一块宝石，无论是农民种植粮食，还是画家作画，都可能属于这种工作。然而这种情况只发生于创造性工作中，只发生于那种由我来计划、由我来生产、由我看到工作结果的工作中。在现代社会，在无止境的生产线旁的工人和职员的工作过程中，工作的这种特质已所剩无几了，工作者成为机器或官僚机构的附属品。似乎在弗洛姆眼里，生产线上工人的工作虽然效率高，但其造成的心理影响远不如手工生产有益，甚至是有害的。他对现代工业生产的批评是正确的，但他对手工生产的描绘显然带有理想化色彩。尽管他并不主张摧毁大工业生产、回到手工生产，但给人一种用落后的生产方式来批判先进的生产方式的印象。

我们已经分析了人在同化和社会化过程中的各种性格倾向，并且分析了它们之间的内在联系。现在我们来简单回顾一下，并用下表说明各种倾向及其关系。

表4–5　同化与社会化过程中的性格倾向及相互关系

同化	社会化
A.非生产性倾向	
接受	受虐
剥削	施虐
囤积	破坏
市场	迎合
B.生产性倾向	
工作	爱、理性

对以上图表，只需稍加解释，就容易理解。接受和剥削倾向导致了与他人的亲密和接近。接受倾向意味着一种顺从的、受虐的关系：如果我服从较强的人，他就会给我所需的一切。剥削倾向则意味着一种施虐的关系：如果我依靠权力去统治别人，我就可以夺取所需的东西。受虐与施虐二者之间是相互依存的，弗洛姆称其为共生关系。

囤积倾向意味着对他人的疏远，这种人首先通过构筑一个自给自足的安全体系来避免他人的威胁；当他感到外部世界的威胁太大时，他就通过破坏来解决与他人、与世界的关系问题。市场倾向是通过表面的友好和内心的防范来获取所需，在与他人的关系中，也是以疏远以至敌视为特征的，只是要表现出友好而不是去破坏。

在生产性的工作中获取所需，并与他人建立爱的关系，同时以理性的态度对待世界、他人和自己，这是健全性格的基本特征。

4 退化综合征与成长综合征

弗洛姆后来在《人之心》(1964)一书中从病理学角度对人的性格进行了进一步的研究，这些研究是对先前的各种理论观点(特别是性格理论)的发展。他在先前性格理论的基础上，提出了退化综合征(syndrome of decay)和成长综合征(syndrome of growth)两种性格类型。前者是死之爱(love of death)或恋尸癖(necrophilia)、自恋(narcissism)、共生-乱伦的固着(symbiotic-incestuous fixation)三种倾向的综合体。后者是生之爱(love of life)或恋生癖(biophilia)、人之爱(love of human，特别是对邻人或陌生人的爱)和独立性(independence)三种倾向的综合体，分别与前三种倾向相对立。只有在少数人身上才可以看到某一种综合征的充分表现，大多数人介于二者之间，但每个人都有一种基本的倾向性，即主要倾向于退化，或主要倾向于成长。

显然，弗洛姆的这些概念与他过去着重研究的破坏性、共生关系、自恋及生产性等问题密切相关，但不是他过去观点的简单重复。

恋尸癖与恋生癖

“恋尸癖”通常用来表示一种性倒错，即为了性交的目的而占有死尸（妇女的）的欲望，或者在死尸面前流连忘返的病态愿望。但弗洛姆赋予“恋尸癖”概念以更丰富的社会性含义，把它看作一种性格特征，指人的性格中的仇视生命、向往死亡的倾向。具有这种倾向的人被所有无生命的事物所吸引，迷恋于尸体、粪便、污垢及一切腐朽的东西，经常梦见凶杀、鲜血、骷髅等，喜欢谈论疾病、埋葬、死亡。当他谈论死亡时，就好像恢复了生机。这种死之爱的倾向必然意味着对暴力的热爱。其人生最辉煌的事业不是创造生命，而是毁灭生命。

恋尸癖倾向的人喜欢一成不变的、机械僵化的事物，怀着一种把有机物变成无机物的强烈愿望，把人看成物、看成工具，生命、情感、思想都是物。他们甚至为了物的价值而忽视生命的价值，所以他宁肯失去生命也不愿失去财产，并通过对财产的占有来建立同世界的联系。他还通过控制他人来扼杀生命，并以此为乐。这样的人喜欢过去，害怕未来，宁愿回到黑暗的子宫里，甚至回到无机物或动物的生存状态。黑暗、夜晚富于吸引力，最值得赞美。在神话和诗歌中，洞穴、海洋深处常常得到生动的描绘，易卜生在《彼尔·金特》中甚至将巨人写成生活在洞穴里的盲人。这些现象都可以从死之爱的角度解释其象征意义。弗洛伊德将洞穴作为女性生殖器的象征，弗洛姆则将洞穴视为回到过去、回到母体、回到动物生存状态的象征。

恋尸癖倾向比较严重的人，在表情和举止上有明显的表现，往往表情冷漠，皮肤看上去死气沉沉，五官好像在散发臭气。仔细观察希特勒的表情，就可以发现这些特征。这种人往往穿戴整洁，举止古板，毫无生气。“法律和命令”往往是这些人满足恋尸癖欲望的堂而皇之的理由，他们为了称之为“正义”的事情，宁愿去屠杀或去死。真正为真理或正义而牺牲与为恋尸癖欲而去死的区别在于，前者是别无选择，除了放弃正义或真理没有任何其他活路；后者则不同，在这些人的观念中，同一件事达到同样的效果，牺牲越多、代价越大就越值得褒扬。在他们看来，牺牲生命本身就是最崇高的，如果你做了一件了不起的事情，但你没有死，那你的功绩就大为逊色。

弗洛姆讲到20世纪30年代西班牙内战时期，一位将军阿斯特拉到萨拉曼卡大学演讲。这位将军最喜欢的格言是“死亡万岁”。当他演讲时，他的追随者高呼“死亡万岁！”这一口号。这时，该大学校长、哲学家乌纳穆诺站起来说道，刚才听到的是一个恋尸癖的愚蠢的喊叫，这使人讨厌。阿斯特拉将军是一个跛子，他是因战争致残的。不幸的是，现在西班牙的跛子很多。如果得不到上帝的拯救，还会出现更多的跛子。阿斯特拉将军代表了这样一种大众心理的模式：一个精神上的跛子总喜欢通过造成他周围人的肢体残缺来求得某种解脱。显然，这位校长是说阿斯特拉将军不仅在肉体上是残疾人，更是精神上的残疾人。听到这里，将军再也不能控制自己，他高喊：“打倒知识分子！”“死亡万岁！”

随即得到了一阵长枪党党员们的欢呼。但是乌纳穆诺继续说：“这里是知识的殿堂，我是这里的最高牧师，是你们亵渎了这神圣的殿堂。你会获胜，因为你拥有强大而残忍的暴力。但是你征服不了人民的心，因为要使人信服，就要靠说服，而说服则需要理性和正义，这正是你所缺少的。”（都本伟等译，1988，第21—22页）这个例子描述了恋尸癖的表现以及对恋尸癖的最有力的批判。

现代工业社会中的人，深深地被所有机械的东西所吸引，人们关注机械这种死的物远胜于关注活的人，甚至去摧残所有有生命的东西。工业文明中的人就像人以外的整个世界一样，被生活中的、生产中的、管理体系中的各种机器训练得标准化了，成了机器人。尽管这些机器人还有性欲，但他们对异性的兴趣往往被机器的吸引力所削弱。相当多的男人对赛车、电视机、无线电、宇宙飞行和任何一种机械小玩意儿的兴趣，远胜过对女人、爱情和大自然的兴趣。在当今世界，各种新机械层出不穷，机器对生活的重要性比弗洛姆在20世纪60年代所描述的情形还要突出。计算机、电子游戏机进入家庭，甚至可以随身携带，这些机器对生活的意义，似乎比异性伴侣更重要。弗洛姆说他在纽约看到一幅漫画，画的是一个女售货员向一位年轻的女顾客推销一种香水，她介绍道：“它的香味就像一部新型的赛车。”这幅漫画不只是一则聪明的玩笑，它还象征着一种普遍的心态。

现代人似乎总希望找到一个开关，只要轻轻一按，就能得到幸福、爱情和欢乐。许多人去求助于精神分析学家，幻想着精神分析学家能告诉他开关在什么地方，好像他们手中握着一把万能钥匙，只将钥匙一扭，问题就迎刃而解，而他本身则不愿付出任何努力。

我们的文化市场上有许多书籍、报刊、音像制品，就是向人们提供各种“开关”，只要掌握了简单的开关方法，就可以得到一切：爱情、金钱、权力……现代人越来越对操纵机械感兴趣，而生活则是索然无味的，因此对生命漠不关心，只迷恋于机械的东西，最终陶醉于死亡或同归于尽。人的技术能在几分钟之内，穿越数千公里，杀害千百万人，这是多么令人骄傲和陶醉的“壮举”啊！

关于战争，首先要分析其政治经济根源，但也不能忽视在政治经济基础上产生的心理因素的作用。自卫、经济利益、解放、荣誉等以前无数次战争的理由已经不能成为核战争的真正理由。当一个国家的千百万人在数小时内被烧成灰烬，当文化中心被摧毁，侥幸存活的人回到原始野蛮的生活状态，并被肉体的和精神的战争后遗症所折磨的时候，还谈得上什么自卫、利益、解放和荣誉？广岛的原子弹爆炸所造成的影响说明，核战争不仅仅造成一部分人的死亡，那些侥幸活下来的人也会被“魔鬼”缠住不放，甚至给后几代造成残疾或带来疾病等各种痛苦。核战争的结局是同归于尽，不存在胜利者或失败者，这已成为常识。尽管如此，为什么还要持续不断地进行核军备呢？为什么人们不能阻止核军备呢？当然，20世纪90年代以来，随着冷战的结束，核裁军已有了可喜的进展，这是弗洛姆在世时没有料想到的。但裁军进程步履维艰，人类离真正避免战争威胁的前景还遥远得很。为什么不能把庞大的军费开支用于改善生活，而热衷于发展毁灭生命的东西呢？

弗洛姆认为，其中一个重要的心理学原因在于，现代社会的机械化生活方式使我们对生命的体验也日益机械化了，我们只管生产物品，并且崇拜高技术产品。核武器就是一种高技术产品。人们热爱机械装置远胜于热爱生命。同时现代管理系统则把人当作物来管理，它只把人看成客体，只看到人的共同性，只用统计方法来研究大众行为，对活生生的个人，则不感兴趣。现代管理系统的基本特征就是漠视个人的生存状态，漠视个人的喜怒哀乐。人变成了物，因而人的毁灭仅仅是物的毁灭。人们并不热爱生命，在每个人都被当作物来对待的时候，大家就会被死亡甚至共同毁灭所吸引。既然生命已不被看作生命，那还不如死了好，至少死还可以提供一种曾经生活过的证明。当然，这是心理学的解释，而不是当事人自己的解释，就是说当事人在意识层面上不是如此明确的。

在日常的娱乐生活中，电影、画报、报纸都充塞着刺激性的东西，充斥着破坏、虐待、兽行的报道。人们过着无聊而又舒适的生活，没有什么比凶杀更能使人兴奋，不管是谋杀案还是汽车比赛中的伤亡事故。

简言之，理智化、数量化、抽象化、官僚化、物化——正是现代工业社会的特征。当它们被运用于人而不是物的时候，就是用机械的原则代替生命的原则。生活在这种制度中的人对生命毫不关心，却迷恋于死亡。但人们并没有意识到这一点，而是把刺激与兴奋误认为生命的快乐。只因为拥有许多物品，便以为生活得很好，这是在幻觉中生活。然而，对核战争的容忍、冷漠的态度，说明我们已经跌入了死亡的深渊。

在第二次世界大战以后，对生命的漠视，对速度以及所有机械的东西的赞美才日益明显。但早在1909年马里内蒂（F. T. Marinetti，1867—1944）在其《未来主义的创始宣言》中就明确地表达出来了：

（1）我们要为危险的爱情、力量和勇敢而歌唱。

（2）我们诗歌的基本素材将是勇气、挑战和反抗。

（3）迄今为止，文学歌颂的是思想的平静、荣耀和昏睡；我们将赞美攻击性行为、狂热的失眠、快步前进、翻筋斗、打耳光、拳击。

（4）我们宣告，世界由于一种新的美，即速度的美而增添光辉。赛车，带着长长的管子，像喘着粗气的蛇……一辆吼叫的汽车看起来像一颗榴霰弹，比萨莫色雷斯岛的胜利更为壮观。

（5）我们要歌颂操纵方向盘的人，他们驾驭着理想的航船，在围绕地球轨道疾驶的同时，又能使地球停止转动。

（6）诗人必须具备激情和才华，必须慷慨大方，以便为原始的自然环境增添热情。

（7）只有在斗争中才存在美。没有一件杰作不带有攻击性。诗歌必须猛攻那些不可知的力量，使它们屈服于人类。

（8）我们必须站在许多世纪的顶峰……当我们必须冲开不可思议的神秘之门时，为什么还要回头一顾？……我们创造了速度，创造了永恒的现在。

（9）我们要赞美战争——这是有益于世界人民健康的唯一途径——赞美军国主义、爱国主义、无政府主义的破坏性武器，赞美对美的摧毁和对女人的蔑视。

（10）我们要破坏博物馆、图书馆，为反对伦理主义、女权主义和一切机会主义以及功利主义而战。

（11）我们要歌颂沉浸在劳动、娱乐和造反的喜悦中的伟大群众；歌颂现代资产阶级城市中不同肤色、不同语言的人的革命浪潮；歌颂在强烈的令人兴奋的月光照耀下，军火库和工厂在夜间发出震动的声音；歌颂贪婪的车站吞噬着冒烟的长蛇；歌颂因缕缕炊烟而悬挂在云雾中的工厂；歌颂像体操运动员那样跨越酷似尖刀般地沐浴在阳光下的河流上的大桥；歌颂追逐着地平线的冒险的大炮；歌颂奔驰在铁道上的高大的火车头，它们就像拴上长长缰绳的巨大的铁马；我们还要歌颂滑翔的飞机，飞机上螺旋桨的声音既像来自迎风飘扬的旗帜，又像来自热情喝彩的观众。

（孙月才等译，1989，第47—48页）

弗洛姆认为恋尸癖倾向的人存在于所有现代工业社会中。他认为在这方面，苏联的国家资本主义与西方的企业资本主义的相同之处比两种制度所具有的不同特征更重要。这两种制度的共同之处在于官僚机器的运行机制，而且二者都在为全面的毁灭做准备。这是对当年以美苏为代表的东西方冷战的尖锐批评。

与恋尸癖相对立的是恋生癖，是生产性的完整展现。具有恋生癖倾向的人为生命和生命的成长过程所吸引，喜欢创造而不是维持现状，喜欢新生事物而不是因循守旧，以机能的方式而不是以机械的方式对待生命。

纯粹的恋尸癖是变态的、危险的，纯粹的恋生癖则是圣洁的。大多数人的性格处于二者之间或是二者的混合，但有一种占优势。我们可以从《安娜·卡列尼娜》里卡列宁、安娜和渥伦斯基三人的感情纠葛中，看到这两种性格的一些典型特征。卡列宁身上有很多优点，但缺少一种最重要的东西，就是对生命的肯定和热爱；渥伦斯基身上有很多缺点，但他不缺一种最重要的东西，就是对生命的肯定和热爱，正是这一点使他赢得了安娜的爱。

弗洛姆关于恋生癖与恋尸癖的理论来源于弗洛伊德的生本能与死本能的理论。弗洛伊德在第一次世界大战的刺激下，提出了人具有生本能和死本能两种对立力量的理论，试图从心理学的角度解释战争中所表现出的人的破坏行为。在此之前，他认为人所具有的两种本能是性本能与自我本能。第一次世界大战后，他修正了这一理论，认为这两种本能都是为生命或生存的目的服务的，可以统称为生本能，另一种与之相对立的力量是死本能。弗洛伊德在《超越快乐原则》（1920）这本书中阐明了这种观点。他认为存在着一种古老的系统发生学的原则，即“强迫性复归（repetition compulsion）”，就是说生命具有一种复归到先前的倾向，这种倾向最终使有机的生命复归到无机物的初始状态。弗洛伊德指出，如果说生命在不可认识的、遥远的过去，以一种不可想象的方式从无生命的物质中产生出来，这一论点是正确的话，那么，按照我们的假设，本能在那时就已出现了，其目的是再次扼杀生命，重新确立事物的无机状态。如果我们根据自己的这一假设，承认这种本能中所具有的自我毁灭的冲动的话，那么，我们就能把这种动力看作死本能的体现，这种本能在一切生命的发展过程中都是存在的。弗洛伊德认为，死本能既可以向外反对别人，又可以向内反对自己，而且它通常与性本能结合在一起，这在施虐和受虐的性变态中是屡见不鲜的。与死本能相对的是生本能。当死本能起着分离和瓦解的作用时，生本能则起着联结和综合的作用，它将有机物与有机物，以及有机物中的细胞结合起来。这样，个体的生命就成了这两种本能相互争夺的战场。生本能力求使有机体结合到更大的实体之中，而死本能则力求瓦解生本能正在设法实现的目标。

弗洛姆说弗洛伊德是犹豫不决地试着提出了这一新理论，但其理论基础——“强迫性复归”这一假说只不过是一种尚未证明的思辨。事实上，绝大多数人都以顽强的毅力为生存而战斗着，只有在极少数情况下才有人企图毁灭自己。而且每个人所具有的破坏性也大不相同，有一些人具有特别强烈的破坏欲望，但绝大多数人并没有如此强烈的破坏欲。不具有强烈的毁灭他人的欲望，并不意味着一定会具有强烈的自我毁灭的欲望。并不是每个人都具有相同量的死本能，只是向外或向内表现的方向不同。

弗洛姆认为，对弗洛伊德的理论应当进行如下的修正：生本能与破坏性之间、希望生与希望死之间的矛盾，的确是存在于人身上的最基本的矛盾。但是这种矛盾并不是生物学意义上的两种固有的本能，而是指当人未能达到生的目的的时候，死的倾向才显现出来。按照这一观点，死本能是一种有害的倾向，它不断出现并占主导地位，致使生命得不到发展。死本能属于心理病理学，而不是像弗洛伊德所认为的属于正常的生物学。因此，生本能是人的原始性的、主要的潜能，死本能则是人的继发性的、次要的潜能。一旦具备适当的生存条件，原始性的潜能就会得以发展，正如一粒种子只要具备适当的水分、温度等条件就能生长一样。如果不存在适当的生存条件，就会出现恋尸癖的倾向，并且在人身上居于支配地位。

那么，哪些条件会导致恋尸癖倾向呢？从弗洛伊德的观点来看，生本能与死本能的力量是永恒不变的。对于死本能来说，仅仅存在着向外或向内的选择。环境因素只能说明死本能发展的方向，而不能说明它的程度。如果以一种新的观点，即强调环境条件的观点来看，那么究竟是哪些因素促使恋尸癖或恋生癖倾向得以发展？特别是，哪些因素促使特定的个人或群体具有较强或较弱的死之爱的倾向？

弗洛姆说，对于这一重大问题，他不能做出全面的回答，但他试图根据自己从事精神分析的临床经验，以及对群体行为的观察和分析，对这一问题做一些尝试性的回答。

促使孩子热爱生命的最重要的条件是让他与那些热爱生命的人生活在一起。生之爱与死之爱一样具有感染力。它不需要通过语言、解释，更不需要通过诸如“人应该热爱生命”之类的教义来感染人，它是通过手势和音调，而不是思想和语言起作用的。我们可以从一个人或一个群体的整体气氛，而不是从那些明确的原则或规定中观察到这样一种感染力。对于发展恋生癖倾向而言，这样一些条件是特别重要的：在婴儿期间，父母必须给孩子以温暖，并使之与他人亲近；不威胁恐吓孩子，并使其自由地活动；身教重于言教，让孩子获得内心的和谐和力量；用生活的艺术指导孩子；注意他人对孩子的影响以及孩子对他人的反应；找到一种有趣而有意义的生活方式。这些条件的对立面，则会增强恋尸癖倾向：生长在死之爱的人群中；缺乏积极的影响；恐吓；单调、枯燥无味的环境；等等。

从宏观的社会条件看，如果人的大部分精力都用于解决饥饿和安全问题，那么生之爱就会受到抑制，恋尸癖倾向就会发展。发展生之爱的另一种重要的社会条件就是废除非正义。这里所说的非正义是指一个阶级剥削另一个阶级，并且将一种阻碍人的丰富而健康的生命得以充分发展的条件强加于另一个阶级身上。换句话说，就是一个阶级不能与其他阶级分享生活的乐趣。总之，非正义是指这样一种社会状况：人不是他自己的目的，而是他人目的的手段。

有利于恋生癖倾向发展的最后一个重要条件是自由。但这里所说的自由不仅仅是政治自由，仅仅摆脱政治上的束缚还不是恋生癖倾向发展的充分条件。要发展热爱生命的倾向，更需要行动的自由：创造与建设的自由，惊奇与冒险的自由。这种自由要求个人是能动的和负责任的，而不是奴隶或机器上被上足了油的齿轮。

总之，只有在这样一种社会里，热爱生命的倾向才能得到充分的发展：这是一个安全的社会，每个人都具有基本的物质生活条件，一个人可以选择一种有意义的生活，而不必受到饥饿或流落街头的威胁；这是一个正义的社会，没有人成为他人目的的手段；这是一个自由的社会，每个人都有可能成为能动的、负责任的社会成员。弗洛姆强调说，最后一点特别重要。即使在一个既安全又有正义的社会里，如果个人的能动性、创造性得不到进一步发展的话，那么这种社会也不可能促使生之爱的发展。仅仅满足于人不成为奴隶这一点是不够的，如果社会与人都被机器控制，那么后果将是死之爱而不是生之爱。

在讨论了恋生癖和恋尸癖概念与弗洛伊德的生本能和死本能之间的联系与区别之后，弗洛姆进一步讨论了恋生癖和恋尸癖与弗洛伊德提出的“肛门欲（anal libido）”及“肛门性格（anal character）”概念之间的关系。弗洛伊德所说的肛门性格的人具有三种性格特征：整洁、吝啬和固执。整洁包括特别关注身体的整洁，以及特别负责、忠诚、守纪律，其对立面是邋遢和疏忽；吝啬是过分贪婪的表现形式；固执则常常与挑衅、发怒和仇恨联结在一起。这三种性格特征常常结为一体，构成一种性格结构，这就是肛门性格。

弗洛伊德认为儿童的本能欲望是通过身体的一定部位获得满足的，这些部位包括口唇、肛门和生殖器。在不同的年龄，这些部位的意义不同。根据儿童主要通过哪一部位满足本能欲望，弗洛伊德将6岁之前的发展划分为三个时期：口唇期（0—1岁）、肛门期（1—3岁）、生殖器期（3—6岁）。如果在某一时期，儿童的行为受到过分的限制或过分放纵，致使其本能欲望未能得到适当的满足，就可能导致人格发展的停滞或固着（fixation），也可能在人格发展到以后的阶段时，他遇到某种挫折而导致人格的退行（regression），从而形成相应的性格。如1—3岁的儿童，本能欲望的满足，主要通过大小便时所产生的快感来获得。如果这一时期的发展不顺利，特别是父母对其大小便及卫生习惯管制过严，就可能使这一孩子形成肛门性格。他长大后，就表现出过分爱整洁、吝啬、固执等性格特征。

具有肛门性格的人不仅在财产方面特别吝啬，而且热衷于对无用的物质的占有，通常他们还表现出虐待和破坏的倾向。根据弗洛伊德的力比多理论，肛门性格的根源在于肛门期的力比多，即肛门欲，这种欲望与个人童年所接受的排便训练的经历相结合，使得这种人比正常人在成年后表现出更加强烈的肛门欲。

弗洛姆认为，从精神分析的临床资料来看，确实有充分的证据证明存在着这一种性格类型的人。但是，对这一现象的理论解释，弗洛姆却持不同意见。他认为将作为性欲组成部分的肛门欲视为这种性格的根源是缺乏根据的。

弗洛姆说，这种性格的人都对粪便怀着极大的兴趣，但粪便只是他们所感兴趣的无生命事物的一部分。粪便是从人体中排出的废物，但它们对肛门性格的人具有吸引力，并不是因为他们有强烈的所谓肛门性欲，而是因为他迷恋所有无生命的东西，如污物、废弃之物，以及仅仅作为占有物而不是作为生产和消费手段的财产。那么，这种人为什么会对无生命的东西感兴趣？弗洛姆认为应从他的生存环境中去寻找根源，其中父母的性格，特别是母亲的性格起了重要的作用。如果母亲对孩子的排便训练特别严格，并且对孩子的排泄过程表现出浓厚的兴趣，那么这位母亲就是一种对无生命的或死的东西特别关注的人，她的性格影响了孩子。这位母亲往往缺乏生活的乐趣，没有活力，死气沉沉。她的焦虑导致她的孩子害怕生活，从而被无生命的东西所吸引。也就是说，造成肛门型性格的原因并非儿童的肛门性欲在排便训练中受挫，而是由于母亲的性格。母亲对生活的恐惧或憎恨通过对孩子排泄过程的过分关注而表现出来，并以这种方式及其他各种方式影响孩子性格的形成。

所以，弗洛姆将弗洛伊德所说的肛门性格与他所说的恋尸癖性格相提并论，认为二者在性质上是相同的，即都对无生命的、死的东西感兴趣。要有差异也只是程度上的，恋尸癖性格更强烈、更有害些，但二者之间不存在明确的界限。

通过对恋尸癖性格的研究，可以将弗洛伊德早期提出的以力比多理论为基础的肛门性格概念，与他晚年提出的从纯生物学的思辨中推导出的死本能概念联系起来。同样，通过对恋生癖性格的研究，也可以将弗洛伊德提出的生殖器性格与生本能这两个概念联系起来。

所以弗洛姆是在改造弗洛伊德的死本能和生本能、肛门性格和生殖器性格这些概念的基础上，提出恋尸癖和恋生癖这一对概念的。同时这一对概念也是对施虐、破坏、囤积倾向和生产性倾向等概念的发展。

自恋与人之爱

我们已经初步分析过自恋现象，现在我们进一步分析作为人的性格倾向的自恋。

几乎每个人都程度不同地保留着一定程度的自恋。如特别得意、特别欣赏自己的容貌、身材，甚至身体的某一部分（如头发、鼻子、手指、生殖器等）。大多数人都特别反感别人的排泄物，而不介意自己的排泄物。有些人甚至喜欢看或嗅自己的排泄物，似乎自己的汗味和脚臭混合着诱人的芳香。同样的事物，与自己的身体有关的，就是令人愉快的，或者不觉得它会引起什么不愉快；而与别人身体有关的，则是令人厌恶的。除了身体，自己的占有物、出身、经历、才智、成就、名誉等也可能成为人自恋的根据。

有一则笑话，讲一位作家会见一位朋友，很长时间作家都是谈自己，谈完后说："关于我自己，我已经谈得够多了，现在让我们谈谈你，你是如何喜欢我最近出版的那本书的呢？"这种人就是只专注于自己，很少关注别人。即使愿意帮助人、有同情心，也是为了看到自己的作用，为了得到对自己的称赞。自恋倾向较严重的人往往有类似于这种情形的表现，如在吃饭时总是不停地说呀说，忘记了吃饭，使一起吃饭的人不得不等着他。缺乏对外部世界的兴趣是自恋的一个重要特征。

在不太严重的限度内保留一定的自恋，是正常的，是他人或社会能够接受的。但严重的自恋可能导致自我毁灭。西方历史上最早的关于自恋现象的描述是一则著名的希腊神话。美少年那喀索斯（Narcissus）对美丽的回声女神厄科（Echo）的爱无动于衷，却迷恋于湖中自己的倒影，在自我欣赏中一头扎入湖水中淹死了。这个神话令人想起生活中的一些女人（也有男人）每天要在镜子前花很多时间打扮，她被自己迷住了，对自己形象的爱慕达到了难以自拔的程度。时间一长，她的结果也同那喀索斯一样不幸，她很可能会患上严重的抑郁症。这是缺乏对外部世界的兴趣而过于关心自己的结果。

自恋的实质是不能客观地看待自己、世界和他人，表现为过高地评价自己或自己的占有物，而对他人和外在世界则评价过低，甚至视为自己的附属品或工具，好像自己无所不知、无所不能。这就严重地损害了理性的发展。自恋者往往最不能容忍批评，哪怕是客观的、善意的忠告，也被看成恶意的攻击。如果有可能，特别是手中有权的时候，他就会置批评者于死地。

自恋的对象除了自己及占有物，还可能是与自己关系密切的人。许多父母认为自己的孩子是最漂亮、最聪明的。特别是母亲，往往一谈起自己的孩子就精神振奋，没完没了地谈自己的孩子如何了不起，即使所有人都不耐烦了或不以为然，她也不在意。

爱情也往往带有自恋的性质。恋爱中的男女，一旦把对方视为“我的”，就把自己所喜欢的一切美好的品质赋予对方，好像对方真是理想的恋人，真的具有那些美好的品质，真的是另一个“我”。

因此，自恋是一种普遍而强烈的情感。从生物功能上讲，它可以与求生欲和性欲相提并论，就是说，缺乏自恋是危险的。自然赋予了人以自恋的特征，使人能够为生存做些必须做的事情。因为人不能像动物那样靠本能生存，在人的生活中，本能大大地失去了有效性，这样，自恋就承担了这种非常必要的生物功能。弗洛姆的这种观点与他关于性格的功能的理论是一致的。只是在这里，他既然把自恋看成是自然赋予人的，并且具有生物上的功能，那怎么将其与人的本能区分开呢？既然不把它看成本能，就不能说它是自然赋予的。这里，弗洛姆是否陷入了概念的混乱呢？

个人一方面要自我保护（自恋具有自我保护的功能），另一方面个人只有与社会结合起来、与群体结合起来，才能生存。孤独一人，既不能与大自然的威胁相抗衡以保护自己，也不能完成许多只能在社会组织中才能完成的工作。自恋超过了一定限度，就难以与他人合作，不能适应社会生活。

于是，我们的分析就陷入了自相矛盾的境地，即自恋既是生存所必需的，又是对生存的一个威胁。解决这一矛盾有两种途径：一、自恋的倾向不应越来越强，而应越来越适宜，即自恋的程度要减少到不妨碍社会合作的范围内；二、个体自恋要转变为部落、国家、宗教、民族等的群体自恋，自恋的能量要用于社会群体的利益上，而不是用于个人利益上。

个体自恋可以通过转变成群体自恋而得到“合理”的满足，同时也能避免被孤立的危险。当一个人说“我”如何聪明、善良、勤劳、勇敢、伟大，别人都如何愚蠢、恶毒、懒惰、怯懦、渺小时，他是令人生厌的。但他把“我”换成“我的国家（或民族、宗教和政治团体）”，并对其他群体加以贬斥时，他就会受到拥护。一个有天赋的自恋者，往往就这样成为一个领袖，如希特勒就鼓吹雅利安人是最优越的人种，犹太人是最坏的人种。

相应地，我们的分析也应从个体自恋的生物学功能，转到群体自恋的社会学功能。一个群体要存在下去，在很大程度上依赖于其成员的群体自恋，即将自己所在的群体看成比其他群体更具有优越性。如果缺乏这种自恋，那么就缺乏推动群体活动所必需的动力，更缺乏愿意为群体做出牺牲的人。

尤其是在一个大多数人都处在贫困状态，同时人的才能又得不到发展的社会，如果要防止人们的不满，就必须鼓励群体自恋。因为在经济上和文化上贫穷的人，他们从自恋中得到的满足往往是唯一的满足，这种满足可以有效地避免他们对社会的不满。他们把自己吹捧成世界上最令人羡慕的人：“尽管我贫穷或没文化，但我是重要的人物，因为我属于世界上最令人羡慕的群体。”

16、17世纪路德教派和天主教之间的仇恨，依靠的都是盲目信仰的力量，而盲目信仰的心理根源则在于群体自恋：“我们”是令人羡慕的；“他们”是卑鄙的。任何对于自己教义的批评都被认为是恶毒的和令人难以忍受的攻击，而自己对别人（信仰其他教义的人）的批评则是善意的，是为了帮助他们皈依真理（都本伟等译，1988，第68—69页）。

自文艺复兴以来，有两种强大的对立力量：群体自恋与人本主义，不幸的是，群体自恋的力量大大地超过了人本主义。中世纪后期和文艺复兴时代的欧洲，似乎已经为政治和宗教的人本主义的出现做好了准备，但其未能成为现实。群体自恋以各种新的形式在以后的几个世纪出现并占统治地位。

群体自恋可概括为各种形式：宗教的、国家的、民族的、政治的等。新教徒对天主教的反叛，法兰西与德意志的对抗，白种人对黑种人的敌视，雅利安人与非雅利安人的矛盾，冷战时期两大阵营的斗争，等等，不管它们的内容有多么不同，但在心理学上都是同样的自恋现象，这种自恋或盲目的信仰会导致毁灭……希特勒的种族主义、斯大林的党派崇拜（集中表现在“大清洗”时期）、穆斯林和印度教的宗教狂热、西方反共产主义的狂热等，这些不同形式的群体自恋给世界带来了严重的灾难和破坏（都本伟等译，1988，第69页）。

群体自恋与个体自恋一样，最明显的症状是缺乏客观的或理性的判断。如白人对黑人的看法、纳粹分子对犹太人的看法，都是歪曲的。在政治运动中，缺乏客观性的、以自恋为基础的自我夸大，往往会导致灾难性的后果。特别是在战争年代，自恋可能导致毁灭。早在第一次世界大战前，法国就声称法国军队不需要很多重型大炮和机枪：法国士兵最具有勇敢和冒险精神这些美德，所以只用刺刀就可以打败敌人。结果成千上万的法国士兵被德国的机枪扫射而纷纷倒下。是德国的战略失误以及后来美国的援助才把法国从失败中解救出来。第二次世界大战中，德国人犯了同样的错误。希特勒这个极端自恋的人，激起了成千上万德国人的自恋，他们过高地估计了自己的力量，过低地估计了美国的力量和俄国冬天的气候条件。尽管希特勒聪明过人，但他不能客观地分析形势，以为自己的统治意志可以支配一切。

群体自恋往往是战争爆发的原因之一，而战争一旦爆发，各国政府又试图激起大众的更强烈的国家自恋，以此作为他们成功地进行战争的一个必备的心理条件。

在群体自恋蔓延的同时，它的对立面——人本主义也得到了发展。从斯宾诺莎、莱布尼茨、卢梭、康德，到歌德和马克思，这一思想得到了发展，即人生而平等，每个人都应得到尊重，任何享有权力的阶层都不能声称他们的特权建立在他们固有的优越性上。人本主义精神，在今天的世界普遍地受到重视。即使在压制这种思想的国家，它也越来越被更多的人接受，并成为人们的基本信念。

其次，科学思想的传播抵制了自恋。科学要求客观，要求按世界的本来面目看世界，而不能用自己的欲望和恐惧去歪曲世界。它要求尊重客观实际，抛弃全知全能的幻想，要求实事求是地对待批评、实验、证据等，要求对事物持怀疑和批判态度，这一切既是科学思维本身的方法和特点，又对当代人本主义的发展起了促进作用。科学主义与人本主义是有内在联系的，大多数杰出的自然科学家都是人本主义者，这不是偶然的。但是弗洛姆认为，大多数西方人虽然在中学和大学里接受了科学教育，却未能形成一种科学的态度，即用科学的眼光看待宇宙人生的态度，甚至自然科学领域的大多数专家也只能算是技工（都本伟等译，1988，第70页）。所以大多数"受过教育"的人仍然容易被卷入，甚至积极地去推动群体自恋的浪潮。同时科学似乎又创造了一个新的自恋对象——技术。现代人因为自己成了以前做梦也想象不到的物质世界的创造者，成为无线电、原子能、空间技术的发明者，甚至因能成为整个地球的潜在的破坏者而感到自豪。因此，我们的教育不仅要注重知识、技术的教学，更要注重科学态度的培养，使年轻人形成尊重事实和真理的态度。这样，科学和教育就会为克服自恋做出更大的贡献。

教育还有一个重要职能就是传播人本主义思想。教育可以帮助人们关注人类的命运，强调人类所取得的成就，把自己国家的成就与人类文明的进步联系起来，同时学习其他国家的成就。当然仅仅通过教育并不能迈进人本主义的社会现实，只有当社会的基本的经济、政治和文化发生了整体变革，教育才能充分发挥它的作用。

关于人类不平等、一部分人剥削另一部分人的合法性，已经受到怀疑和猛烈冲击。资产阶级革命、社会主义革命以及殖民地人民的革命，都以“人的平等”的信念为基础。爱邻人、陌生人，甚至爱敌人，这种古老的宗教理想，尽管离现实还十分遥远，但还是可以看到人类正在朝这个方向努力，并已取得可喜的成就。

共生–乱伦的固着与独立性

退化综合征的第三大症状是共生–乱伦的固着。固着或固着作用是弗洛伊德的重要概念，指由于压抑的作用，人的心理没有随年龄的增长而发展，而是停滞在童年时期。男孩强烈地依恋母亲，这种依恋是以性欲（即乱伦的欲望）为基础的。这种欲望必然受到压抑，但并没有消失，于是形成恋母情结（俄狄浦斯情结），这种“情结”很多人不能克服。人尽管在年龄上已是成人，在性格上却还是孩子，在情感上依附于母亲。这种现象叫作“乱伦的固着”。在弗洛伊德看来，人如果总把自己与母亲（或母亲的替代者，如祖母、姨妈、与母亲形象混淆在一起的性伴侣）联系起来，也可以说把自己与女人联系起来，就会妨碍人的能力的发展，削弱人的独立性，使人的有意识的目标与这种受压抑的乱伦依附关系之间发生冲突，从而导致心理疾病。

弗洛伊德晚年也承认，女孩也强烈地依附母亲，而这种依恋显然不能用性来解释，但他并未因此改变他的以上基本观点。弗洛姆认为，用性本能来解释乱伦现象削弱了弗洛伊德伟大发现的科学性。

在弗洛姆看来，无论男孩女孩都希望得到母亲的保护和爱，这首先是由婴儿的软弱无能的生存状态决定的，因而不能用性本能来解释。成年人渴望回到母亲的怀抱，回到婴儿状态，甚至回到子宫，是为了避免社会生活中的孤立、挫折和危险。成年人的这种愿望更强烈，因为他比婴儿更能意识到生活的艰难，意识到自己不能控制的自然和社会力量、不能预知的偶然事件、不可逃避的疾病和死亡。这种与母亲的依赖关系，弗洛姆称其为共生-乱伦的固着。共生就是相互依赖，不能分开，而乱伦主要不是性意义上的。弗洛姆的乱伦概念远远超出了“乱伦”这个词本身所能包含的意义范围，因为它既包括女人对母亲的依恋，也包括男人对母亲的非性意义的寻求保护的愿望。

但母亲在绝大多数情况下要先于子女去世，因此，人就需要一个不朽的母亲形象。此外，只依恋自己的母亲，就与有不同母亲的其他人疏远了。然而，如果整个氏族、民族、种族、国家、宗教或上帝成了人们共同的“母亲”，那么，对母亲的崇拜，就超出了个人的范围，崇拜同一个母亲偶像的所有人就团结起来了。对于群体共同“母亲”的赞颂使人们的思想和行动统一起来。对伟大母亲的崇拜，对圣母玛利亚的崇拜，对民族主义和爱国主义的崇拜，都证明了这种崇拜的狂热程度。只要对社会历史稍加考察，就很容易发现，对母亲形象的强烈固着，即对家庭、氏族、民族、国家、故土、宗教、政党等可以象征母亲的形象的热爱，是维系人们之间密切关系的强韧纽带。

对母亲的依恋在一定的限度内是正常的、常见的。每个人都需要得到母亲般的保护、抚养、关怀，如果得不到这种爱，就会感到焦虑和沮丧。当这种依附不太强烈的时候，就不会损害男人的性的和情感的力量，也不会损害他的独立性和尊严。也许，在大多数男人身上都保留着恋母成分，以致总希望在所爱的女人身上找到母亲的形象。

如果乱伦的固着十分强烈，这样的人一方面强烈地依赖母亲形象，另一方面又怀着强烈的恐惧感。越是依赖，越是害怕失去，害怕被抛弃。最残酷的事莫过于被“母亲”指责为叛徒从而失去“母亲”的保护。

共生–乱伦的固着与人的独立和尊严是对立的。依附于“母亲”的人不具备独立的人格，不能自由地确定自我，不能坚持自己的信仰，也不能自由地承担义务，总是被关在母亲的温柔的牢笼中，不允许自由，甚至不允许死去。

人必须为这种固着找到一种合理的解释，才能心安理得。常见的理由是：我是母亲所生，母亲遭受了那么多痛苦，为我做了那么多事情；我的母亲是世界上最好的，我没有理由不崇拜她、服从她、把一切都献给她。如果固着的对象不是亲生母亲，而是国家，那么，个人与国家的关系就像子与母的关系一样，个人的一切都属于国家，个人的全部价值就在于把自己无条件地奉献给国家，而国家可以向你提供一切，除了独立和自由。

恋尸癖、自恋和共生-乱伦的固着，在不太严重的情况下，彼此往往不会结为一体。这三种倾向越是严重，联系就越紧密。自恋与乱伦就有紧密的联系：正因为依附于母亲，所以不能自由地与他人建立联系和热爱他人，这样，自己和母亲（作为一体）都是自恋的对象。同时，渴望回到童年，回到母亲怀里甚至子宫里，也就是渴望回到过去，这与生命的成长趋势是对立的，因而也就意味着渴望死和破坏。加上极端自恋往往意味着对他人和世界的仇恨，所以乱伦、自恋很容易和恋尸癖结合起来。当这三种倾向的极端形式混合在一起时，就是弗洛姆所称的"退化综合征"。"退化综合征"的极端的、大规模的发作就是战争，这时，种族优越、国家利益、神圣的教义等等都可以成为"合理"的借口。

同时，恋生癖、爱、独立性的完美结合被弗洛姆称为"成长综合征"。按弗洛姆的原意，"恋生癖""成长综合征"是最健康的，用病理学的术语来表示有些令人费解，实际上这些词是弗洛姆为他的二象理论模式而杜撰出来的。

大多数人处在成长综合征和退化综合征之间（参见下图）。

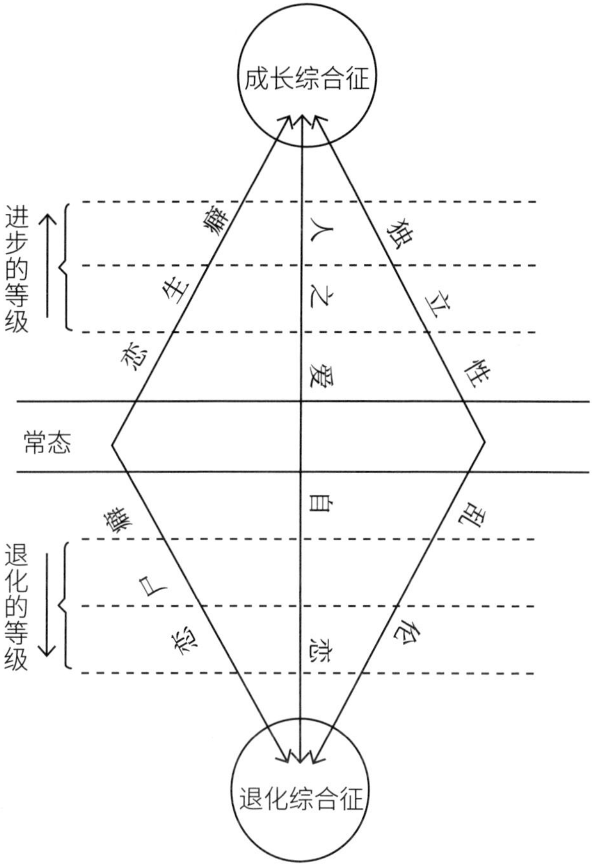

图1　成长综合征与退化综合征

退化综合征和成长综合征理论是弗洛姆从病理学的角度对人的性格类型所做的进一步阐述。

5　两种价值取向：占有与存在

弗洛姆在其后期著作《占有还是生存》（1976）中，将人的生存方式区分为重占有的生存方式和重存在的生存方式。前者关注的是占有对象（包括物、人、精神），我不是我自己，而是我所占有的对象所体现出的我（关山译，1989，第83页）。重占有的人在学习中特别用心记住老师和书本上的话，将知识储存在脑子里，不会用自己的理性去发现知识的内在逻辑并有所创造。在情感生活中，重占有表现为对“爱”的对象的限制，把子女视为自己的私有物，把婚姻视为占有对方身体、情感和注意力的专有权的保障，有的人则频繁地更换伴侣，像追求尽量多的财富一样追求尽量多的异性，却从未爱过一个人。

重存在的生存方式则关注生命的存在本身，以人的潜能（爱和理性）的实现为生存的目的。

以几首诗为例

为了说明重占有与重存在这两种生存方式的区别，弗洛姆曾以两首内容近似的诗为例。这两首诗是铃木大拙在他讲“论禅宗”（1960）一课时所引用过的。其中一首是日本诗人松尾芭蕉（1644—1694）所写的俳句，另一首是英国诗人坦尼森（A. Tennyson，1809—1892）写的。两首诗描述的是同一种经验，即他们在散步时对一朵花所做出的反应。坦尼森的诗是这样的：

在墙上的裂缝中有一朵花，

我把它连根一起拿下。

手中的这朵小花，

假如我能懂得你是什么，

根须和一切，一切中的一切，

那我就知道了什么是上帝和人。

而芭蕉的俳句则是这样的：

凝神细细望

篱笆墙下一簇花

悄然正开放！

不同之处显而易见。坦尼森对花的态度是想要占有它。他把这朵花连根拔起，他对花的兴趣所导致的后果是他扼杀了这朵花，虽然他的理性还在奢谈什么这朵花可能会帮助他理解上帝和人的本质。在这首诗中，诗人就像是西方的科学家一样，为了寻找真理不惜分解生命。

芭蕉对花所做出的反应完全不同。他不想去摘取它，甚至连动都没动它一下。为了“看”这朵花他只不过是“细细望”。

铃木说："芭蕉可能是走在一条土路上，发现了在远处的灌木丛中隐隐约约有一个什么东西，他走近仔细一看，原来是一朵野花，一朵通常不为过路人注意的普普通通的野花。诗中所描述的只是一个简单的事实，没有表达出什么特别的诗情。但是，全诗的最后两个音节是以日语中的'kana'结尾的，这也许表达了诗人的情感。在日语中，这个小品词往往是与一个名词、形容词或副词连用，用来表示某种惊羡、赞美、痛苦或者快乐的情感。在翻译中用一个惊叹号来表示这层意思是相当贴切的。在这部俳句作品中，全句就是以惊叹号来结尾的。"

坦尼森为了理解人和自然界一定要占有这朵花，他占有了它也毁灭了它。而芭蕉却只想观看这朵花，而且不仅仅是看，他想与其成为一体，让它去生长（关山译，1988，第20—22页）。

歌德的一首题材相似的诗体现了与坦尼森和芭蕉的不同：

我在树林里
茫然漫游，
我的思路里
无所寻求，
我看到荫处
小花一朵，
好像是明星
又像明眸。

我想采下它，
它婉言道：
难道采下我，
让我枯掉？

我于是把它
连根掘起，
带回家中去，
放在园里。

拣了个幽处，
把它种下；
它长出新枝，
继续开花。

（歌德著，钱春绮译，1982，第34—35页）

歌德没有什么目的地去散步，一朵小花却引起了他的注意。和坦尼森一样，他内心里也产生了想要去摘取这朵花的念头。与坦尼森不同的是，歌德意识到这样做就意味着它的死亡。在他看来，这朵花是如此活泼可爱，以至于它竟开口与诗人说话而且还警告他。歌德解决这个问题的方法与坦尼森和芭蕉都不一样，他把这朵花挖出来移植到花园里去了，以便让它继续生长。从某种程度上讲，歌德介于坦尼森和芭蕉之间，但是在关键时刻他对生命的爱比纯粹的求知好奇心更强烈。这首美好的诗篇充分体现了歌德对待研究自然界问题的基本态度。

坦尼森与花的关系是以重占有或者说占有欲望为特征的。这种占有不仅仅是对物的占有，而且包括对知识的占有。芭蕉和歌德与花的关系是以重存在为主要特征的。所谓存在（being）是指一种生存方式，选择这种生存方式的人不占有什么，也不希求去占有什么，他心中充满欢乐，生产性地去发挥自己的能力并与世界融为一体。歌德是生命的热情的守护者，他反对一切肢解人或把人机械化的行为。在许多作品中，他都反对占有而坚决站在存在的一边。在《浮士德》中，他对占有与存在这两种生存方式之间的冲突进行了戏剧性的描绘。魔鬼靡非斯陀，就是占有这种生存方式的化身。

就其精神而言，一个以人为中心的社会与一个以物为中心的社会之间的区别，就是存在与占有这两种生存方式之间的区别。占有取向是西方工业社会的人的特征。在这个社会里，生活的中心就是对金钱、权力和荣誉的追求。在一些异化程度较低的社会里，比如说中世纪社会、祖尼人社会，以及尚未被今天的“进步”思想所传染的一些非洲部落，他们都有自己的芭蕉式的诗人，也许工业化了的日本已有了自己的坦尼森。

在这里，弗洛姆又一次用过去的、落后的社会模式批判现在的社会，并表现出他把前工业社会理想化的倾向。

弗洛姆明确指出：一、占有与存在是两种基本的生存方式，是对于世界及自我所采取的两种不同的价值取向，也是两种不同的性格结构，而性格结构决定着一个人的思想、情感和行动。二、在重占有的生存方式中，人与世界的关系是一种据为己有和占有的关系。在这种情况下，“我”要把所有的人和物，包括自己都变成“我”的占有物。三、在重存在这种生存方式中，要区分存在的两种形式。一种是指占有的对立面，它意味着生产性，意味着人与世界的一种真实的关系；另一种是指现象或外表的对立面，即与有欺骗性的现象或外表相反，强调一个人的本质及现实性。

崇尚生命的伟大哲人，其世界观都是以占有还是存在这一选择为核心的。佛说，谁想要达到人的发展的最高阶段，就不会去追求占有。耶稣说：“人若赚得全世界，却丧了自己，赔上自己，有什么益处呢？”埃克哈特教士说，不要占有什么，要使自己变得开放和“空”，不要因自我而阻碍了自身的发展，这些都是获得力量和精神财富的先决条件。马克思说，奢侈如同贫穷一样都是罪恶，我们的目的必须是充分地去存在而不是去占有（关山译，1989，第19—20页）。重占有与重存在这两种生存方式的区别，以及死之爱与生之爱这两种不同形式的爱，是人类生存的至为关键的问题。重占有与重存在是人对生活的两种根本不同的体验，它决定着个人的性格结构。

现代人的贪婪

现代社会是一个完全以追求占有为宗旨的社会，重存在的生存方式的例子极为罕见，绝大多数人都把占有看作一种自然的、唯一可能的生活方式。这使得人们特别不容易理解这只是一种价值取向，特别不容易理解居然还有另一种活法。现代社会是建立在私有财产、利润和强权的基础上的。生活在这样的社会里，人们的判断带有极大的偏见。捞取、占有和获利是现代人的不可转让的、天经地义的权利。财产是怎么来的并不重要，财产也没有与一定的义务联系起来。大家遵循的原则是：我的财产从哪里来的、怎样来的，以及我要用它做什么，与其他人没有任何关系。只要我不触犯法律，那我的权利就是无限的和绝对的。

这种财产所有制称为私有制，它排除了别人使用和享受这些财产的可能性，而使“我”成为财产的占有者和唯一的主人。这种占有形式被看成是自然的、普遍的，但实际上它并不是普遍现象。在史前时代，或在西方以外的社会中，除了私有财产的概念之外，还有这样一些概念：自己创造的财产，是指自己劳动的结果；有限财产，受要帮助别人的义务的限制；功能性财产或者个人财产，包括工具、一些日用品和享受品；共有财产，例如以色列的集体合作社，集体本着兄弟友爱的精神来分享共有的物品。

财产上的富有者在一个社会中是少数，但大多数人仍然有占有的体验。首先，他们毕竟还占有某些东西，就像富有的人迷恋其资本一样，他们也迷恋自己的那些微不足道的所有物。其次，他们也一心想着保住自己的财产并让其增值，哪怕是微小的增值。最强烈的感受大概还不在于对物的占有上，而在于对生命的占有。

在父权制社会里，即使是最穷的男人也占有女人、孩子、牲畜，他可以自以为是绝对的主人。对于这样一个男人来说，他起码可以拥有众多的子女，这是不需要劳动和投资就能加以占有的唯一途径。在父权制社会里，妇女不得不全部承担抚养孩子的重负，这样，生育后代的活动也是对妇女的一种剥削。同时，在子女尚未长大之前，母亲也是其子女的占有者。这是一种恶性循环：丈夫剥削妻子，被剥削的妻子又剥削自己的孩子，而男孩子成年后又加入到父亲的行列，转过来剥削妇女。

这种男人占统治地位的父权制社会持续了5000多年之久。虽然这种制度已经开始瓦解，但尚未完全消失。在较穷的国家里和富国的下层阶级中，这种现象尤为明显。这种对人的父权制的占有形式逐渐被淘汰了。在发达的工业国家，一般公民仍怀着强烈的积累、保持和增值自己财产的欲望。人们把占有的范围扩大了，除了财产，对朋友、情人、旅行、艺术品都可以占有，连上帝和自我也不例外。

自我成为一种重要的占有对象。对自我的占有，意味着有权利用自我的一切来使自己获得成功。自我包括许多东西：自己的躯体、名字、社会地位、自己的占有物（包括知识），以及自己头脑中形成的各种观念。这些东西都成为我们的占有物，它们成为我们体验自我价值的基础。

在20世纪以前，人们往往把自己所占有的一切都保存起来，尽可能长久地使用这些东西。购买一件物品的目的是保留它。那时人们的座右铭是："东西越旧越好！"到了20世纪，人们买来物品却是为了扔掉它。今天的口号是："消费，别留着！"不管是一辆汽车、一件衣服，还是一台技术设备，人们买来使用一段时间之后就开始厌烦了，并急着要用一种新的型号或款式来取代旧的。购买—暂时地占有和使用—扔掉或卖掉—买进新的，如此循环往复。今天的座右铭是："东西越新越好！"

能反映今天这种消费特点的最好例子就是对小汽车的占有关系。汽车工业在经济体系中的地位举足轻重，人们的生活在相当大的程度上也离不开汽车。我们这个时代可以称作"汽车时代"。对那些已经占有一辆汽车的人来说，这种占有是生活所不能缺少的；对于正在努力去争取占有一辆汽车的人来说，汽车是幸福的化身，特别是在一些发展中国家更是如此。但是，对自己所拥有的汽车的喜爱从来不是持久而强烈的，往往只持续很短的一段时间，因为人们总是频繁地更换自己的汽车。一两年后，人对旧车厌烦了，就想换一辆新的，而且希望尽可能做成一笔好买卖，卖得高兴，买得痛快。从这种"好买卖"中，人们同样也获得了享受，而且这种享受比买卖的结果——一辆崭新的汽车所带来的还多。

一方面，小汽车作为占有的对象而被占有；另一方面，人对每一种车型的兴趣又那么短暂，这二者之间似乎存在着十分明显的矛盾。要想解开这个谜，必须从以下几个因素去考虑。第一，人与小汽车的关系是非人化的。小汽车不是我所迷恋的一个具体对象，而是我及我的社会地位的象征，是我的权力的扩展。通过购得一辆小汽车，我实际上也就购得了部分新的自我。第二，与从这种买卖获得的好处联系在一起的获利兴趣也成倍增长。每两年换一次汽车，这种据为己有的行为是一种掠美行为，它增强了对物体的支配感，这种体验的次数越多，人的支配感也就越强。第三，小汽车以旧换新，使人有可能从中获利，获利的意识深植于现代人的心中。第四，人需要寻求新的刺激，因为现有的刺激在很短的一段时间后就会变得平淡乏味。第五个因素是最重要的因素，就是从19世纪到20世纪，人们的性格逐渐从囤积型转变为市场型。重占有的倾向并没有消失，只是在形式上发生了变化（关山译，1989，第79页）。

人们对与之关系密切的他人也有占有感，如对医生、牙医、律师、上司、工人等等，都有一种占有感。人们常说：我的医生、我的牙医、我的老板……除了人以外，各种事物，甚至情感，都会作为一种占有物被体验，比如说健康和疾病。人们在谈到他们的健康状况时，往往带着一种占有感的口吻：我的病、我的手术、我的治疗、我的节食、我的药……很明显，健康和疾病作为一种占有物被体验。不良的健康状况就像部分亏损的股票，是人所持有的财产的一部分。人的习惯也作为一种财产被体验，比如一个人每天早上定时吃同样的早餐，这一惯例稍加改变他就觉得受了干扰，因为习惯已经成为他占有的财产的一部分，失去它就意味着自己的安全受到威胁。

重占有的生存方式是从私有制派生出来的。在这种制度下，把物据为己有并将所获得的东西保存下去，被认为是理所当然的权利。这种占有取向是排斥他人的，我也不需要再付出任何努力来保持我的财产并创造性地利用它。这种心态在佛教中被称为欲念，在犹太教和基督教里被称为贪婪。它使一切都变成死物，变成我所支配的对象。

“我有某物”这句话反映出主语我（或你、他、我们、你们、他们）与宾语之间的关系。这句话包含有这样一层含义：主语和宾语都是持久不变的。但实际上这不是不变的。我将会死亡，我也会失去能保证我拥有这些东西的社会地位；宾语，即有的对象，也不是永恒的，它可能遭到破坏、被遗失或丧失其价值。永久地占有某物这种说法是建立在存在着某种永恒的、不可毁灭的物品的幻想之上的。看起来我好像拥有一切，实际上一无所有，因为我所有的——所占有的和所统治的对象都是生命过程中暂时的瞬间。

“我（主语）有某物（宾语）”这句话的最终意思是说：我的自我的规定性是由我所占有的对象来决定的。我不是我自己，而是我的占有物所体现出来的我，我所占有的财产是对我和我的特点的解释和说明。

“在重占有的生存方式中，在我与我所拥有的东西之间没有活的关系。我这个人变成了物，就像我所有的东西一样。我之所以拥有这些东西，是因为我有可能随意支配它们。可是，反过来说关系也是这样，物也占有我，因为我的自我感受和心理健康状况都取决于对物的占有，而且是尽可能多地占有。在这种生存方式中，主体与对象之间的关系不是一种活的、创造性的关系。这种生存方式使主体和对象都成为物。两者之间的关系是死的、没有生命力的。”（关山译，1989，第83页）

重占有的生存方式必然会产生对强权的要求。当占有的对象涉及生物时（特别是动物和人），就会遭到被占有者的反抗。因为按照其自然本性成长，是所有生物共同的趋向。当一种占有、支配、控制的力量作用于它（他）时，就会遭到它（他）的自然本性的反抗，不管是公开的、有效的、直接的、积极的反抗，还是间接的、无效的、无意识的反抗。如孩子的反抗形式就多种多样：无视爱清洁的训诫，吃得过多或过少，攻击性，虐待心理，自我毁灭行为，等等。最常见的一种反抗形式是一种总体上的“消极怠工式的罢工”——对外界不感兴趣、懒惰、消极以及种种病态的慢性自我毁灭行为。为了占有某一生物，就要对付它（他）的反抗，就要运用暴力。私有制要求暴力的存在，以防备那些想要夺走财产的人。想要拥有私有财产的愿望会唤起我们使用暴力公开地或悄悄地压制他人的愿望。在重占有的生存方式中，一个人的幸福就在于他能胜过别人，在于他的强权意识，以及能够侵占、掠夺和统治他人。在重存在的生存方式中，幸福就是爱、分享和奉献。

占有人、统治人，往往集中体现在对其性欲的压抑。但想要在性生活上压抑人的意志又是最困难的事，因为性欲是一种强烈的本能力量，这一愿望不像其他愿望那样能够为他人所压制。正因为如此，性欲所遭受的压制比人的其他任何要求所遭受的压制都要强烈。对于性行为的诋毁形形色色。性要求不仅在道德上受到谴责（性欲本身就是恶），而且还被以健康的理由说是不好的（性生活有损健康）。一切威权制社会的官方意识形态都压抑人的性欲，实际上是压抑人民大众的性欲，以便使统治者尽可能多地占有异性（女性）。教会也诋毁性生活，如果它的目的不是繁衍后代。

压制人的性欲的种种努力不仅仅是针对性欲本身的，其根本原因在于毁灭人的意志，使他人容易变成占有的对象。在原始社会里，性生活上没有禁令。因为那里没有剥削和压迫，所以无须去毁灭他人的意志，性欲不被视为不好的东西而遭到谴责，人可以没有任何罪恶感地从性生活中获得享受。但在这些社会中，性自由并没有导致无节制的性生活，男女双方在短期的性交往之后便结为一对，并没有更换对象的要求。然而，一旦爱情消失，他们又可以不受任何约束地分手。在这些不是以占有为价值取向的社会里，从性生活中所获得的快乐不是占有欲带来的，而是存在的表现。但弗洛姆同时强调，这并不是说我们应该回到原始社会中去。即使我们想回去也回不去。原因很简单，因为文明所带来的个体化以及人与人之间关系的疏远化，使我们所说的爱与原始社会中所说的爱已有完全不同的含义。我们只能进一步发展，不能倒退回去。但有一点是肯定的，即新的生存方式将排除性关系中的占有欲，这种性占有欲是所有以占有为价值取向的社会所特有的。

弗洛姆针对20世纪西方出现的性解放运动以及性革命学说指

出，突破性关系上的禁锢本身并不会带来更大的自由。从某种程度上讲，这种造反会使人被性满足的海洋所淹没，随之而来的却是罪恶感。只有在内心达到一种独立的境界时，人们才会打开通向自由的大门，才能不去一味地追求那种局限在性领域里的、不会有任何结果的造反。对于所有其他的意欲重新获得自由的尝试来说也是这样，不能以为做了被禁止的事就万事大吉了。禁令会引起性狂热和性反常行为，但是，性狂热和性反常行为不会带来自由。

通过占有，人们还可以获得一种“不死”的幻觉。根据经验，我们知道自己将会死亡。但是，尽管经验能证明这一点，我们仍然想尽各种办法使自己相信，我们是不死的。这一意愿有多种表现形式：古代埃及的法老们相信，他们埋葬在金字塔里的尸体是不死的；关于死后生活的许多宗教幻想，比如说幸福地生活在绿色的狩猎场上；基督教和伊斯兰教所说的天堂；等等。荣誉、名声，甚至是恶名，简而言之，只要能出现在史书中的一个脚注里，也象征着一点儿永生不朽。在极端情况下，有人把这种追求当作一场大赌博：要么流芳千古，要么遗臭万年。对于荣誉的追求，不仅仅是一种世俗的虚荣，对于那些不再相信传统的彼岸世界的人来说，这种追求也是一种信仰。在一些政治家那里，这一点表现得尤为明显。别出心裁地扩大影响是为不朽铺平道路；同时，这种追求也与现实的功利相联系。

当然，占有财产比其他任何东西都更能满足不死的要求，所以重占有的价值取向是如此强有力。假如我的自我等于我所占有的东西，那么，只要这些东西还在，我就是不死的。从古埃及到今天，从将尸体制成木乃伊而获得肉体上的永存，到通过“最后的意志”（遗嘱）达到法律上的不死，人们超越了肉体上的生存期而依然“活”着。通过最后的意志，我为下几代人规定好了怎样处理和利用我的财产。只要我是资本的拥有者，那么继承法的机制就会保证我的生存的永恒性。

以上关于重占有的生存方式的分析和批判，并不意味着弗洛姆主张一种禁欲主义生存方式。他说，禁欲论者鼓吹放弃和拒绝财产，也许只是对财产和消费的强烈要求的反面。禁欲主义者一方面驱除对财产的愿望，另一方面又不断地强调要放弃这些愿望，这恰恰说明他仍然怀着这种强烈的愿望，恰恰说明他正努力要压抑它们。精神分析的经验告诉我们，这种过度补偿式的克制是常见的现象。例如那些狂热的反堕胎人士，往往抑制着某种谋杀的念头；那些狂热的道德主义者，却不愿承认自己的“罪恶”念头；关键不是他们的信念，而是他们在伸张这种信念时所带有的那种狂热情绪。我们有理由怀疑，这种狂热是否掩盖着另一种相反的冲动。

人要生存下去，必须拥有、保留、维护和使用某些物品，比如说身体、食品、住房、衣服和工具，这些都是为保证我们的生活所必需的。对这些物品的占有，是功能性占有或生存性占有。这是一种合理的要求，是为了能够生存下去并为自我潜能的发挥创造必要的条件。这与那种作为性格特征和价值取向的占有是不同的。功能性占有不会与人的存在发生冲突，与存在相对抗的是那种重占有的性格。只要是人，功能性占有就是他所必需的。这里所批判的是那种不仅将占有视为必需，而且将其作为一种价值取向和生存方式的心理现象。

为生命而存在

重占有的生存方式在现代社会中是占主导地位的生存方式，但并不是唯一的生存方式。在青年一代的身上，存在着与这种生存方式相对立的一种倾向。他们的消费习惯不是那种重占有的方式，而是真正乐于从事某种活动，他们并不期待着获得某种“永久性的东西”。这些年轻人不畏路途艰难和遥远去听一场音乐会，看他们想看的景观或见他们想见的人。至于他们的目标是否真的像他们所认为的那样有价值，姑且不论。尽管他们有时态度不够严肃，缺乏充分的准备或不能集中精力，但他们勇于为存在去行动，而不问能够从中获得什么或自己还剩下什么。他们似乎比老一代人更为正直。他们的哲学和政治信念可能还比较幼稚，但他们不愿装饰自我而使自己成为市场上的畅销货。他们不会通过有意或无意的谎言来保全自己的面子。比他们年纪稍大的人也往往受到他们的感染，他们佩服年轻人能够诚实地正视真理和表达真理。这些年轻人属于形形色色的政治和宗教团体，其中许多人并不信奉一定的意识形态和教条。正像他们自己所说的那样，他们只是在“寻求”。他们可能尚未找到自己的路，也没有一个目标可以给他们的生活实践指明方向，但是他们努力使自己成为自己而不去追求财产和消费。

从以上文字我们可以看出弗洛姆对西方青年的反传统、反主流文化的支持，从中也可以看出他对学生运动的同情。他不无惋惜地说，自20世纪60年代末期以来，这样的年轻人明显减少了。似乎20世纪60年代末的学生曾经使他兴奋，但随后他又有些失望。然而，弗洛姆并不是学生运动的直接的精神领袖，与马尔库塞等人相比，他与学生运动的联系相对间接一些，因为他对那些造反运动也有一些批评。他说，这些年轻人只知道摆脱束缚而获得自由，但不清楚自由的目的。他们造反，却没有一个可以指导他们行动的目标，他们唯一的愿望是摆脱一切限制。他们的口号是：只有新的才是好的。对于传统和先哲的思想，他们抱有一种近似于恐怖症式的反感。他们怀着一种天真的自恋心理，以为自己能够发现一切有价值的东西。从根本上说，他们的理想是：重新成为小孩。像马尔库塞那样的著作家们则提供了受他们欢迎的思想武器：回到孩提时代，不要成熟，这就是社会主义和革命的最终目的。只要他们还年轻，只要那种精神上的快感尚在，他们就是幸福的。他们不仅没有找到一种坚实的信念，而且变得以自我为中心。终于，他们对一切都不满，或者对一切都漠不关心，或者成为不幸的、以毁灭为快的人。

尽管如此，当代社会中确实有些年轻人（包括一些年龄较大的人）真正想要放弃重占有的生存方式而采取重存在的生存方式。相当多的个人和团体是在向这个方向前进的，他们超越了大多数人所具有的占有取向，代表着一种崭新的取向。少数人代表历史发展的方向，这在历史上是常见的。人们普遍地放弃重占有的观念，从而树立起重存在的观念，是有希望实现的。之所以说这种希望是现实的，是因为在有利于这一新取向发展的因素中，有一些是不可逆转的、具有历史意义的变革。这就是：统治妇女的父权制度开始瓦解；父母对子女的控制有所放松，代之以民主的、朋友式的亲子关系；性压抑被突破了……妇女的革命、子女的革命和性革命，虽然这些革命远没有完成，但他们所提出的要求已被越来越多的人接受，陈旧的意识形态日益显得荒唐可笑。

重存在的生存方式的先决条件是独立、自由和具有批判性的理性，其重要特征就是积极主动地去生活。这种主动性指的不是那种外在的、身体的活动，不是忙忙碌碌，而是内在的活动，是创造性地发挥人的潜能。活动意味着去展现他的愿望、他的才能和丰富的天赋，这些天赋我们每个人或多或少都具备。这就是说，要自我更新，要成长，要饱满涌流，要爱，超越孤立的自我的桎梏，有兴趣，去倾听，去贡献。

但要具体描述重存在的生存方式是困难的。占有涉及的是物，而物是具体的、可以描述的。存在指的是体验，原则上讲体验是无法描述的，当我们把一种体验完全转变为思想和语言的时候，这种体验就烟消云散了。存在难以用语言描述，只能通过共同的经历彼此才能沟通。在重占有的生存方式中，占主导地位的是僵死的词句；在重存在的生存方式中，占主导地位的是生动的体验。

因此，要揭示重存在的生存方式的本质，先从否定的意义上，即“重存在的生存方式不是什么”去表述也许更为容易些：这种生存方式不是以占有为价值取向的生活方式，不是通过依附于我们所拥有的物品，不是通过占有和固守我们的自我和财产来寻找安全。为了能够这样去生存，必须放弃自我中心和自私自利的思想。但是，放弃这种重占有的价值取向对大多数人来说是困难的。他们很害怕这样做，因为这样一来，他们会觉得一点儿安全感都没有了，好像被丢进大海里却不会游泳一样。他们没有认识到，只有扔掉了财富的拐杖之后，才能真正地运用自己的能力、靠自己的力量去行走。人们总认为，没有财产的支持便寸步难行并会遭到毁灭，障碍他们前进的正是这种错误认识。

重存在的生存方式的一个重要的方面就是活动（activity）。但这里所说的活动与通常意义上的含义是不同的，后者往往是指运用一定的能量而取得明显效果的行为，如耕地的农民、流水生产线旁的工人、劝说顾客买东西的推销员、整理文件的办公室职员等，都被看成是在活动。这种活动是指行为，而不是指以某种方式活动着的人。对于活动着的人而言，他可能是像奴隶那样受到外在强力的逼迫或心怀恐惧，也可能是对所从事的工作感兴趣、能够从工作中得到满足。这两种人的活动是完全不同的。

为了明确活动的概念，弗洛姆进而将活动区分为异化的活动和生产性的活动。异化的活动是单纯的忙碌（busyness），我没有体验到我是自己行为的主体，我体验到的只是行为的结果，某种与我相脱离，超乎于我之上或与我相对立的“彼岸”的东西。从根本上讲，行动的不是我，而是内在的或外在的力量通过我来行动。在心理病理学领域，异化活动的一个明显的例子就是强迫症。具有这种症状的病人总是在内心的压力下反复去做违反自己意志的事，比如重复洗手、反复检查门是否锁好等。表面上看，他是在主动地活动着，但他是在受一种自己没有意识到的内在力量的驱使。

在生产性活动中，我体验到自己是自己活动的主体。这种活动是一个创造、生产的过程，我与我的产品之间始终保持着内在的联系。我的活动是我的力量和能力的表现，我、我的活动和我的活动结果结为一体。

如前文所述，生产性主要不是指造就某种新的、独特的东西，它不仅仅指科学家和艺术家的创造性（creativity），它主要是指一种生存方式和人生态度。生产性主要不是指我的活动产品，而是我的活动特质。一个人为一棵树的形态所吸引而流连徘徊，或者读到一本书而受到感动，那么即使他在这一过程什么也没有“创造”，他也是生产性的。一个具有生产性的人可以赋予他所接触到的一切以生命，他赋予自己的能力以生命，也赋予别的人和物以生命。

每个人都有占有和存在两种倾向，但不同的人占主导地位的倾向可能不同。占有倾向占主导地位，是建立在私有财产和占有欲之上的社会中的人的特征，特别是西方工业社会中人的特征。在这个社会里，生活的中心就是对金钱、权力、荣誉的无止境的追求。而重存在的倾向则是健康的性格倾向的综合，是对生命的肯定，对生产性的存在方式的追求。可见，占有与存在这一对概念是在非生产性倾向与生产性倾向、退化综合征与成长综合征等概念的基础上形成的，是从世界观特别是以价值观为核心，对人的性格类型所做的进一步规定。

本章综合了弗洛姆在不同时期、从不同角度对性格类型所做的划分。不同于对弗洛姆性格类型论的常见表述（这些表述只提及同化过程中的生产性和非生产性倾向），笔者认为弗洛姆的性格类型论应包括以上所述的全部范畴。以下是这些范畴的简略的表解。

表4–6　弗洛姆的性格类型学

提出年代	角度	不健康的性格	健康的性格
1941	社会化	受虐倾向 施虐倾向 破坏倾向 迎合倾向 } 非自发性	自发性
1947	同化	接受倾向 剥削倾向 囤积倾向 市场倾向 } 非生产性	生产性
1964	病理学	恋尸癖 自恋 乱伦 } 退化综合征	成长综合征 { 恋生癖 爱 独立性
1976	价值观	占有	存在

6　社会性格与现代人的病态性格

以上所述的性格理论是弗洛姆的社会性格理论的概念基础，因而是社会性格理论的有机组成部分。

所谓社会性格（social character）是“一个社会中绝大多数成员所具有的基本性格结构”（欧阳谦译，1988，第76页）。它有如下一些基本特征：一、它是群体心理。弗洛姆所说的“社会”是有时空限制的，在不同场合指不同群体，有时指一定的民族或阶级。二、社会性格是一个群体的成员在共同的处境下，在共同的生活方式和基本的实践活动的基础上形成的。三、它不是群体行为特征的总和，而是激发一个群体的行为的共同的内在动力。

社会性格是经济、政治、文化诸因素交互作用的结果，而经济因素在这种相互作用过程中具有一定的优势。家庭则起着一种将社会所需要的性格结构的基本特点转移到孩子们身上的作用（张燕译，1986，第88页）。

弗洛姆认为马克思和恩格斯没有说明经济基础是如何决定意识形态这种上层建筑的。他提出“社会性格”概念是为了弥补马克思主义的这一“不足之处”，把社会性格看成是联系经济基础和上层建筑的重要中介之一（另一个重要中介是“社会潜意识”）。一个社会的经济基础是造成那个社会中人的处境的决定性因素，社会性格是在这种处境中形成的；具有一定社会性格的人就会形成一些共同的观念，一些杰出的人物作为代言人将这些观念理论化，这就是意识形态。就是说，意识形态根植于社会性格中，而社会性格又是经济基础决定的。反过来，已经形成的意识形态又容易被具有一定社会性格的人所接受并强化这种社会性格，从而通过社会性格作用于经济基础。所以社会性格既是经济基础决定上层建筑的中介，又是上层建筑反作用于经济基础的中介。这种中介作用不能被理解为被动的，弗洛姆特别强调社会性格作为一种能动的力量对社会进程所起的作用。“只要这个社会和文化的客观条件没有变，这种社会性格就会依然起着支配和稳定的作用。如果外在的条件发生了变化，即当这些外在的条件不再符合传统的社会性格的时候，那么就会出现一种停滞的现象，往往使性格的功能变成了一种崩溃的因素……一个充满爆炸的研钵（mortar）。”（张燕译，1986，第86页）

像个人性格一样，社会性格是把人的能量引向某一方向的特殊方式。如果一个社会的大多数成员具有共同的性格特征，那么他们的能量就被引向同一个方向，这些人就会有相同的动机，会接受同样的思想体系。

例如，德国在第一次世界大战中战败，《凡尔赛条约》伤害了德国人的民族感情，加上战后的通货膨胀和经济危机愈演愈烈，德国民众在这种孤立无援的处境下形成了许多病态的性格特征，这些性格包括施虐－受虐、破坏、恋尸癖、自恋、乱伦等，集这些性格于一身的希特勒及其纳粹主义因而受到拥护，广大民众的生命能量被引到侵略、仇恨、屠杀的危险方向上去。

在一个相对稳定的社会里，社会性格无意识地决定大多数人的行为，使这些社会成员不会有意识地决定他们的行为是否要遵循社会模式（他们会自动地遵循），同时他们也因自己的行为能符合社会的要求而感到满足。就是说，关于民主工业社会（如美国）中人的处境、性格、社会行为等，也可按照以上思路去研究。

可见，我们在上文中讨论人的性格时，是从个人性格的分析开始，进而说明在一定社会历史条件下，一定的民族、种族、阶级、阶层、国家、政治团体或组织的成员共同具有这些特征，促使这些群体的人们在行为上保持一致，甚至聚集在同一面政治旗帜下，去达到某种“合理的”政治目的。这样，我们的讨论就从个人性格进入社会性格了。我们在本章中所讨论的性格问题实际上主要是“社会性格”的问题，只是在介绍这一概念之前，没有使用这一术语而已。

自由与安全的两难境地、人的异化，都是人的处境特别是人的存在的矛盾性在现代社会的具体表现。现代人在寻求与自然、他人和自我建立联系，即满足基本需要的过程中，形成了各种特殊的性格。

施虐者和受虐者都是通过放弃自己的独立性，使自己依附于他人、组织、国家、上帝、权力等，有破坏倾向的人通过破坏威胁着自己的外部世界，迎合倾向的人则通过放弃真实自我，与他人和社会保持一致，这些性格倾向都是为了逃避消极自由以克服孤立无援和不安全感。前三者常见于法西斯主义国家（如纳粹德国），最后一种常见于民主的资本主义国家（如20世纪的美国）。

19世纪的资本主义仍然以资本的积累为主，因而占主导地位的社会性格是剥削倾向和囤积倾向的混合。这种性格造成了人的痛苦和对人的尊严的损害，促使欧洲无情地剥削亚洲、非洲以及本地区的劳动大众，而无视人的价值。20世纪占主导地位的社会性格则是接受倾向和市场倾向的混合。社会通过传播媒介和市场机制控制着大众的生活方式、生活内容和内心世界，大众只是被动地接受和消费。“世界是我们欲求的对象，是一个大苹果、一个大瓶子、一个大乳房；我们是一些只知吸吮的乳儿，总是期待着、渴求着……”（欧阳谦译，1988，第167页）

现代工业社会中的人，深深地被所有机械的东西所吸引，人们关注机械这种死的物远胜于关注活的人，以致执着地发展各种大规模的杀伤武器（如核武器），而对现代战争可能导致的毁灭性结果无动于衷，甚至盼望战争爆发。这就是现代人的恋尸癖倾向。这种恋尸癖混合着一种自恋倾向，即现代人为自己是这个高度发达的技术世界的创造者而自豪并迷恋这个技术世界。在这个技术世界里，人的许多需要只需按一下按钮就能立即得到满足，正如婴儿一张口就能吃到奶一样。现代人依恋高技术的享受正如婴儿依恋母亲（乱伦），因而现代人患有严重的“退化综合征”。人们忙于对物的占有，而忽略了作为生命的人的存在。

五

人的性格：案例研究

弗洛姆的性格学是其心理学的最为丰富的部分。它既有理论建构，又有经验剖析，二者是不可分割的统一体，理论以经验为基础，经验剖析又以理论为指导。其中案例研究是经验剖析的重要方法。我们已经介绍了弗洛姆性格学的主要概念及其所根据的一些经验，以下我们来具体看看弗洛姆深入研究过的几个性格学的案例。

1　对希特勒和纳粹主义的性格分析

纳粹主义崛起的社会心理基础

纳粹主义是一种复杂的社会现象，可以从不同学科进行研究，包括心理学。弗洛姆认为，尽管社会经济和政治根源是纳粹主义崛起的根本原因，如纳粹主义代表了当时德国垄断资产阶级和半破产的容克贵族的经济利益，没有他们的支持，纳粹党是不可能上台的。但纳粹意识形态得到大众的狂热拥护并占统治地位，必须从心理学上解释。

德国战败，1919年《凡尔赛条约》对德国的处置使德国大众感到不公平，这种怨恨逐步转变成民族主义情绪。加上垄断力量的强大和战后的通货膨胀，各阶级都产生了不同程度的孤立无援感和不安全感，从而形成了施虐-受虐倾向、破坏性及退化综合征等社会性格特征。希特勒是集中了这些性格特征的一个典型，他创建纳粹意识形态和纳粹党，从而加强了大众的这些性格特征，使这些性格特征成为支持德国帝国主义扩张的社会心理力量。

德国在第一次世界大战中战败后，失败情绪的蔓延，经济上中产阶级的衰败和垄断资本的兴起，德国工人阶级在1918年革命初次胜利以后接二连三地遭遇失败，多种原因促使人们渴望一个强有力的政府。

对千百万人民来说，希特勒政府就是德意志。一旦希特勒掌权，反对希特勒就意味着自绝于德国人共同体。当其他政党被取缔而纳粹党就是德意志时，反对它就意味着反对德国。对普通百姓来说最难以承受的事情莫过于感到不被一个大的集团所认可。一个德国公民无论怎样反对纳粹主义原则，如果他不得不在行将孤立和从属于德意志的感情这两者之间选择的话，多数人将选择后者。在许多例子中可以看到，那些不是纳粹的人们也在捍卫纳粹主义，反对外国人的批评，因为他们觉得对纳粹主义的攻击就是对德国的攻击。对孤立的恐惧和道德原则上的相对软弱，有助于任何党派赢得大多数人的忠诚，只要那个政党攫取了国家权力（陈学明译，1987，第276—277页）。

特别是下层中产阶级（小店主、手工业主、白领工人等），纳粹主义之所以受到他们的狂热拥护，答案在于他们的阶级特征。随着垄断势力的兴起，他们的经济地位逐渐下降，但他们与垄断势力在经济利益上又有密切关系。他们由于依靠和屈从于垄断势力而得到一种安全感和自我陶醉的骄傲，并从对现存当局的服从和忠诚中得到保护和满足。

但1923年达到顶点的通货膨胀，1929年的经济大萧条，极大地打击了下层中产阶级，使他们被挤在工人和上层阶级之间，成为最无助的集团。工人虽然看上去处境更糟，但他们本来就一无所有。而中产阶级牺牲了多年的生活乐趣，一点一点积攒起来的一笔钱，一夜之间几乎成了废纸。因此，通货膨胀是对节约（囤积）的生活准则的致命打击，特别是对中产阶级的致命打击。这种打击在心理上造成的一个结果是促使中产阶级增强了对权力的追求和欲望，期望出现一个强有力的权威，代表他们的利益，而他们宁愿屈从于这个权威去侵略、摧毁其他国家，去虐待、屠杀其他民族的人们，从而使自己从失败中恢复过来。与其他阶级相比，中产阶级对《凡尔赛条约》表现出特别强烈的义愤，因为民族主义义愤是他们的性格倾向的最“合理”的表现方式。

尽管纳粹主义的主要基础是下层中产阶级，但由于其政治上的机会主义策略，它还赢得了其他各阶级（如大、小资产阶级，半破产的容克贵族）的支持，他们都希望从纳粹主义的崛起中得到好处。而德国的工人运动，政治上也处于退却的局面，这使工人阶级感到失望，无力阻止纳粹主义的兴起，他们也在一定程度上感到对自己的命运无能为力，在一定程度上希望通过民族和国家的强大来得到一定的满足。

这样，纳粹主义就调动了各个阶级的，甚至全民族中大多数人的情感能量，使之成为一种强大的力量，去争取德意志帝国的经济目标和政治目标。在这种局势下，反对的声音显得十分微弱，反对者只好逃离这个国家以求生存。

这种能量就是社会性格的能量。在弗洛姆看来，纳粹德国的社会性格就是一种“退化综合征”。希特勒的追随者把侵略、杀人看成英雄行为，把残酷地迫害犹太人视为正义的事业，杀人越多越值得骄傲（恋尸癖），这一切都是在爱国主义和种族优越的旗帜下发生的（自恋和乱伦）。

希特勒的性格特点

希特勒本来是一个没有机会没有未来的小人物，他在年轻时曾强烈地感到自己将成为一个被遗弃的角色。于是他开始了“我的奋斗”，而奋斗就是追求权力。

对德国群众，他以施虐狂的方式予以蔑视。尽管他声称“热爱人民”，但这仅仅是为了得到群众的拥护，以便更顺利地支配他们。他宣称个人无足轻重，不值一提，个人应无私地为国家牺牲自己，而他本人则代表国家。这正是有施虐倾向的“领袖”的惯用伎俩。希特勒说，犹如一个女子，宁愿委身于强悍的男子，也不愿支配懦弱者。同样，群众热爱支配者而不是哀求者。希特勒对政敌，则表现出施虐和破坏相结合的残酷的迫害。

在教育目的上，希特勒说全部的教育就是要使学生具有绝对优越于别人的自信心。同时他又强调要教育男孩子甘心受屈。也就是要培养一种施虐–受虐性格。

希特勒宣称他首先是为了德国人民的福祉，也是为了世界和平，这种和平将由最优秀的种族来维持。其次，他认为他的追求是符合自然法则的，既然物竞天择，适者生存，那么这个世界也必然由最优秀最强大者来支配。他把达尔文学说庸俗化，用来表达自己的施虐-受虐欲望。他说当他还是一个不出名的人物，住在慕尼黑时，他常在早上五点钟就起来，将一些面包片或面包皮切给关在小屋里的供他消磨时光的小老鼠，然后观看这些可笑的小动物为这点美味佳肴而撕咬扭打。他为自己找的最后一个理由是，为了防卫敌人的进攻，德国人民必须先发制人。但他谴责敌人要做的事，正是他自己想做的事。如他谴责法国追求欧洲霸权，正是为了自己搞霸权。只是这样一来他的进攻就有了"正当理由"。

除了统治、侵略，希特勒还有一种受虐的渴望，他表明他要服从上帝、命运、必然性和历史，他认为他所做的一切正是这种服从的表现，实际上这些名词仅仅是强权的象征。

纳粹主义鼓吹为了全体的利益，个体应无条件地牺牲自己。个体对于全体而言，不过是一粒微尘。为了全体，个人应当放弃自己的意见、利益和幸福。希特勒特别赞赏"无私"，认为当人追求自己的幸福时，就远离天堂而堕入了地狱。教育的目的就是教导孩子不要维护自己。一个学生，当他受到公正的指责时，他应该沉默；当他受到不公正的对待时，必要的话，也要学会沉默。至于希特勒自己，他显然并不"无私"，但他自认为他在服从造物主的意志，自然的法则，国家、民族以至人类的利益。

所以希特勒是一个集威权主义和破坏性格于一体的"领袖"。他在演讲中将体现其性格的思想表达出来，得到那些具有同样性格结构的群众的共鸣，这样，领袖和群众的狂热激情就汇集成一股强大的力量，给世界造成了空前的灾难。

希特勒还是个典型的有恋尸癖的人。他带领德国人去进攻别国，并从战争的破坏中得到满足。他的脸色死气沉沉，五官和面部皮肤好像散发着臭气，但“死尸的气味对他来说是芳香的”。在他成功的年代里，他想干掉所有他自认为是敌人的人。据说一个士兵曾看到希特勒神情恍惚地站着，注视着已经腐烂的尸体，久久不愿离去（都本伟等译，1988，第23—24页）。在行将灭亡的日子里，他又从德国人和他本人的毁灭中得到满足。

希特勒还是个极端自恋的人。他迷信种族的优越性，过高地估计自己的力量，错误地估计形势，不能容忍任何不同的意见。他使千百万德国人崇拜他，沉浸在他的“第三帝国”的千年盛世的巨大幻想中，他要把整个现实世界加以改变以适合于他的意志。最后，当他失败了，他的自恋形象也彻底崩溃了，不得不自杀。

希特勒的乱伦倾向表现在，崇拜与其有相同血缘的种族，他要把德意志民族从犹太人的“玷污”中解放出来以保护其血缘不受毒害。他长期待在地下室里，最后在地下室里结束了他疯狂的一生（在精神分析学中，地下室象征母亲的子宫）。

希特勒的最终目的是将全世界变成他的，他的占有欲即统治全世界的野心是无与伦比的。所以希特勒是集施虐-受虐（威权主义性格）、破坏性、退化综合征（恋尸癖、自恋、乱伦）、疯狂地追求占有等性格倾向于一身的，可能是有严重心理疾病的一个患者。荒谬的是，可能正是他身上的这些心理疾病因素使他一度成功。

他似乎把大众都引向心理疾病以避免他个人疾病的发作，即避免人们将其视为心理疾病患者。一个天才的心理疾病患者可能具有超人的魅力，并成为人们狂热崇拜的偶像，最后给世界造成毁灭性的灾难。这可能正是我们应从希特勒的崛起和灭亡中得到的历史教训。

关于希特勒与纳粹主义崛起的心理学研究，在弗洛姆心理学中占有十分重要的地位。《逃避自由》一书就是围绕这一问题展开的，该书第六章标题就是“纳粹主义心理学”。在《人之心》一书中，弗洛姆也用了相当大的篇幅探讨这一问题。在晚期重要著作《人的破坏性的剖析》中，他又用了一章的篇幅分析希特勒的性格，将其作为“恶性攻击（malignant aggression）”的一个典型案例来加以剖析（Fromm，1973，pp.411–481）。以下是弗洛姆对希特勒性格形成历程的分析。

希特勒的“奋斗”历程：他的出身及早年生活

弗洛姆在《人的破坏性的剖析》一书中对希特勒为什么会形成那些性格特点进行了系统考察。按照弗洛伊德的理论，人的破坏性格应从以下两方面去解释：第一，破坏性来源于人的本能。他早期将其归结为受压抑的性本能，后来又提出死本能。第二，人的性格发展到五六岁就结束了，此后不会发生本质性的变化，除非进行治疗干预。因此，要研究希特勒的性格是如何形成的，就应去寻找其童年的性创伤经验。但弗洛姆对此持不同观点。他认为应全面考察影响人的性格发展的内外条件，应把性格放到一个人整个的生活历程中去系统地加以了解。以希特勒为例，从他的童年生活中找到性创伤的经历，并将其用来解释他成年后的性格结构，这是不太可能的。当然，追溯童年经历有助于理解一个人性格的萌芽，童年经历是一个人整个成长历程的一个重要阶段。

·希特勒的出身· 对一个孩子影响最大的莫过于父母。通常人们认为孩子的发展不良是与父母的“糟糕”成正比的。然而从已有的材料来看，希特勒的父母却都是很稳重、好心肠的人。

希特勒的母亲克拉拉（Klara）是一个易于相处而又富于同情心的女人。这个未受过学校教育的纯朴的乡下姑娘曾在阿洛依斯·希特勒（Alois Hitler）家里当女仆，阿洛依斯的妻子去世后，克拉拉与他结了婚，那年她24岁，而他47岁。

克拉拉勤劳而负责，尽管婚姻不太幸福，可她从不抱怨，她仁慈而认真地履行着她的职责。她生活的中心是操持家务、照顾丈夫和孩子。她是一个模范的家庭主妇，维持着一个无可挑剔的家。没有什么能使她从烦琐的家务中分心，甚至一会儿的聊天也很少有。她的家和家庭的长远利益是首要的。令她欣喜的是，经过她的精心打理，家庭的财产增加了。对她来说，比家庭更重要的是孩子们。每一个认识克拉拉的人都同意，她生活的中心是对孩子们的爱和奉献。人们对她的唯一指责是，由于她过于溺爱孩子，因此鼓励了她儿子身上的那种唯我独尊之感。但这种指责显然不公平。她的继子和她的亲生孩子都热爱并尊敬她。

但母亲对儿子的过分纵容只持续到希特勒开始上学时为止。希特勒5岁时，她的另一个孩子出生了，这可能使她减少了对希特勒的纵容。但她的后半生的整个态度表明，新的孩子的出生对于希特勒而言并不是一个创伤性的事件。她也许停止溺爱阿道夫，但她并未忽略他。她日益意识到他成长中的需要，尽她所能去帮他适应现实。

一个有责任心和爱心的母亲形象，向关于希特勒的童年充满孤独和乱伦行为的假设提出了严厉的质疑。如何解释希特勒的早期发展呢？也许可以从以下几种可能性去解释：（1）希特勒在气质上是如此冷漠和离群，以至于尽管有一个温暖的富于爱心的母亲，但他的自我封闭的倾向仍然存在。（2）有可能她对儿子的过分依恋使这个害羞的孩子有一种强烈的被侵入之感，使得他以一种日益退缩的方式来应付。（3）还有一种可能是由于她是一个悲伤的人，过得并不幸福。在一个一般的德国-奥地利中产阶级家庭中，她被期望照顾孩子，操持家务，并屈居于独裁的丈夫之下。她被一种责任感所驱使，却很少向儿子传递温暖和快乐（Fromm，1973，p.415）。

希特勒的父亲阿洛依斯是一个私生子，早年很贫穷，靠勤奋工作和个人奋斗，从一个海关下级职员晋升为高级税务官，这为他提供了受人尊敬的中产阶级的地位。他很节约，成功地积蓄了足够的钱买下一幢房子和一个农场，加上他的年薪，这一切使家人能过上一种丰裕舒适的生活。他很少关心妻子的感情，就这一点而言，他无疑是一个自私的人。但在这一点上，他与他那个阶层的绝大多数男人并无不同。

阿洛依斯是一个热爱生活的人。他喜欢女人和酒。他不被奥地利的中产阶级的道德规范所束缚，喜欢追求女人。他还喜欢喝酒，有时喝得太多，但他不是一个酒鬼。他热爱生活的最突出的表现是他对于蜜蜂和养蜂的深挚而持久的兴趣。他兴致勃勃地把他的大部分空余时间花在蜂房上。他的生活之梦是拥有一个农场，以便能大规模地养蜂。

阿洛依斯有时被描述成一个残忍的暴君，弗洛姆认为那是为了对他儿子的性格做简单的解释。其实阿洛依斯不是一个暴君，而是一个威权主义者，他看重责任，认为只要他的儿子还未成年，他就必须决定儿子的生活。他从不打他的儿子，他只是责备他，与他争论，尽力使他认识到什么是对他好的。但他并不是一个使儿子恐惧的可怕人物。阿洛依斯对人并不冷漠或傲慢，也不是一个狂热之徒。总的说来，他相当有韧性。在政治上，他是一个自由主义者，并且对政治有浓厚的兴趣。他在读报纸的时候心脏病发作，临死前脸上留着愤怒的表情，因为报纸上有反动牧师使用的“这些黑鬼”这样的字眼。

那么，如何解释这两位善良的、稳重的、正常的、没有攻击性和破坏性的人，却生出了一个“魔鬼”——阿道夫·希特勒？

·从婴儿到6岁（1889—1895）·　母亲溺爱小阿道夫，从不责骂他，她总是赞美他，所以他不会做错任何事，她总是对他表现出慈爱和兴趣。她的态度很可能使他形成了自恋和被动性。他无须付出任何努力就能完美无缺，因为无论他做什么母亲都会赞美他。他无须去争取，因为母亲几乎能留意到他的所有愿望。当他遇到挫折时，他就去支使她并对她发脾气。但是她的过分关注可能让他隐隐约约地产生一种被入侵之感，使得他的行为日益退缩，并使他形成一种半封闭的生活方式。生病更增加了母亲对他的照顾，从而增加了他的被动性和依赖性。还有一个因素是，他的父亲由于工作的特殊性，很少待在家里，这也加强了他对母亲的依赖。

这种状况到希特勒五六岁时就结束了。他5岁时弟弟出生了，这使他不可能再得到像过去那样的宠爱。但这个事件对他的影响是有益的而非损伤性的，它使他减少了对母亲的依赖以及由此而形成的被动性。弟弟的出生不仅没有使他因嫉妒而痛苦，他反而愉快地度过了弟弟出生后的那一年。

那一年他住在帕绍（Passau），他与邻居的孩子们玩耍、打闹，如同生活在天堂之中。他喜欢玩一种牧童与印第安人之间的战争游戏以及其他的战争游戏，如德国与法国之间的战争等。童年的战争游戏在希特勒的生活中是重要的，这不仅是因为那是在德国的土地上（帕绍处在德奥边界的德国这一边），从而使他在以后的演讲中加上了巴伐利亚的腔调，而且是由于他是走向完全自由的一年。户外游戏比在家里待着要自由得多。

当他父亲从海关税务机构退休，全家搬到兰巴赫（Lambach）

附近的哈费尔德（Hafeld），阿道夫必须去上学的时候，这段天堂般的生活结束了。阿道夫发现他的生活突然被限制在一个狭窄的圈子里，还被要求以责任和纪律。生平第一次，他被稳定而系统地强迫去服从。

应该如何分析希特勒这一时期的性格发展呢？弗洛姆说，根据弗洛伊德的理论，这个时期正是俄狄浦斯情结形成的时期。童年的希特勒深深地依恋母亲而敌视父亲，但他不能通过形成超我和克服对母亲的依恋而与父亲产生认同，从而解决俄狄浦斯情结；由于弟弟的出生而感到被母亲背叛，于是他离开了母亲。

但弗洛姆不同意以上分析。他说，如果阿道夫5岁时他弟弟的出生给他造成了创伤，损害了他与母亲的密切联系，那么为什么这个事件后的一年却成了他童年时期最快乐的一年呢？由于他母亲与丈夫之间的关系并不十分热烈和温暖，那怎么能把他对父亲的敌对解释为与父亲争夺母亲的爱呢？弗洛姆认为阿道夫对父亲的敌对是由于父亲向他提出了纪律和责任方面的要求，但希特勒讨厌这种要求。

希特勒对母亲的固着并非深情而充满温暖，他对母亲始终有些冷漠，他身上更多的是自恋。他对母亲几乎没有兴趣，也不关心她，他独来独往，仿佛世界上只有他一个人。这一点可从后来他在母亲生病时的行为表现中得到证实。他母亲1907年1月因患癌症而动手术，并于同年12月去世，他却在那年9月去了维也纳。他离开病中的母亲后，既不关心母亲的病情，也不写信告诉母亲自己在维也纳的情况。直到母亲完全瘫痪，她请求他回来照顾一下，因为再没有别的人可以照顾了，他才于11月底回来照顾了她大约三周的时间，直到她去世。母亲对他而言更多的不是作为一个真实的人，而是作为土地、血缘等的象征。他与这种象征之间的关系倒是共生的，最终要通过死与母亲形象结为一体——死意味着进入土地，退回到母亲的子宫。希特勒在感情上从未亲近过母亲，他后来也从未爱上过母亲式的女人。他只是将母亲视为血缘、土地、种族，甚至死亡的象征，母亲只是德国的象征。他对德国（母亲）的固着是他憎恨梅毒和犹太人的基础，他要将德国从血缘受“毒害”的危险中拯救出来。在更深的层次上，他怀着与母亲在死中结为一体的欲望，他的结局证明了他这一邪恶的乱伦欲望的存在。

·童年晚期：6—11岁（1895—1900）· 希特勒6岁时，父亲已从海关退休，因此可以把全部时间花在家庭尤其是儿子的教育上。希特勒被送到一所小型的农村学校读书，在那儿他表现得很好。他服从了父亲的要求，尽管纪律约束使他不满意，但他没有与父亲发生激烈的冲突。希特勒还为自己找到一块不受约束的领域，在那儿他可以忘掉所有的管制。这块领域就是他与其他男孩子一起玩与印第安人打仗的游戏。在这种游戏中，他所感到的“自由”意味着不负责任、压抑和纪律的解除、脱离现实，还意味着控制群体。控制的需要、攻击和破坏等等，这些东西开始在他身上显示出来并在以后的生活中变本加厉。本来，这些游戏在这个年龄是正常的和无害的。问题是当其他的男孩子长大后不再需要这些幼稚的娱乐时，他却仍然沉溺于此，这就是不正常了。（Fromm，1973，p.422）

几年后阿洛依斯卖了农场，搬到了兰巴赫的镇上。阿道夫在兰巴赫的一所相对现代的小学继续读书。在那儿，他仍然表现得很好，学习成绩不错，也不与他那经常教训人的父亲发生对抗。

1898年，他家搬到林茨（Linz）的郊区，阿道夫在林茨进入了第三所小学。阿洛依斯似乎特别喜欢这个新居所。他可以用这块地的一半面积养蜂，可以在酒馆里谈论政治。然而在家里，他仍保持一个严厉的权威形象。他虽不打阿道夫，但经常责骂他，从来不抚摸他。这是一个令儿子害怕的不可亲的父亲，是一个威权主义者，但不是一个残忍的暴君。希特勒早年对父亲的畏惧可能是他性格中顺从的一面得以形成的根源。

五年的小学生活过得较为顺利。他的智商高于平均水平，由于良好的家庭背景而被老师优待，他不费吹灰之力就升到了最高年级。

这个时期结束时，他没有克服在童年早期就形成的自恋；他不是越来越接近现实，反而建立了一个施展他的权力幻想的游戏王国；他没有发展起任何积极的兴趣。总之，五年的小学生活并未使他超越刚入学时的成长状况，但他在这个阶段也未暴露出什么严重的问题。

·青春期：11—17岁（1900—1906）·　希特勒上中学后的第二年，父亲就去世了，这更促使他向坏的方向发展。

首先是学业上的失败。他进中学的第一年表现相当差，以至于必须复读一年。第三年他在某些科目上必须参加特殊的考试，才能被允许升级。他在学校的最后一年的一件事，对于他的学校生涯相当具有象征性。在领取了毕业证后，他和同学一块去喝酒，返回的时候，发现证书不见了。当他正考虑编什么理由的时候，被叫去见学校的主任。原来，他的毕业证在街上被别人发现，他自己把它当作手纸用了！即使他确实喝醉了，这种行为也象征性地表达了他对学校的憎恨和蔑视。

希特勒上小学时处于优越的地位，由于智商在平均水平之上，他无须付出太多努力就能获得优秀的成绩。到了中学，情况就不同了。那儿的同学平均智商比小学的要高，老师受过更好的教育并且要求更高。老师也不会对他的社会背景留下深刻的印象，因为它在中学生的社会成分中并不突出。简言之，要想在中学取得成功，必须真的去学习。学习的任务并非使人劳累至极，但它比年轻的希特勒所习惯的、愿意的，或能够做到的要多得多。对于这个在小学可以毫不费力地取得成功的、极度自恋的男孩来说，这种新的情况是令人震惊的。

像这种在小学取得成功但在中学失败的情况并不少见，它常常可以刺激一个小孩去改变他的行为，去克服——至少在某种程度上——他的幼稚态度，学会去努力。但在希特勒身上却没有产生这种效果。他不仅没有面对现实采取措施，反而更加退缩到他的虚幻世界，避免与人们亲密接触。

如果他在中学的失败是由于他对学校的大多数课程没有兴趣，那么他就会在他感兴趣的科目上下功夫。事实证明并非如此。他并没有在德国历史这样一个能激起他的热情、使他兴奋的科目上付出足够的努力以获得优秀的成绩。这一点在他以后的发展中也得到了证明，他后来找到了唯一一个使他感兴趣的学科——建筑学，但他也没能持续付出努力。因此，他在中学的失败，不能被解释为他对所学课程不感兴趣而对其他学习领域感兴趣。希特勒几乎不能从事系统的工作，除非由于很迫切的需要或在被激情所驱使的情况下。

在中学的几年中，希特勒日益回避现实，他对任何人都没兴趣，包括母亲、父亲和妹妹。他唯一强烈的兴趣是和其他男孩子玩战争游戏。在游戏中，他是领导者和组织者。尽管这些游戏对于一个10岁左右的男孩子是合适的，但对于一个中学生来讲则有些奇怪了。这些游戏有几种功能：它们给他当领导的满足感，证明他的自信，他在游戏中能掌握权力，使其他人服从他；它们还增强了他的自恋；更重要的是，它们把他生活的中心引向幻想之中，使他更加逃避现实——现实的人、现实的成就、现实的知识。这种沉溺于幻想的另一表现是他对卡尔·梅（Karl May，1842—1912）的小说的迷恋。梅是一个德国作家，写了许多有关北美印第安人的幻想小说，尽管作者从未见过任何印第安人。事实上，许多德国和奥地利的男孩子都读梅的小说，希特勒对梅的作品的热情，对一个处于小学最后几年的男孩子来说是相当平常的。但他对梅的作品越来越热衷，他从未放弃梅，他在少年、青年甚至到当德国总理的时候，都一直对梅着迷。他从不掩饰对梅的喜爱和敬慕。弗洛姆解释说，阅读梅的小说是希特勒的战争游戏的继续和他的幻想生活的表现。尽管他长大了，却仍然喜欢读梅的小说，这意味着对现实的回避，意味着一种以一个主题为中心的自恋倾向，他幻想着自己是领导、战士和胜利者。如果把希特勒年轻时的行为与他后来的生活情形联系起来，就会发现，对一个高度自恋的退缩的人来说，幻想比现实更真实。

中学的失败对年轻的希特勒的感情上的影响是无疑的。一个男孩，被母亲所宠爱，在小学曾经很成功并且是同伴的领袖，所有这些都增强了他对自己天赋的自信或自恋。突然之间，他发现自己处于失败的境地，他无法向父母掩藏他的失败。他的自恋和他的骄傲必定被深深地伤害了。如果他能意识到他的失败是由于他没有努力，他还能够克服这种失败的打击。他有足够的天赋在中学的学业上取得成功，但他的自恋使得这种醒悟成为不可能。由于不能改变现实，于是他不得不去扭曲和拒绝现实。他把他的失败归因于老师和父亲，并宣称他的失败是由于他热爱自由和独立。他说他希望成为一个艺术家，成为伟大的艺术家的梦想对他来说就是现实。然而他没有努力去达到这个目标，这一事实表明了他这一梦想的虚幻本质。中学学业的失败是希特勒的第一次受挫和羞辱，其他的失败也接踵而来，这使他蔑视和憎恨任何可能导致或见证他的失败的人。很可能这就是他的恋尸癖的开端。

父亲于希特勒14岁时去世对他没有产生明显的影响。如果他在学校的失败果真是由于与父亲的冲突——他父亲想让他成为文职官员，他自己想成为艺术家，那么一旦这个暴君和对手去世，自由的时刻就立即到来，就可以为将来制订现实的计划，并为实现它们而努力。然而他没有这样做。他仍像以前那样生活着，生活在愉快的游戏和虚幻的梦想中。

弗洛姆进一步分析了希特勒后来所强调的与父亲的冲突。父亲认为他的儿子应成为一名文职官员。这个愿望相当自然，因为他在这个领域中获得了成功。当希特勒提出了不同的方案，即想成为一个艺术家（画家或建筑学家）的时候，他的父亲——据希特勒的描述——说："不，只要我活着，你永远也别想。"希特勒于是以放弃学习相威胁，并且当父亲不为所动时，"我沉静地把我的威胁变成了现实"。这就是希特勒对他在学校的失败所做的解释。这种解释既交代了他在中学的糟糕的成绩和缓慢的成熟，又使他的青春时代显得富有英雄气。它给人们塑造了这样一个形象：这个受挫的艺术家带着拯救德国的方案走进了政坛。这个故事确实太有利于后来的元首形象，以至于人们不禁要怀疑他是否编造了整个情节。

父亲希望儿子成为一名文职官员这一点比较真实，但父亲并未采取严厉的措施强迫儿子。希特勒也未采取过激行为公然反抗父亲，他只是退缩到幻想的世界。他父亲可能观察到他的儿子缺乏责任感、不想工作，作为一个聪明而有良好愿望的人，他的注意力很可能不会太集中于让儿子成为一个文职官员，而是让他成为“一个人”。他很可能觉得成为艺术家的计划是他愈加漂浮和缺乏严肃性的借口。如果他的儿子能够提出一个反对的方案，并通过努力证明他的严肃态度，父亲的反应必定大不一样。但希特勒没有做出任何努力来向他父亲表明他是认真的，他甚至没有向父亲提出这样的要求，即如果他在学校学得好，就被允许选修美术课。

父亲去世后，母亲更加担心儿子，她试图把他带回现实，她劝他认真一些。她没有坚持让他成为一名文职官员，但却努力帮助他建立对事情的认真态度和兴趣。她送他到一所艺术学校，但他只在那儿待了几个月。希特勒喜欢穿戴得讲究一些，他母亲就给他买能使他成为“第一流艺术家”的衣服，也许她希望这将成为他开阔见识的桥梁。然而她的计划完全落空了。

母亲做了另一个尝试去培养希特勒的兴趣。她允许他修音乐课，但希特勒仅学了四个月就放弃了，放弃的一个重要原因是不喜欢练习音阶。他母亲对他的态度绝非权威式的，倒几乎是心理治疗式的，试图唤醒他对真实事物的兴趣。然而他对母亲的反应进一步表明，他当初对父亲的消极态度不是对强求他成为文职官员的一种反抗，而是一个退缩的、飘忽不定的年轻人对面对现实和责任的要求的反应。

希特勒的游荡和避免努力的特点还可能这样解释。有一种与母亲联系紧密的男孩子，他们经常无意识地期望母亲将会为他们做一切事情，就像在他们婴儿时期母亲所做的那样。他们觉得无须努力，他们可以把东西乱丢，留待母亲去收拾。他们住在一个天堂里，在那儿没有什么事等待他们去做，一切都为他们准备好了。这种解释也适合于希特勒。当然，许多学生不愿学习，他们抱怨学校学习的迂腐和枯燥，而希望过一种自由而不受权威约束的生活，但是他们没有形成希特勒式的性格。学业上的失败有各种情况，希特勒的特点在于，他不仅对学校的课程不感兴趣，而且对一切事情都不感兴趣。他对任何事都不认真，他缺乏责任感和工作能力。但他的懒惰并非出于不去刻意追求某种目标而满足于悠闲自得地享受生活，相反，他充满了强烈的权力欲，具有特别的生命能量，他通常是紧张的，几乎不能进行任何安静的工作和娱乐。缺乏责任感和工作能力是希特勒身上最突出的消极品质。一个人对某些课程不感兴趣，或更喜欢其他东西，或抗拒学校的规定，并不必然有碍于个人和社会。但是逃避责任和努力就必然妨碍个人的成长，甚至有害于社会。那种认为游荡能使一个人具有革命者的资格的观点是错误的，努力、奉献、专注、责任感才是一个充分发展的人，包括革命者所应具有的品质。

· 维也纳（1907—1913）·　1907年初，希特勒的妈妈在经济上有能力让他搬到维也纳，到艺术学院去学习绘画了。这次搬迁，终于使他从父母的束缚中摆脱出来，他能随心所欲地去计划和行动了。他也不用面对经济上的问题，因为从父亲那里得来的遗产和政府补贴给已故官员家庭的抚恤金可以使他舒适地过上一段时间。他在维也纳一直待到1913年。

那么，这一时期他是如何过的？

首先，他劝说他在林茨的朋友库比泽克（A. Kubizek）也去维也纳。像希特勒一样，库比泽克也是瓦格纳（R. Wagner，1813—1883）音乐的仰慕者，由于这个共同的激情，他们在林茨的歌剧院相遇并成为忠实的朋友。库比泽克本人非常想去，他父亲起初不同意，但在希特勒的说服下，还是同意了。这是希特勒说服天赋的早期表现。库比泽克本来在他父亲的室内装潢店里当学徒，但他也有伟大的梦想，也想成为一个艺术家。他比希特勒更有责任心，也更勤奋，但他没有希特勒那样的影响力。因而，他很快就处在希特勒的支配之下。希特勒在他身上实践其影响人的力量。希特勒得到了朋友的敬慕，这更加强了他的自恋。他又得到了当年玩游戏时得到的东西：被人敬慕，成为领导者。

一到维也纳，希特勒就去艺术学院报考。他认为自己一定会被录取。然而，他又失败了。他没有被录取，于是回到住处住下来，就当什么事也没发生一样。在这里，他恢复了他称之为“研究”的活动：漫不经心地涂画、阅读、绕镇远足或去歌剧院。

但他对每个人都自称是艺术学院的学生，甚至当库比泽克到达维也纳时，他也对他这么撒谎。但库比泽克产生怀疑，问他一个学生怎么能在早上睡到那么晚，希特勒说，他学习艺术全靠自己，他的学习方法是在街上走，看雄伟的建筑，回到家后再绘制成图画。

他第二次报考艺术学院，但被拒绝参加初试。他花了一年多的时间在维也纳游荡，两次报考都失败了，但他仍然相信自己会成为一个伟大的艺术家。当然，他还是能感受到这一年带给他的是失败。这一失败比中学时代的失败更严重。中学的失败还可以用当艺术家的志向来解释。但现在成为艺术家的尝试也失败了，任何借口都没有了，他只有指责主考教授、社会和整个世界。

整日游荡、聊天、速写的时期很快结束了。即使他很节省，剩下的钱也不够他过一年。他的朋友库比泽克也离开了他，甚至没有告诉他去哪里，他没有听众了。他开始读更多的书。那时，奥地利是许多政治思想的中心，包括民族主义、种族主义、反犹太主义等，每一派都出版他们自己的小册子，鼓吹他们自己的思想是独一无二的，并提供解决的方案。希特勒如饥似渴地读这些册子，这使他开始形成他自己的种族主义、反犹太主义和国家社会主义。因而，当在维也纳的希特勒做艺术家的梦想破灭时，他就为他真正的未来职业——政治领袖——打下了基础。

到1909年秋天，他的钱用完了，他没有付房租就从住房里搬出去了。最不幸的时期开始了。他有时睡在长椅上，有时住在廉价的旅馆。曾几何时还想成为艺术家的维也纳的年轻人竟落到了无家可归的地步。他只渴望有一碗热汤，没有任何希望和能力来支撑自己。

这一失败不仅是想当艺术家的失败，而且是希特勒的自负和以身为衣着考究的资产阶级为自豪的失败。过去他轻视底层人民，而现在他成了乞丐、流浪者，属于社会的渣滓。对于一个中产阶级的成员来说，这无疑是很强烈的羞辱，导致他失去尊严的每一件事都刺激着他，最终他将一切都报复到敌人身上，他花了毕生的力量去达到这一目的。

然而，希特勒生活中最悲惨的那段时光并未持续很久，大概只有两个月，他的境况就开始好转。一个名叫哈尼施（Hanisch）的老兵帮助了他。哈尼施有摆脱贫困的主意，他让希特勒画明信片，他拿去卖。于是，希特勒跟着哈尼施搬到一家单身旅馆。在那儿，他能够在一间很大的房子里画画。一切都很顺利。希特勒画明信片，哈尼施卖明信片。有时希特勒也画一些水彩画和油画，哈尼施就把它们卖给裱画的人和艺术商人。希特勒所做的仅仅是临摹照片或市场上畅销的画，所以几乎没有一个人说他是一个画家或艺术家。但他工作不勤奋，一有点儿钱，就不想画了，而与旅馆里的那些房客谈论政治。最终，他与哈尼施发生了争执。之后希特勒就自己画画自己卖。他成了一名小商人，过得很节省，还攒了一点儿钱。

然而，希特勒害怕孤独，他需要与其他人接触以填补他内心的孤独，他更需要的是能被他折服的听众。恰好，这里的大部分房客都是偏激的孤独者。在一定程度上，他们又是正常生活的失败者。希特勒在智力和精力上明显优于他们，于是他通过他们来练习统治和影响别人的能力。他又对自己的能力自信起来。当他坐着画画的时候，他常常中断画画开始疯狂的政治演讲，形成了后来他那闻名于世的风格。这家单身旅馆成了将他训练成政治煽动者的学校。

但是，他只是一个小商人，他的权力只影响了一群孤独者。他不断地和他们高谈阔论，却没有从他们中间找到一个出色的人。他带着强烈的征服的欲望，心中充满愤怒和怨恨，他不满足于做一个小艺术商人，但他还是没有任何现实的目标和计划，仍然生活在半梦半醒之中。

· 第一次世界大战 · 于是，他突然决定去慕尼黑。他对慕尼黑毫无了解，就到那里去碰运气，结果也被慕尼黑的艺术学院拒绝了。他只带了一个多月的生活费，他被迫在酒吧里兜售他画的那些复制品。希特勒想当一个伟大的艺术家的梦想彻底破灭了。

他不得不承认作为艺术家的失败，他必须面对究竟如何度过一生的问题。正当此时第一次世界大战爆发了。第一次世界大战就好像是神送给他的机会，他不必面对人生何去何从的问题，他成了一名战士，做英雄的自豪感代替了做“艺术家”的羞辱之感。他不再是一个流浪者，而是一个为祖国而战的英雄，为了他的存在和尊严，为了民族，为了破坏和胜利，他在战争中如鱼得水。也许在这四年中，他表现出了比以前任何时候都真实的自我。他从一个无业游民变成了一个完全不同的人，一个有责任心的、守纪律的战士。然而，战争失败了，德国被迫接受《凡尔赛条约》，这对希特勒来说又是一次新的失败。他的羞辱之感达到了极为强烈的程度，他怀着愤恨和疯狂的报复情绪。

一个失败的中学生，一个艺术学院的落选者，一个流浪的艺术家，每一次失败都使他遭受比以前更深的伤害，使他感到更人的羞辱。然而这一次，希特勒有机会把他自己的失败和羞辱转化为民族的失败和羞辱。这使他忘记了自己的失败，这一次不是他失败和受屈辱，而是德国。为国报仇和拯救德国，也就是为他自己报仇；清除德国所受到的羞辱，也就是清除他自己所受到的羞辱。他现在想的是成为一个伟大的政治领袖，而不是一个伟大的艺术家，他已经发现了能施展他的真正才能的领域。一场空前的人类灾难的罪魁祸首从此开始发迹了。

2 对弗洛伊德的悲剧性格的分析

弗洛姆的性格理论的核心是社会性格，尽管他的性格学说可以用来分析个人，但他创建那些范畴主要是为其社会性格理论服务的，即主要为了研究现代人的性格问题。但社会是由个人组成的，研究社会群体与研究个人不仅不矛盾，而且能相互促进。研究个人有助于更深刻地了解群体；反之，研究群体也有助于更深刻地了解个人。我们从弗洛姆对希特勒和纳粹德国的群众的研究就可以看出这一点。因此，对个人性格的研究也是弗洛姆性格理论的组成部分，也是精神分析的心理历史学（psychohistory）的重要组成部分。

弗洛姆不仅深入研究了希特勒这个他憎恨的病态的人物，也研究了他最崇敬的两个人的性格。这两个人是弗洛伊德和马克思。在他看来，弗洛伊德身上充满了矛盾，似乎并不是他理想的最健康的人。而马克思则是一个生产性的典型，他的理性和爱的能力都得到了充分的发展。

当然，弗洛姆对弗洛伊德和马克思的性格的分析，不仅是其性格研究的组成部分，也是为了研究一种学说与其创始人的性格的关系，而这正是思想史研究所忽视的问题。思想是人的产品，不理解人，很难说能很好地理解这个人的思想。特别是对于研究人的思想家而言，更是如此。

弗洛姆在分析弗洛伊德的性格时，并没有套用他的性格理论的概念，但他分析的思路和方法与其整个性格理论仍然是一致的。

在弗洛姆看来，弗洛伊德是一个悲剧人物，而他的悲剧性格是造成他的悲剧命运的主观原因，他总是陷入二元对立的冲突中不能自拔。这些无法解脱的矛盾冲突是我们分析其悲剧性格的主要线索。

独立与依赖

弗洛伊德是一个依赖性很强的人，但他从来不愿意承认，这是一种“深深的但又无意识的依赖性”。（尚新建译，1986，第60页）在意识中，他有极强的独立性。他说，他对充当别人的被保护人的角色极为反感。他一直怀有强烈的愿望，希望自己成为一个强人。强烈的依赖性与强烈的独立性的矛盾贯穿弗洛伊德的一生。在一定的意义上，可以说弗洛伊德苦苦奋斗的一生正是他克服依赖性、确立性格的独立性的过程。

通过分析弗洛伊德与父母、妻子、师友和弟子们的关系，就可以发现其性格中的这一对矛盾的形成和表现。

母亲在每个人的生活中都占据着不可替代的位置。这不仅是因为母亲在一个人年幼无能的时候养育了他，并且是最早对一个男子施以爱抚的异性。更重要的是，母亲无条件的爱护、肯定、赞许是一个人确立自信心和力量感的基础。但弗洛伊德从来不承认这一点，因为这会给人一种依恋母亲的印象。

弗洛伊德是母亲的宠儿。也许是基于一种无法言说的直觉，他的母亲似乎预感到弗洛伊德会成为一个了不起的人物，为了不打扰弗洛伊德的学习，竟然把家里的钢琴搬走，因为弗洛伊德不喜欢音乐，她就放弃了对其他子女进行音乐教育的计划，也放弃了自己对音乐的爱好。

母亲特别赞赏和偏袒弗洛伊德，弗洛伊德也特别依恋母亲。他是个十分勤奋的人，除了与他的事业有关的人外，他几乎不把空余时间留给任何人，甚至他的妻子。但他每星期日上午都去看望母亲，并请母亲去他那儿用晚餐，一直到母亲去世。弗洛伊德的母亲很长寿，去世时儿子已经成名，这是她的一大幸运。母亲在他生活中的重要地位和对他性格发展的重大影响，他是意识到了的。他曾谈到母亲在一个人生活中的重要地位和对人的性格发展的重要影响："一个无可置疑地深受母亲宠爱的人会终生保持胜利者的感觉，保持经常导致真正成功的成功信念。"（尚新建译，1986，第15页）弗洛伊德坚定的自信心就是以母亲的无条件的赞许和肯定为基础的。

但弗洛姆认为弗洛伊德似乎有一种隐瞒对母亲的热切依恋的倾向。他在自传中很少提到母亲，在《梦的解析》一书中记述了

30多节自己做的梦的片段，其中只有两节涉及他的母亲。弗洛姆推断，弗洛伊德是一个多梦的人，他必做过许多关于母亲的梦，但他没有记录下来并写进他的书里。而这两个梦却都表现了他对母亲的强烈依恋。在弗洛伊德的学说中，恋母情结又是一个重要的概念。从精神分析的角度看，上述现象背后必有深意。

本来，弗洛伊德发现了人的一种基本的深层愿望，即渴求母亲的照料、保护、赞许和无条件的爱。但弗洛伊德极力把人对母亲的依恋限制在本能欲望的狭小领域，他严格规定了俄狄浦斯情结的含义，不能容忍任何对这个概念的修正和批评。从个体发展看，人离开子宫，来到陌生的世界，就意味着失去了安全感，随着年龄的增长，逐步失去了母亲的照料，而来自各方面的威胁往往越来越多。为了克服不安全感的袭击，母亲就成为一种精神上的避难所，人又渴望回到子宫，回到母亲的怀抱。从人类的发展看，人类是通过与自然做斗争而建立起文明社会的，文明程度越高，人离自然越远。但人类普遍有一种回归自然的愿望，这与个体依恋母亲的情感是一致的。这种情感是基于“对天国般乐境之渴求”（申荷永译，1986，第35页），是为求得安全感而对家园的一种追求。

一般学者总是力求扩展和深入挖掘自己提出的概念的含义和意义。从总体上看（就其对精神分析的态度而言），弗洛伊德也不例外。但对俄狄浦斯情结这个概念，他却限制和歪曲了自己的发现，他只允许在性的意义上使用这个概念。

弗洛伊德之所以把恋母情结局限在性的范围内，在弗洛姆看来，是因为他不愿意承认这种依恋。因为母爱可能使人增强信心，也使人产生依赖感。弗洛伊德有强烈的依赖感，但他不愿意承认，他压抑了这一方面。依恋母亲使人联想到儿童，这对一个成年男子来说是令人难堪的。

弗洛伊德的依赖性的突出表现是，他总是避免单独旅行。为了确保乘火车旅行时不误车，他往往要在开车前一个小时就到达车站。弗洛姆认为，这有很深的象征意义，因为旅行意味着“离开母亲和家庭的保护，无依无靠，断绝了根基”（尚新建译，1986，第19页）。

弗洛伊德在他的理论中把男人的恋爱和婚姻看成是恋母情结向其他异性的转移。从他和妻子的关系来分析，他这个观点是有自己的生活基础的。他和妻子的关系表现出他对母亲形象的依赖，而他的男子优势理论和在家庭生活中对妻子的控制所体现的“独立性”，则是对这种依恋的反动、克服和补偿：尽管我离不开你，要依赖你，但我比你强，并且能够控制你。

弗洛伊德婚前是一个狂热的恋人。他在热烈的追求和征服过程中充分释放了爱的能量，满足了一个男人的自豪感，一旦得到了所爱的女子，主动的爱和热情便大大减少了。婚姻中妻子最重要的职能是母亲的职能。她不仅是孩子们的母亲，也是丈夫的母亲。“她必须无条件地献身于丈夫，关心他的物质财富，永远服从他的需要和愿望，她自己永远是一个一无所求的女人，一个侍奉别人的女人——也即是说，必须是母亲。婚前，弗洛伊德陷入热烈的爱情——因为他必须征服他所选择的姑娘，以证明自己的男人气概。征服一旦由结婚所证实，‘可爱的心上人’就变成了强烈地爱着的母亲，尽可以依赖她的照顾和爱，对她则无须给予主动的、热烈的爱。”（尚新建译，1986，第26页）

在这样的关系中，一个在社会上有能力、有地位的独立的男子，在家庭里要依赖一个没有独立性的女子。在弗洛伊德的观念中，男人是强者，女人是弱者。但他这个强者强烈地依赖着一个被他征服了的弱者，这又是他不愿意识到的。这是“一种无意识的依赖关系，其中居主导地位的人要依赖那些依赖他的人”（尚新建译，1986，第56页）。

弗洛伊德对母亲形象的依赖，以及对这种依赖感的压抑和否定，不仅限于他与妻子和母亲的关系中，这种关系也体现在他与师友和弟子们这些男人的交往中。这些人可分三种：师长和同事，如布洛伊尔（Josef Breuer，1842—1925）；同代人和朋友，如弗利斯（Wilhelm Fliess，1858—1928）；弟子，如荣格、阿德勒。他与这些人的关系的发展有很大的相似性：热烈的友情、完全的信任、深深的依恋、敞开心怀的倾诉，后来变为怀疑和憎恨，以致关系破裂。分析弗洛伊德与这些人的友好关系破裂的原因，可以使我们发现他独特的矛盾人格。弗洛姆认为弗洛伊德与这些人的友情是建立在“接受性的欲念”之上的，或者说是一种“口腔感受依赖性”。他特别需要有人支持他、安慰他、鼓励他、倾听他的话，甚至供养他。一旦他这些需要的满足遇到挫折，他就断绝和那个人的关系，憎恨他，把他从自己的生活中清除出去。弗洛伊德与这些人关系破裂的直接原因主要是学术观点上的分歧，这似乎超出了人之常情，而弗洛伊德最需要的恰恰是忠实的听众和拥护者。也许是他受到的指责太多了，所以他尤其不能容忍朋友的批评。弗洛伊德这种独特的个性依然是基于独立性与依赖性的矛盾：当依赖性得到无意识的满足时，关系是亲密的；当这种满足遇到挫折时，过分敏感的、要求独立的自尊心就活跃起来。所以，强烈的独立性恰恰是强烈的依赖性的补偿。

但弗洛姆没有进一步分析弗洛伊德的这种性格。弗洛伊德显然有一种很深的孤独感，因为他的学说常常要面临各种学术的或非学术的指责。弗洛伊德的孤独感是他人格的深层内容。他对亲友的依赖包含着一种消除孤独的愿望，一旦这个愿望不能满足，他就痛苦莫名。但他宁愿忍受孤独，也要固守自己的信念。

如果说弗洛伊德在同母亲、妻子、朋友和弟子们的关系中依赖性更深刻、更占优势的话，那么，他同父亲的关系则突出地表现了他的独立性。弗洛伊德似乎在很小的时候就把父亲视为对手，他把父亲作为一种权威的象征，通过向这个权威挑战来确立自己的独立性。弗洛伊德2岁的时候还尿床，正是他的父亲而不是母亲训斥了他。他的反应是："别担心，爸爸，我会到新提辰（Neutitschein）给你买一条新的、漂亮的红床褥的。"（尚新建译，1986，第64页）这件事他记得特别牢，也许对他的恋母仇父学说的形成有影响。还有一件事，弗洛伊德七八岁时，曾故意到他父母的卧室里小便，以示对父亲的挑战。父亲大发雷霆："这个孩子绝不会有什么出息！”这句话深深地刺激了弗洛伊德，他时常暗暗发誓要用自己的成功和成就报复父亲：“你睁眼看看吧，我毕竟成了个人物。”其实弗洛伊德的父亲并没有经常批评和贬损自己的儿子，相反，他常常以自己的儿子为傲。上面所说的那样的事十分少见，却给弗洛伊德以很大的影响。这似乎可以通过分析俄狄浦斯情结这个概念来加以理解。弗洛伊德认为，儿子憎恨父亲，因为父亲与他争夺母亲的爱。但弗洛姆说，与依恋母亲的情形一样，用性来解释这种竞争掩盖了真正的根本原因。根本原因在于：希望得到母亲的爱护和赞许，同时希望成为征服世界的英雄，正是这种矛盾才导致了弗洛伊德对父母的态度上的矛盾。父亲是社会权威和传统的代表，一个男人要确立自己的独立人格和价值，首先要敢于向父亲挑战，进而向权威和传统挑战。父子之间的冲突确实很普遍，弗洛伊德首先把它纳入心理学的研究范围，这种研究又以自我分析为基础。由于不敢正视自我分析的残酷性，弗洛伊德就把它推给了人的自然本性。弗洛姆认为父子之间的冲突是传统父权制社会的特有现象，这种冲突是建立在父亲对儿子的控制以及儿子反叛父亲的愿望之上的，而这种冲突在现代商业社会大大减缓了（申荷永译，1986，第36—37页）。由于弗洛伊德因袭了父权制社会的传统偏见，所以他不可能认清这种冲突的本质。

热情与冷漠

弗洛伊德在日常生活中是一个冷漠的人，缺乏热情，在日常生活中显得缺乏乐趣，除了散步和旅游外没有其他的娱乐方面的爱好。他通常是忧郁的，很少有明朗和热情洋溢的时候。但他对真理、他的事业及与他事业有密切关系的人却倾注了全部的热情。

让我们先看看他的感情生活。上文已经提到，他对妻子的态度婚前婚后判然不同。婚前，他是一个狂热的恋人，他用很多时间写情书，从订婚到结婚的四年三个月间，给未婚妻写了900多封情书。婚后，他当然依然深爱他的妻子，他们的婚姻是白头到老的，而且没有发现关于强烈的冲突和不愉快的事情的记载。尽管旅游度假他不带妻子，但几乎每天发电报或寄明信片给她，每隔几天还有一封长信。但在家庭生活中弗洛伊德显然是冷漠的，很少对妻子表示主动的爱和热情。所以，用中国的话说，这种夫妻关系是“相敬如宾”的。弗洛伊德也没有对其婚姻本身表示过不满，可见婚姻与爱情不是同一的，它还有一些其他的内容。

这种冷漠的原因似乎可以做如下解释。弗洛伊德在与妻子的关系中有一种很深的孤独感，他们之间没有精神世界的广泛深入的交流，妻子对他的人格和事业的肯定是无条件的，也是抽象的，她基本上不过问。他也没有向妻子敞开心灵，他没有努力去启发妻子以求得相互之间的交流和理解。在他的意识层面，他只要求妻子管理好家庭，照顾好他的生活，但在精神深处，潜藏着对志同道合者的渴求，因为爱的本质就是双方肉体和灵魂的融合。

弗洛伊德的这种孤独的痛苦在很大程度上是咎由自取。他对女人抱有一种顽固的偏见，认为女人是被阉割的男人，即残缺不全的人，理所当然地处于低等的、被动的地位。弗洛伊德是一个敢于与传统观念决裂的人，但在关于妇女的问题上，却因袭了最符合传统的看法，即一些父权制社会的传统偏见。由于他没有把妻子看成和自己平等的人，吃饭的时候宁愿随身带一件古玩（一个小雕像）放到饭桌上，摆在他面前，陪伴他吃饭，也不愿主动多和妻子交谈。

当然不是不想交谈，而是无话可谈。在父权制社会的家庭中，妻子的生活范围被限制在家里，而且主要是操持家务和养育孩子，她的眼界自然很狭窄。弗洛伊德既然认为让女人走出家庭像男人一样为生存而斗争是十分“荒谬的”，甚至“没有人性”，只有让她回到家庭才是“合乎人性”的，他也就没有理由抱怨妻子无知或不能理解他等等。

但这种寻求理解的愿望和热情是不可能消失的，它要向其他人身上转移——转移到男人们身上。他在和弗利斯、荣格等的交往中，开始总是表现了异乎寻常的热情，关系破裂后又陷入极度的痛苦。

他在与弗利斯等人的友情中，总有一种强烈的倾诉的渴求。他向他们倾诉自己的思想、希望、烦恼……他在给弗利斯的信中写道：“在你到来之前，我会一直抑郁忧闷，生活在一片黑暗之中，我要把我的一切牢骚向你倾吐，你那平稳从容的火焰会点燃我忽隐忽现的火花，使我再一次感觉良好。”（尚新建译，1986，第48页）这是一种类似于情书的笔调，弗洛伊德像个热恋中的情人，热烈而又敏感多疑，一旦他的热情受到挫折，他就有一种强烈的失恋般的痛苦，甚至突然晕厥过去。他在与弗利斯和荣格的关系出现不融洽的时候，曾昏过去几次。他自己解释说他有一种无法控制的同性恋般的感觉。这是一种精神同性恋，可以将其看成是他冷漠的爱情生活的一种补偿。

弗洛伊德对日常生活和对妻子的冷漠态度的另一个原因是日常生活本身的单调、空虚和无聊，加上他没有什么娱乐爱好（这可能与他要节省精力以利于事业的怪想有关，也可能与他的气质有关），这种感觉就更加明显。结婚以后，对妻子失去了新鲜感，他的男人的征服欲早就满足了，加上由婚姻契约所带来的安全感，这样，爱情就不能得到发展和更新。

弗洛伊德在日常生活和感情生活中所表现出的冷漠，最根本的原因是为了他的事业和理想，为了把有限的生命倾注到最有意义的事情上，即满足自己对真理的热望。与爱因斯坦一样，在年轻的时候，他就把自己同大众区别开来。可笑的芸芸众生奔波忙碌仅仅为了一个胃，他们发泄他们的冲动，而杰出的人则为了更高的目的去升华这些冲动。弗洛伊德的来访者是由妻子接待的，只有来了他感兴趣的人，他才到会客室待上几分钟。所谓他感兴趣的人，主要是与他的事业有关的人，上面谈到的布洛伊尔、弗利斯、荣格等人都曾是他事业上的同人。

感情往往是痛苦的深渊，弗洛伊德特别害怕受到感情上的伤害，所以他总是更多地考虑怎样避免痛苦，而不是怎样产生快乐。

快乐就是避免不快乐。与妻子深入交流，就会发现差别，因为两个个体不可能完全相融。对于一个敏感的人来说，意识到差别就会产生孤独和痛苦，又不得不天天与她相处，岂不苦不堪言？所以不如冷漠。但正如上文已分析的，冷漠也避免不了孤独的痛苦。

感情的痛苦是一种无意义的精力消耗，杰出的人物要节省身心的力比多，将它升华为创造性的活动。

所以，在弗洛伊德那里，即使性爱也由现实生活转变为科学研究的对象。他在《梦的解析》中记载了一个他自己的梦："我写了一部论述某种植物的专著。书放在我的面前，我正在翻看一页折褶起来的彩色插页。每一幅照片上都装订着一只干瘪的植物标本。"弗洛伊德想起做梦前的那天早晨，他在书店的橱窗里看到一本关于一种植物的新书，他当时想起这种植物的花是他妻子喜爱的，他责备自己很少记得给他妻子带这种花回家。弗洛姆认为弗洛伊德对自己梦的分析往往不得要领。这个梦的象征意义是，花是爱和幸福的象征，即使是妻子喜欢的花，他也很少记得送给她，他把花压瘪了，放进了标本集，就是说使它成为科学研究的对象。爱成了科学研究的对象，但生活中的爱却是干枯的。

弗洛伊德认为文明以压抑人的本能为代价，要为文明的发展做出贡献，必须珍惜生命的能量。而作为第一个着重研究性心理的人，必须在道德上无可指责。批判传统的人必须遵守传统。他为了事业，为了满足追求真理的热望，牺牲了现实生活的快乐。

理性主义与威权主义

弗洛伊德虽然潜心研究非理性，但他却是个理性主义者。他以理性研究非理性，使非理性成为理性最后一个领域，从这个意义上讲，他是最后一个伟大的理性主义者。就是说，从他以后，人们开始认识到非理性的力量，不再像过去那样盲目地、乐观地信任理性。

弗洛姆认为，“弗洛伊德身上最显著的，也许也是最强烈的情感力量就是他热望真理、坚信理性”（尚新建译，1986，第2页）。理性是唯一的工具或武器，唯有用理性才能理解生活的意义，解决生活的问题。他对理性的这种信念成为他不懈地追求真理的基础。但弗洛伊德的人格中又有许多与一般的理性主义科学家相矛盾的东西，他对批评他的理论的人怀着敌意，不允许他的弟子发表不同的看法，他把他的理论看成教义。他发起的精神分析运动带有浓厚的宗教和政治色彩，他需要别人盲目的信仰和崇拜。他自己崇尚理性，却不允许别人运用理性。

弗洛伊德是一个理性主义者，理性是他的信仰，是方法和手段，也是精神分析的目的——以理性指导本能，指导生活。

弗洛伊德是个犹太人，他继承了希伯来文化传统的精神，这种精神用另一个伟大的犹太人爱因斯坦的话说，就是“对真理和正义的热爱”（爱因斯坦著，许良英等编译，1979，第50页），我们发现还有一个伟大的犹太人马克思身上也体现了这种精神。此外，一个受歧视的少数民族，需要用理性来批判不合理的社会，并用理性来证明自己的力量，这也是弗洛伊德坚信理性的动力之一。

弗洛伊德对理性的信念显然是由于继承了启蒙运动的传统。用理性衡量一切的精神继续存在于19世纪欧洲的中产阶级，特别是那些献身于自然科学的知识分子中间。弗洛伊德在学生时代就深受这种精神的影响。

在弗洛伊德生活的时代，奥匈帝国已腐朽不堪。现实社会生活的事实与官方意识形态之间的明显不一致很容易刺激人们的怀疑精神或批判精神。特别是国家的衰落与父亲生意的破产联系起来，更使儿时的弗洛伊德感受到现实的一切，包括政治、经济、舆论等等，都不可信赖。对于一个天资非凡的孩子，除了完全相信自己、相信理性，他还能相信什么？

但文化传统和社会现实并不能机械地、单方面地决定一个人的成长。那种认为时代必然造就一个弗洛伊德，如果不出现这个弗洛伊德，必然出现另一个“弗洛伊德”的决定论的历史观是颇值得怀疑的。弗洛伊德身上一些独特的个性因素，使他得以建立起一种独具特色和影响深远的理论。

正如我们已经分析过的，弗洛伊德在日常生活中得不到多少乐趣，而他又是个自尊心和独立性很强的人，这样的人要实现自我，要得到名誉和地位，只有追求一种事业、一种理想。加上他极其敏感和脆弱，易变的社会现实和感情生活促使他强烈地追求确定性，就他的个性而言，这种确定性只能到知识和理性的世界中去寻找。

但弗洛伊德的理性主义并不彻底，这集中表现在他个性中的威权主义倾向。他对批评他的理论的人怀有敌意，哪怕曾是推心置腹的朋友，也会因为观点的分歧反目成仇，尽管对方依然表示友好和尊敬，他也绝不宽容。只要加入到他的精神分析的队伍中来，就要无条件地接受他的观点。理论成了教条。

为了保证他的理论的纯洁性和生命力，他领导了一场带有浓厚的政治和宗教色彩的精神分析运动。精神分析，从一种治疗心理疾病的方法，发展成一种关于人的本性的心理学和哲学理论，进而转变成一种运动，由秘密委员会作中心指导，不断地清除异己，并建立起一个国际性的超级组织，在世界各地设有分支机构。在这个运动中，领导人成了独裁者和偶像。我们只要看一下下面这些语言，就会发现这样的现象在其他科学领域是十分罕见的。1912年，阿德勒"背叛"了弗洛伊德，荣格也有背叛的迹象，琼斯（Ernest Jones，1879—1958）提出组织一小群可靠的精神分析学家作为弗洛伊德周围的近卫队。琼斯等几个忠实弟子成立秘密委员会时，弗洛伊德给琼斯回信说："如果我知道有这样一个机构在守卫我的创造成果，那么，生死对我来说就更无所谓了。首先，这个委员会的存在和活动必须是严格保密的。"然而，就是这些人之间也互相猜疑，费伦齐（Sándor Ferenczi，1873—1933）曾写信"提醒"弗洛伊德："你必须始终注意琼斯，切断他的退路。"（尚新建译，1986，第104—105页）

显然，依赖性和摆脱孤独的愿望又在起作用。这样，一种激进的科学理论变成了僵化的、保守的宗教教义，一个理性主义的学者变成了一个威权主义的政治家。所以，弗洛姆认为弗洛伊德只是个反叛者而不是个革命者。反叛者反对权威是为了使自己成为权威，像一些政治家，掌权前激进，掌权后就保守起来。而真正的革命者则完全摆脱了对权威的依赖，完全抛弃了统治其他人的欲望。

因此，弗洛伊德又背离了启蒙运动的精神，倒退到落后的威权主义时代。启蒙、理性、民主是不可分的，是与威权主义对立的。弗洛伊德同意这样的看法："精神分析的观点不会带来民主平等，应该有一批根据柏拉图的由哲学家进行统治的原则而行动的杰出人物。"（Fromm，1959/1978，p.85）人被分为权威和大众，前者富于智慧，后者受情欲驱使，正如要用理性统治情欲一样，要用权威统治大众。弗洛伊德的理论只有在多元文化的民主社会中才能得到承认，在一元文化的专制社会中，它总是受到占统治地位的意识形态的排斥，纳粹德国、斯大林统治时期的苏联，都是这么做的。弗洛伊德想通过非民主的组织、用非民主的方式为他的理论赢得承认，这是大可不必的。精神分析在现代学术界所得到的承认与弗洛伊德的这些努力无关。

要理解弗洛伊德人格中理性主义与威权主义的矛盾，就要分析他的社会政治理想。

弗洛伊德孩提时代就十分崇拜汉尼拔这样的军事将领，他对拿破仑、普法战争等都很感兴趣。上大学前，他曾很想学习法律。

在寻找住所过程中，他一眼就看中了一所房子，并在这所阴暗的、不实用的房子里住了四十七年，而这房子曾是奥地利社会民主党领袖维克多·阿德勒（Victor Adler，1852—1918）的住所，弗洛伊德似乎在潜意识中以这位领袖自居。弗洛伊德还以犹太人的伟大领袖摩西自居，这表现在他的著作《米开朗琪罗的摩西》和《摩西与一神教》中。所以弗洛伊德十分热衷于历史和政治，热衷于影响历史和改变人类命运的伟大人物和事件。他深切关心的不是医学，而是哲学、政治和伦理。他曾叹着气说，他可能要离开医学，竭尽全力去解决文化和历史问题。他曾准备参加“国际伦理文化共济会”，认为这个组织在国家和教会明显不公平的情形下，可以直接承担起反对它们的权威的责任。弗洛伊德渴望成为一个伟大的政治领袖，他的目标是要改造世界，他是“披着治疗学家和科学家外衣的一个伟大的世界改革家”（尚新建译，1986，第97页）。

那么，弗洛伊德的政治和宗教理想是什么？简单地说，就是人道主义。他要按照人道主义的理想改造世界。传统文化对人性的压抑使人背上了沉重的精神包袱，以致引起了普遍的、程度不同的心理疾病。关系到人类命运的核心问题是要解决好文明与人性的矛盾，只有充分理解了人的心灵，并建立起一种人道主义的文化才能解决人类的困境。但弗洛伊德对此是缺乏信心的，他感到人类的悲剧命运同他自己的命运一样是不可避免的。“不管人要干什么，必然以失败而告终。”（张燕译，1986，第38页）但弗洛伊德似乎不愿意接受这样一种命运，他不愿意放弃行动，他不满足于创建一种学说和针对某些人的治疗，他还领导一场运动，要拯救芸芸众生于水深火热之中，把人们从精神的苦难中解救出来。

人道主义者与对战争的矛盾态度

人道主义是同启蒙运动一同兴起的，弗洛伊德同其他理性主义者一样，也是人道主义者。精神分析运动根本改善了心理疾病患者的待遇，这本身就体现了人道主义精神。

与其他人道主义者不同的是，弗洛伊德又对战争怀有很大的热情。他对第一次世界大战怀着年轻人般的热情，他先以身为奥地利人为傲，然后又为德国人的侵略性自豪，直到1918年，他还希望德国胜利。四年的时间中，他没有用批评的态度对待过同盟国的战争责任。

弗洛伊德的战争热情，与他幼年时崇拜军事领袖、潜意识中以政治领袖自居，以及他狭隘的爱国主义情感等因素有关。

第一次世界大战的结果显然给他很大的打击，他开始研究战争的根源。他认为人有生的本能和死的本能，前者倾向于亲爱和建设，后者倾向于侵略和破坏。死本能向外指向他人，就会发生竞争、侵略、战争；如果受到压抑，向内指向自己，就造成自我虐待等心理疾病。这又是一个两难选择，悲剧不可避免。他在30年代初给爱因斯坦写信才明确表示反对战争。这就形成了弗洛姆说的人道主义者与理论家的矛盾：作为人道主义者，他反对战争；作为理论家，他认为战争不可避免（申荷永译，1986，第144页）。

弗洛伊德尽管致力于怎样避免战争的研究，但在弗洛姆看来，这个矛盾在弗洛伊德身上却从来没有得到解决。

只不过精神分析又多了一种功能，它抚慰那些深受战争创伤的痛苦心灵，使一些人可以在充满焦虑和混乱的世界里找到一个避难所。

透过弗洛姆对弗洛伊德人格的主要的内在矛盾的分析，我们最真切感受到的是一个痛苦的灵魂。当一个人内心的矛盾冲突不仅不能在现实生活中得到缓解，反而在冲突的深渊中越陷越深，并成为他的不幸命运的主观原因时，我们就说这个人的性格具有悲剧性。显然，这里所说的“悲剧”不同于文学艺术意义上的“悲剧”。前者存在于现实生活中，后者是艺术家的作品；前者是生活本身，后者是生活的反映。但二者之间的基本特征是相同的，这就是由无法挣脱的矛盾冲突所导致的不幸遭遇。那些无法挣脱的矛盾冲突包括：一、性格内部各动力因素间的矛盾冲突；二、人与现实之间的矛盾冲突，即性格内部的矛盾冲突不能在现实生活中得到解决，人不仅不能在现实生活中实现他的愿望，反而在追求、奋斗的过程中遇到种种挫折，最后以失败告终。我们把这种人称为悲剧人物，把他的性格称为悲剧性格，而他一生的遭遇则构成了一种悲剧命运。

弗洛伊德正是这样一个人物。他爱妻子，妻子却不能理解他；他爱学生，最得意的学生却离他而去；他追求独立，却强烈地依赖他人的照顾和肯定；他勇敢地以理性向权威挑战，却固执地把自己确定为新的权威；他反对战争，却认为战争不可避免；他热爱生命，却常常和死神会面；他只知道追求真理，却看到那些毫无科学头脑的人歪曲和滥用他的学说；他呕心沥血、劳累战斗一生以减轻人们的精神痛苦，他自己的人格却受到怀疑和诋毁；他想减少心理疾病，却眼睁睁地看着社会中精神错乱与日俱增。他的理性主义和人道主义的理想被两次世界大战的炮火击得粉碎。从这个意义上说，他的事业失败了，他的理想破灭了。直到最后，他被希特勒赶出他深爱着的维也纳，在异国他乡孤独地死去。“他想给人类指出理性和和谐的希望之地，而他却只能从远处眺望；他知道他永远不能到达那里……他是人类伟大的人物和领路人之一，他必然怀着深深的失望感死去，不过，他的骄傲和尊严绝不会因疾病、失败和失望而受到丝毫削弱。”（尚新建译，1986，第139页）

弗洛伊德不仅是这样一个悲剧人物，而且他的学说从总体上看也是一种关于人的悲剧命运的理论。要充分说明这一点，就要分析他的整个思想体系。在这里，我们只要回顾一下他的以下基本观点，对于熟悉弗洛伊德的读者，也就不难理解这一看法了。文明的进步以压抑人性为代价，却不能给人带来幸福；人的心灵世界好比一个战场，本我、自我、超我三者之间进行着无休止的战斗（实际上是本我与超我之间的尖锐矛盾，自我是一个中间角色）；人永远也解决不好意识与潜意识、理性与非理性、道德与本能之间的矛盾，也解决不好生与死（爱与恨、建设与破坏）之间的冲突；就连亲骨肉之间也不存在纯粹的爱，恋母仇父或恋父仇母，不可调和。他感到人类的命运同他自己的命运一样，都是一场悲剧。

可见，弗洛伊德的思维方式和理论体系具有二元的矛盾冲突的特征，具有悲剧性。他揭示了矛盾，却不能解决矛盾，他只见冲突不见和谐；他分析了人的两难的现实处境，却不能指出一条满意的解脱之道。

因此，弗洛伊德的性格结构与他的思维方式和理论体系之间存在着某种同构关系。并不是说他的思想都可以在他的生活经历和性格因素中找到根据，而是说，作为一个探究人的心灵和命运的思想家，他的性格和思想之间有一种总体上的内在联系，即都具有一种“二元冲突的悲剧性”。

弗洛伊德说过，他的生活经历和精神分析的历史这二者之间密切相关。可以说，他的生活经历造就了他的性格，正是具有这种性格的他，创立了精神分析学说，领导了精神分析运动；而精神分析学说和运动又使弗洛伊德成为他自己——使他成为一个具有独特性格和特殊成就的著名人物。精神分析学说是他创立的，这种理论反过来又加强了他的性格特征。性格和学说都是他的生活实践和临床实践的结果，又反过来影响或指导生活实践和临床实践。

弗洛伊德是一个悲剧人物，他的学说是一种悲剧理论，但他不是叔本华式的否定生命意志的悲观主义者，他一生都没有停止过对人的悲剧命运的抗争，他通过工作，通过投身于一种科学和文化事业来与人的悲剧命运抗争。

3　马克思：一个真正的人

弗洛姆没有用精神分析的方法写出一本有关马克思的心理传记，但我们从他谈及马克思的性格的极少文字中，很容易感受到弗洛姆是把马克思作为一个生产性性格的典型来描述的。这些描述集中在《马克思关于人的概念》一书的最后一章（Fromm，1961/1982，pp.80–83）。

弗洛姆写道，对马克思的著作的误解和歪曲同时还伴随着对他的人格的歪曲。正如马克思的理论的遭遇一样，马克思的人格也由于那帮文人、政治家，以及那些应该更好地了解马克思的社会科学家所反复宣扬的陈词滥调而遭到歪曲。马克思被描绘成一个离群索居、落落寡合、盛气凌人、狂妄自大、权力欲熏心的“独来独往”的人。任何人只要了解一下马克思的生活，就很难接受这些说法，因为他会发现这些说法跟作为丈夫、父亲和朋友的马克思的形象极难协调起来。

世界上也许没有什么婚姻能比马克思和燕妮的婚姻更值得称道。他俩的婚姻简直是人性的尽善尽美的发挥，而且经历极不寻常。马克思是一位当律师的犹太人的儿子，年轻时爱上燕妮。燕妮是一位普鲁士贵族的小姐，这个家族是一个最古老的苏格兰家族的后裔。当马克思24岁时他们结了婚，在她死后仅一年多他也去世。任凭背景的悬殊，任凭终身的物质上的贫困和疾病缠身，他们的爱情从不动摇，并都从中得到了幸福。这种婚姻只有当两个人有着非凡的爱的能力和彼此深深相爱的时候才有可能。

马克思的小女儿爱琳娜曾在一封信里描述过双亲的这种关系。这封信谈到她母亲死的前一天和她父亲死的前一年多的事。她写道:“摩尔（马克思的诨名）的身体好点了。我永远也不会忘记那天早晨，他感到自己已经有力气跑到母亲的房间里去。当他们在一起的时候，他们又变得年轻了。她像一个年轻的姑娘，而他像一个热恋中的小伙子，他俩仿佛刚跨入生活的门槛，一点儿也不像一个衰弱的、病魔缠身的老翁，和一个即将告别人世的、奄奄一息的老妇。”

马克思跟他的孩子们的关系是无拘无束、毫无家长制作风的，并且充满着激发蓬勃向上的爱的力量，正如他跟妻子的关系一样。人们只要读一读他的女儿爱琳娜所描述的他跟他的孩子们在一起散步时的情景就能了解这一点。他们散步时，马克思给孩子们讲故事，故事不是按“章”计算的，而是按“英里”计算的。“给我们再讲一英里吧？”姑娘们喊着。“他给我们讲完了荷马的全部作品，《尼伯龙根之歌》《古德伦》《堂吉诃德》《一千零一夜》等。至于莎士比亚（的作品），则是我们全家的‘圣经’，我们常常手不释卷，几乎没有不提到它、讲到它的时候。我在6岁的时候就已经能背诵莎士比亚剧本中许多场的台词了。”

比起他的婚姻和他跟孩子的关系，他与恩格斯的友谊更加无与伦比。恩格斯本身是一个非凡的人，才华横溢，但是他始终承认和赞美马克思卓越的天才。他把自己的一生贡献给马克思的著作，但他在做出自己的贡献方面也从不放松，而且不低估它。在他俩的关系中，几乎没有发生过任何摩擦，无竞争之心，只有建立在深厚的互相敬爱的基础上的同志之情。这种两个男人之间的情谊恐怕举世无双。

马克思是一个富有创造性的、非异化的、独立的人，他的著作把他作为一个新社会的人的形象生动地展现出来了。由于他是创造性地与整个世界，与人们，与各种观念相联系的，所以他就是他所思的。他每年都要阅读埃斯库罗斯和莎士比亚的原文作品，即使在他最悲伤的时候，即当他妻子患病时，他还不忘记钻研数学，研究微积分。他是一个地地道道的人本主义者。对于他来说，再也没有比人更美的东西了。他曾引用黑格尔的一句话来表达这种感情：“即使是一个罪犯的罪恶的思想，也要比天上的奇观更为壮丽和崇高。”从马克思回答他女儿劳拉的询问中，就能看出马克思的为人：他所理解的不幸是屈从，他最厌恶的是奴颜婢膝，他最喜欢的格言是“人所具有的我都具有”[1]和“怀疑一切”。

1 “Nothing human is alien to me”，意即使自己的身心得到充分的、全面的发展，这是一种人本主义理想，而不是中文字面上所指的“人所有的（物质财富）我都有”。

为什么这样一个人被一些人认为是狂妄的、孤僻的、独断专横的呢？除了诽谤的动机外，还有一些原因造成了这种误解。首先，马克思像恩格斯一样，喜欢嘲讽，尤其是在著作中，并且他是一位攻击力很强的斗士。但更为重要的是，他是一个不能容忍虚伪和欺骗的人，他对人的存在的问题抱着最严肃认真的态度。他不能带着微笑、彬彬有礼地接受关于重要问题的貌似有理的说明或虚构的说明。他容不得任何不诚实，不论涉及人的关系还是思想。既然大多数人愿意想入非非，而不愿面对现实，宁愿对那些个人和社会生活的基本事实抱着自欺欺人的态度，那么他们就势必要把马克思视为狂妄或冷酷的人。但是这种判断与其说适用于马克思，不如说适用于他们自己。

弗洛姆认为，当世界恢复了人本主义的传统，克服了表现为斯大林的苏联形式和资本主义形式的西方文化的堕落的时候，我们定会看到，马克思绝不是狂妄之徒或机会主义者，他象征着西方传统的精华。他是一个不屈不挠地追求真理的人，他深入到现实的本质，从不满足于虚假的表面现象；他是大无畏的、刚正不阿的；他深切地关心着人和人类的命运；他毫无自私自利之心，无虚荣心或权力欲；他始终是生机勃勃、奋发向上的，并且把生命的活力带进每一个他所涉猎的领域。他坚信理性和人的进步。实际上他正体现了作为他的思想核心的“人”的概念。他虚怀若谷，所以他丰满如海；他需要他的同伴，所以他是富有的。

4　墨西哥一个小村落的人的性格

弗洛姆的性格学研究本来是基于现代西方工业社会，但他也试图将现代社会与传统农业社会及正在向现代化变迁的社会进行比较研究。

弗洛姆与麦科比从1957年开始，在墨西哥城以南约80公里的一个小村落进行了一项跨文化研究。他们采用一种特殊的问卷（解释性问卷）进行调查，并将结果和根据罗夏墨迹测验、主题统觉测验所得的结果相互印证，力图对村里95%的成年人（200个男子，206个妇女）做全面的性格分析，并试图将这些分析同社会经济因素联系起来，所以这项研究被称为“心理经济学的研究（psychoeconomic study）”。研究报告于1970年出版。

研究发现该村农民主要有三种性格类型：非生产性-接受型性格（最普遍）、生产性-囤积型性格、剥削型性格。多数男人比女人更具有自恋的特征，女人则有较多的受虐倾向和囤积倾向。大部分村民，不论男女，都对母亲有固着情感。最具有剥削倾向的人，也最具有自恋倾向。研究表明，各种性格类型都是对社会经济地位的一种适应，各有其特殊的社会经济根源。根据性格与社会经济变量的计算而得的相关结果表明，囤积型性格的人最能适应该村的耕作方式的要求，因为这种性格与他们的工作互相促进。他们富于生产性，精力充沛、自信、乐观。接受型的村民，虽可以找到一些苦役来干，但容易受那些新企业主的剥削。运气好的可能成为一个地主（有一片土地），因而有一定程度的安全感。但当文化传统发生变迁时，他们无法与新企业主抗衡，于是他们会因为不能赚得更多的钱而自卑、软弱，并以酗酒来寻找补偿。以种甘蔗为业的村民多半具有接受倾向。这是因为，种甘蔗的利润虽比种稻和园艺作物低，但用的工夫少，特别是糖厂向这些村民提供免费医疗、人寿保险和儿童奖学金等，使这些村民逐步形成了被动接受型倾向的生活态度。少数具有剥削倾向的村民，则从各种新的投资机会中获得利益，他们是社会向现代化变迁的促进者（Fine，1979，pp.472–473）。

六

备受压抑的现代人

人在与自然、他人、自己相分离的处境下，为了避免受孤立和受排斥，不仅形成了一定的性格，而且形成了一定的潜意识。性格和潜意识都是人对现存社会的自动适应。

1 社会潜意识

潜意识是弗洛伊德最重要的发现，弗洛姆在弗洛伊德潜意识理论的基础上进行了两方面的改造，提出了社会潜意识（social unconscious）概念。

第一，弗洛伊德倾向于从心理的不同部位来区分意识与潜意识。潜意识是非理性的场所，犹如一座房子的地下室，里面堆积着各种在上层建筑中所不允许存放的东西。在荣格那里，潜意识则是智慧的本源。弗洛伊德的地下室里主要存放着罪恶，荣格的地下室里则主要存放着智慧。正是从这个意义上来理解，所以许多人用“下意识”（subconscious）这个词来代替“潜意识”。弗洛姆不同意这种实体性的概念而主张一种功能性的概念：“意识”和“潜意识”是指一种主观状态，意识是指察觉到（aware）的经验、感情、欲望等，潜意识则是没有察觉到（unaware）的经验、感情、欲望等。

第二，潜意识在弗洛伊德那里主要是指个人潜意识，尽管他在谈到对乱伦欲望的压抑是一切文明的特点时，在某种程度上也涉及社会潜意识。弗洛伊德治疗的目的是将个人（病人）的潜意识变为意识从而解除压抑。弗洛姆认为，如果仅停留在对个人潜意识的研究，就不能达到解除压抑的目的。因为任何对个人的压抑都不是孤立的、个别的，而是社会性的，许多内容和方式都是共同的。只有超越了个人的领域，进而分析社会潜意识，才能全面认识被压抑的事实。

所谓社会潜意识，是指一个社会的大多数成员共同存在的被压抑的领域。“当一个具有特殊矛盾的社会有效地发挥作用的时候，这些共同的被压抑的因素正是该社会所不允许它的成员们意识到的内容。”（张燕译，1986，第93页）

社会潜意识也不同于荣格的“集体潜意识”。集体潜意识是指每个人都具有的普遍精神，其中绝大部分不能成为意识；而社会潜意识指人的经验的某个部分，这一部分被社会压抑着。集体潜意识是生来具有的，社会潜意识则是在特定社会中形成的。

“在人类历史上，大部分社会（某些原始社会除外）的特征都是少数人统治并剥削多数人。为了做到这一点，少数人一般都使用武力，但仅靠武力是不够的。从长远的观点来看，必须使多数人自愿地接受剥削，而这要成为可能，则大多数人心中必须充满各种谎言与虚构，并以此来解释和证明接受少数人统治的合理性。”（洪修平译，1988，第116页）“任何一种特定社会中的不合理之处都必然会导致该社会的成员对自己许多感觉和观察意识的压抑。一个社会越是不能代表该社会全体成员的利益，这种必然性就越大。”酒席总是为少数人准备的，大多数人吃到的只是残羹剩饭。“如果大多数人都彻底意识到自己被欺骗了这个事实的话，那么，就会产生这样一种怨恨，这种怨恨将会威胁着现存的秩序。因此，这种思想不得不遭到压抑，那些还没有充分意识到这一压抑过程的人则陷入生命或自由的危险之中。”（张燕译，1986，第128—129页）因而大多数人的意识是虚假的意识，并且这种意识受到系统的意识形态的强化。作为上层建筑的意识形态只是一定的经济地位和利益的合理化的反映，并不是对客观现实的真实的反映。而对现实的真实的反映则被压抑着，处于潜意识状态。弗洛姆就是这样，将弗洛伊德的潜意识理论与马克思的意识形态概念结合起来，创立了社会潜意识理论。

因此，社会潜意识也是由社会存在决定的，有其深刻的社会根源，是人对现实的社会处境的一种适应。

那么，人们为什么要压抑对事实的认识呢？压抑的主要原因是害怕受到孤立和排斥。人的基本需要就是与世界发生联系以避免孤独，与他人保持一致是人的强烈的需求。正是对孤立与排斥的恐惧而不是“对阉割的恐惧”，使人们压抑了对事实的认识。这样，个人对自己集团的人所宣布的不存在的事物熟视无睹，或者把大多数人的话当作真理。尽管皇帝赤身裸体，人们还是说他穿着漂亮的新衣，只有一个小孩儿说出了事实，因为小孩儿还未形成压抑自己的真实想法以与社会保持一致的机制。“人们把社会所承认的那些陈腐的思想视为真理的、现实的、健全的思想，那些不符合这种陈词滥调的思想却当作潜意识被拒斥在意识之外……对于绝大多数人来说，他们的同一性恰恰植根于他们与社会的陈腐思想的一致性之中。”（张燕译，1986，第133页）所以对排斥的恐惧或对失去同一性的恐惧是压抑的主要原因。

压抑是怎样进行的，即压抑的机制是什么？弗洛姆认为，每一个社会都有一套决定人的认知方式的系统，这种系统的作用就好比一种过滤器（filter）。除非经验能进入这个过滤器，否则经验就不能成为意识。这种社会过滤器是由三种要素组成的。

第一是语言。语言通过它的词汇、语法和句法，以特殊的方式来决定哪些经验能进入我们的意识中。同样的经验和现象，在有的语言中有丰富的词汇来表达，在另一种语言中却难以用语言来表达，这种难以用语言表达的经验和现象就难以成为明确的意识。例如自然界的细微的变化以及这种变化对人的心理的影响，在中国或日本文化中，很容易被人们意识到，也有很丰富的词汇来描述这一类的经验：“清晨，空气中仍带有一丝凉意，太阳正冉冉升起，一只小鸟在歌唱，这时你看到了一朵含苞欲放的玫瑰，上面有一滴露水……”

但人对自然界的细微变化的感受在现代西方往往不能被意识到，这是因为西方文化对这些经验不够重视，相应地，在语言表达上，也难以丰富细微地表达这类经验。而在时间表达上，英语总是优先着眼于时间的概念，不同时态的动词形式不同。某种经验如果难以用语言表达，就难以成为明确的意识。究竟什么经验容易成为意识，一种社会文化往往可以通过语言来筛选。那些容易用语言表达的经验，往往是社会允许人们意识到的；那些不容易用语言表达的经验，往往是社会不欢迎的、不鼓励的，甚至不允许的。

第二是逻辑。逻辑在一定的文化中指导着人们的思维，那些合乎逻辑的经验就容易成为意识，而那些不合逻辑的经验就被排斥在意识之外。但不同的文化有不同的逻辑，如亚里士多德的逻辑就不同于老子的逻辑，而每一文化中的逻辑在该文化内都被看成是毋庸置疑的。在西方文化中，占统治地位的、支配大众思维的逻辑是亚里士多德的逻辑。这种逻辑有三条基本定律：(1) 同一律（A是A）；(2) 矛盾律（A不是非A）；(3) 排中律（A不能既是A又是非A）。亚里士多德明确指出，同一属性在同一情况下不能同时属于又不属于同一主题，这是一切原理中最确实的原理。与亚里士多德的逻辑相对立的，有一种叫悖论逻辑，这种逻辑在中国和印度人的思维中是常见的，在赫拉克利特、黑格尔和马克思的学说中也有所体现。这一逻辑表明，A与非A不是互相排斥的，A是A同时又是非A。弗洛姆认为，悖论逻辑的原则被老子表述得最为明确，即“正言若反”。其实，除弗洛姆举的这一例子之外，中国还有许多这一类的道理，如“大智若愚”“塞翁失马，焉知非福”等。像这些在中国普遍被接受的道理，在西方是很难被大多数人所体会到的。在中国，这种逻辑同时是一种生活态度，中国人随时随地会用这种逻辑来看待和处理问题。生活在受亚里士多德逻辑支配的文化中，人们就很难意识到与亚里士多德逻辑相冲突的经验，因为从他的文化观点来看，这类经验是荒谬的。例如，同一个人同时体验到爱与恨，从悖论逻辑的观点来看，这是合乎逻辑的；但从亚里士多德的逻辑来看，这一体验则是荒谬的。结果这使许多人很难意识到矛盾的心理经验。如果他意识到爱，他就不可能同时意识到恨。因为对于同一个人，同时体验到两种相互矛盾的东西，是极其荒谬的。

第三，也是最重要的，就是社会禁忌。每一个社会都排斥某些思想和感情，使之不被思考、感受和表达，有些事不但不能做，甚至不能想。社会禁忌在原始部落生活中就存在着。例如在一个尚武的部落里，部落的成员靠厮杀和抢劫别的部落来谋生，如果有一个人厌恶这种厮杀和抢劫，他的意识就会自动地压抑这种厌恶感，使其不被意识到，因为这种感受是与整个部落不相容的，而不能相容就意味着被隔离、被排斥、被放逐。但这种厌恶感不会自动消失，它可能会引起诸如呕吐等身心疾病，以便不让这种感受进入他的意识之中。在一个充满和平气氛的农业部落中，情况可能恰恰相反，一个人如果有外出抢劫别的部落的冲动，他的意识可能也会压抑这种冲动。在文明社会里，如在竞争激烈的经济活动中，一个人即使对失败的竞争对手有几分同情，他往往也会尽量回避承认这一点，因为去帮助一个竞争对手很可能会使对方东山再起，反过来置自己于死地。一个军人如果被推向战场，即使他并不明白自己所在的部队为什么要去打仗，甚至对这场战争有抵触或厌恶情绪，他的意识也会尽快彻底地排斥这些情绪，使自己完全相信官方的宣传，并振作起来全力以赴地投入战场，甚至去立功。否则，任这些犹豫、怀疑情绪在意识中起作用的话，那就十分危险。

对受排斥和受孤立的恐惧是压抑的基础。这样一种理论似乎容易导致一种悲观的结论，即每一个社会都可能经常用排斥来威胁人，可以任意压抑它不能容忍的经验，任意扭曲人的形象。这就要提醒另一个事实，即人害怕与世界分离，但也害怕完全脱离人性。如果社会推行非人性的行为规范，那么无人性比被社会排斥更可怕。这里，“人性”就是人的共同本性，如人之常情、良心、理性等等。一个社会越人道，被孤立于社会与孤立于人性之间的冲突就越小，个人就越不需要在这二者之间做出选择；反之，个人就在这两种极端中被撕裂得越厉害。一个人的人性得到了健全的发展，他就能按自己的理性和良心来思考和行动，也能忍受社会的排斥。但如果一个社会残酷地迫害那些按自己理性和良心来思考和行动的成员，那么这个社会还有什么希望呢？这个社会的经济、政治和文化怎么会不产生危机、不衰退呢？

因而，必须尽可能进行人本主义的社会批判，使潜意识变为意识，使社会更加符合人性。当剥削和阶级冲突消失的时候，健全的社会就不需要任何意识形态。在充分人性化的社会里，不需要压抑，也不存在社会潜意识。

社会潜意识是除了社会性格之外的另一个联系经济基础和意

识形态的中介环节。社会利用过滤器的压抑作用，将那些与一定经济基础不相符合的经验排除在人的意识之外，而将那些与一定经济基础相符合的经验上升为意识形态。意识形态反过来又加强压抑过程从而反作用于经济基础。

2　从性压抑到对真实自我的压抑

与19世纪自由资本主义的经济基础（资本积累）及新教伦理（禁欲主义）的意识形态相适应，人的许多思想、感情、欲望都受到社会的禁止和压抑，特别是性压抑。弗洛伊德对潜意识的揭示可以看成是对那个时代的社会潜意识的揭示。

20世纪的资本主义社会在很大程度上似乎是19世纪的反动，人们似乎想干什么就干什么，人们追求毫无节制的消费，包括毫无节制的性满足，似乎不会受到任何压抑。但消费社会、生活和工作日益机械化的社会，要求人们在心理上、行为上都与他人保持高度的一致性，只是社会对人们的一致性的要求不是通过外在权威的作用来强求一致，而是通过日常生活、传播媒介和市场机制等方式来实现。社会虽然公开地鼓励个性，但以隐蔽的方式来使人们保持一致性。20世纪的社会潜意识的内容主要是受社会压抑的真实自我、对事物的本质的认识等等，这样，就可以与他人保持一致并在市场上取得成功。例如现代人对异化劳动（工作）是厌倦以至仇恨的。但这些体验多半是潜意识的，因为这样的体验是危险的，它会妨碍人的成功。一个人如果不表现出对工作的热情，那他就是与社会格格不入的，就是一个失败者。现代人普遍感到生活毫无意义，对自己的所作所为感到厌烦，不能去干适合于自己的工作，思考自己能思考的问题，或者根本不知道自己适合于做什么，能思考和解决什么问题，只是不停地忙碌，追求着一种永远不可能实现的、幻想的幸福。但这一切，是不能意识到的，不能去正视的，因为一个人一旦清楚地意识到这些，他就不能有效地发挥作用。对一个社会来说，如果每个成员都意识到他们生活在幻想中，意识到自己一直受着某种意识形态的蒙蔽，那么，这个社会就离崩溃不远了。

在高消费的社会里，也许有人会觉得每两年换一辆新车是不合理的，也许他们在抛弃自己一直用得很好、仅仅式样有点过时的那辆车的时候，还有点儿舍不得。但如果这些感受被清晰地意识到并影响其他人的话，就会对建立在高消费基础上的经济造成威胁。

所以，说工业发达国家不存在任何压抑，这只是一种幻想，不是事实。这些社会也存在许多矛盾和不合理之处，而社会会以许多方式不让人们意识到这些矛盾和不合理之处。

弗洛姆说，当世界上有千百万人民正在挨饿，我们却花费成千上万的美元来储存农业的剩余物质；当武器被用来摧毁我们的文明的时候，我们却将国家预算的一半经费花费在武器制造上；当我们用善和无私这些基督教的教义来教育孩子们的时候，又为孩子们准备了这样一种生活，在这种生活中，为了获得成功，需要的恰恰是善的反面。两次世界大战，我们都是为着“自由和民主”而战，并以消灭了“自由的敌人”而结束了它们；仅几年以后，我们又为了“自由和民主”重新武装了起来，所不同的是，以前是自由的敌人，现在却成了自由的捍卫者，以前的同盟者，现在却成了敌人。我们一方面极力反对那些不能容忍言论自由和政治活动自由的制度，另一方面，如果我们与这些制度结成一个军事同盟的话，我们就会说，这些制度或那些更无情的制度是“热爱自由”的；一方面，我们的生活非常富有，另一方面，我们却没有欢乐；我们都是有文化的人，拥有无线电和电视，却长期感到厌烦……对于这一切又做何解释呢？我们可以继续花费更多的篇幅来描述西方社会生活方式的不合理之处、虚伪和矛盾，但是，所有这些不合理之处都被认为是理所当然的，几乎不被任何人注意到。这并不能归因于批判能力的缺少，我们十分清楚地看到了在我们的反对者中，同样存在着不合理之处和矛盾——我们只是不愿意对自己运用理性的、批判的判断罢了（张燕译，1986，第129—130页）。

现代人由于害怕认识事物的真相，宁愿接受关于世界的虚假的说明，这些虚假的说明大多是一个社会的占主导地位的意识形态。弗洛姆描述道：我们是基督徒；我们是个人主义者；我们的领袖是英明的；我们是善良的；我们的敌人（无论谁是我们的敌人）都是邪恶的；我们的父母爱我们；我们的婚姻制度是成功的，等等。苏联则炮制了另外一种意识形态：他们是马克思主义者；他们的制度是社会主义制度；这一制度代表了人民的意志；他们的领导人是英明的，是为人民谋幸福的；他们社会中的利益兴趣是“社会主义”性质的，完全不同于“资本主义”；他们所重视的财产是完全不同于“资本主义”的“社会主义”财产，等等。所有这些意识形态通过父母、学校、教会、电影、电视、报纸从人的童年时就强加给人们，它们控制着人们的头脑，似乎这是人们自己思考和观察的结果。如果这一过程发生在与我们相对立的社会中，我们就会称之为“洗脑”，并把这一过程称为“灌输”或“宣传”，即便它是以一种不那么激进的形式出现的。如果这一过程发生在我们的社会中，我们就会称之为“教育”和“知识”。尽管这一点是千真万确的，即各个社会在意识形态和洗脑的程度上是有区别的，尽管在这方面西方世界或许比苏联强，但这一差别并不足以改变这一基本状况，即社会处于对事实的压抑和对幻想的承认之间的混合状态（张燕译，1986，第130—131页）。

因此精神分析的“文饰作用”和马克思的“意识形态”两个概念有共同之处，都是对事实的一种合理化的说明，即虚假的说明。正如一个爱窥探他人私生活的人往往宣称自己是为了维护道德规范一样，基督的教义、谦卑的理想、兄弟般的友爱、正义、仁慈等等，这些曾经是真正的理想，曾经打动过人们的心，以至于人们愿意为这些理想奉献出自己的生命，但是，在整个历史中，这些理想经常被用来为达到与这些理想相反的目的服务。

当然，社会潜意识、压抑的机制，人们还是可以在一定程度上加以认识的，而这种认识取决于人的处境和经历。一个有一位专制父亲的叛逆的儿子，就容易识破社会生活中的威权主义。那些统治者宣称自己热爱臣民，正如他父亲说："一切都是为你好。"那些受歧视的种族、宗教团体、少数民族的成员也较容易对一些陈词滥调产生怀疑。被剥削阶级的成员也是如此。

如果一个社会或一个阶级，在客观上不存在任何向好的方面变革的希望，那么，人们就宁愿相信谎言，宁愿生活在幻想中，因为对真理的认识只能使人感到更痛苦。相反，那些准备向更好的未来前进的社会或阶级，就更容易认识现实，面对真理。资产阶级在向贵族争取政权的时候，就抛弃了过去的幻想，提出了对现实的新思想，因为他们不需要幻想而需要真理。当资产阶级牢固地确立了自己的地位，压制工人阶级和殖民地人民的时候，情况就完全不同了：资产阶级的成员们拒绝认识社会现实，而向前发展的新的阶级（无产阶级）则更倾向于丢掉幻想，去拥抱真理。

受压抑的潜意识积累到一定程度，个体就会通过一定方式表现出来。弗洛伊德曾深入研究了日常生活中的错误（口误、笔误等），以及梦、心理疾病和升华等潜意识表现的途径，而解除压抑的最有效的途径是性高潮，此外，弗洛姆认为还应包括酗酒和吸毒。

社会潜意识能量的宣泄途径，除了战争等大规模的群体的破坏性行为，还有一些破坏性不大的宣泄方式，如各种各样的狂欢状态（orgiastic states）（孙依依译，1986，第14页）。原始部落的许多仪式（ritual），以及现在仍保留下来的各民族的狂欢节，给我们提供了一幅幅生动的画面。在这种迷狂的状态中，外部世界消失了，各种束缚人的规范解除了，人与世界、与他人的分离感消失了，压抑解除了，平时不能做不能说不能唱的，现在都可以。许多原始部落的狂欢仪式包含性放纵的内容，性狂欢往往把狂欢仪式推向高潮，使全体成员达到极度欢畅的境地。

由于狂欢状态是一种共享的方式，是一个部落、一个民族的共同实践，是为巫师、祭司或其他权威所赞成、所要求的，因而是正当的，甚至是至善至美的，也就不会使人感到羞耻或负罪。平时被禁止的“坏事”，只要大家一起干，就是“好事”了。

所有狂欢仪式都有三个特征：它们是强烈的，甚至是狂暴的；它们发生在整个肉体和精神中，是一种灵与肉的高度统一和亢奋状态；它们是短暂的和周期性的，狂欢之后，人们又进入单调的秩序井然的生活中，受压抑的能量又积累起来，于是又进入下一个狂欢。

潜意识的表现形式几乎都是象征性的，如梦、神经症症状、神话等等。因此，要真正了解潜意识的活动规律，必须了解它如何通过象征来表现自己。

3　象征：被现代人遗忘的语言

了解了弗洛姆的社会潜意识理论，我们再来看弗洛姆关于象征语言（symbolic language）的理论。这种理论是他关于梦、神话、童话、仪式和小说中形象的象征意义的研究结果。在弗洛姆看来，梦、神话等等，是潜意识的象征性表达，是潜意识内容的表现形式，所以这种理论是弗洛姆潜意识理论的有机组成部分。

古代的东方人和西方人，都认为梦和神话是心灵的最重要的表现，是富于深意的精神现象。但在近几百年的西方文化中，梦被看得无足轻重，甚至毫无意义，不值得一个"成熟的"、整天忙于各种事务或忙于花样翻新的消费生活的现代人重视。尽管我们经常做梦而又不了解自己的梦，但我们并不感到惊奇。现代人相信在觉醒时能征服和控制世界，睡眠只是为了在精力上保证觉醒时的生活，而梦中的事情即使引起某些不解或不安，也会很快被抛到脑后。20世纪以来，由于弗洛伊德学说的传播，人们开始重视梦的意义，但很多人认为梦的分析只有在治疗神经症时才是必要的，而不将其视为了解人性和自我的重要途径，尽管弗洛伊德不仅研究病人的梦，也研究正常人的梦。

至于神话，则被认为是早期人类虚构的、幼稚的故事。那时，科学还未诞生，人类对大自然的伟大发现尚未开始，并且还不了解自然界的神奇威力。神话似乎只具有历史的意义，只对我们了解早期文明有帮助，而对了解我们自己却帮助甚微。我们总觉得神话属于遥远的过去，属于完全和自己分离的、无关的世界。

梦与神话有许多相同之处，其中最明显的一点就是，不遵循逻辑和时空法则。

在梦中，时空范畴被完全忽略：早已去世的人，在梦中却能活生生地出现；在现实中不可能同时发生的事，在梦中却发生了；在梦中，人可以在极短的时间里，从一个地方跑到遥远的另一个地方；梦可以把两个人混合成一个人，也可以把一个人突然变成另一个人。在梦中，我们成了世界的创造者，在这个世界里，限制我们活动的逻辑、时间和空间不再有任何能力。

在神话中，也可以看到同样的情形：英雄为拯救世界，背井离乡，到处流浪，过着离奇而冒险的生活。他不断地在危险中死里逃生，有时会在大鱼的肚子里生活，有时会死而复生，神奇的鸟在自焚后从自己的灰烬中诞生，比以前更美丽鲜艳，这一切都超越了逻辑和时空的法则。

不同的人创造不同的神话，正如不同的人做着不同的梦。但是不论人们创造的神话和梦境的内容多么不同，它们都有一个共同点，即都是用共同的语言——象征语言——“写成”的（叶颂寿译，1986，第14页）。

巴比伦、印度、埃及、希伯来和希腊的神话，它们的“语言”可以说与非洲阿散蒂人（Ashantis）是一样的。生活在现代纽约或巴黎的人所做的梦，与几千年前住在雅典或耶路撒冷的人做的梦，用的也是相同的“语言”。古代人与现代人做梦用的“语言”，与文明开始之初的神话作者所运用的语言，没有什么不同。这种“语言”，就是象征语言。

所谓象征，就是能代表其他事物的东西，如国旗是一个国家的象征。弗洛姆这里说的象征语言，是一种能代表心理经验的语言，是用外在世界的图景来代表内在经验，如点点落花象征感伤，依依杨柳象征惜别。象征语言与普通的语言不同，它不受逻辑和时空范畴支配，而受热情和联想支配。这些象征植根于每个人的经验中，带有普遍性。它是人类唯一的共同语言，是在不同文化和各个时代中都相同的语言。如果我们要了解神话和梦的意义，就必须了解象征语言。

然而，这种语言却被现代人忘得一干二净。现代人只顾忙于追求各种成功，无暇去顾及梦的意义，甚至根本就把梦视为无意义的现象。至于神话，则更是遥远而不值得了解的东西。为此，弗洛姆将其研究梦、神话等象征语言的著作取名为《被遗忘的语言》（1951）。

弗洛姆认为，象征语言是每个人都应该了解的语言。只有通过这种了解，我们才能深刻体会到人类的共同性，并且触摸到我们自己的人格深处。

犹太教法典上说：“未分析过的梦境，犹如未启开的信。”神话和梦是人类彼此间交流精神世界的最重要的共同的语言。揭示这种语言的意义，不仅有助于了解我们自己的生活，而且有助于了解人类精神生活的规律性。

当我们想要描述自己的某种感受或经验时，往往会感到难以用语言来完整准确地表达。假如你的生活环境使你感到迷惘、孤独和忧郁，当你与朋友交谈时，你很可能感到说不准确，难以选择适当的词句。到了晚上，你在梦中看到夕阳西下时自己站在郊外，四周空荡冷清，房屋破旧不堪，你从来没来过这地方，一切是那么陌生；更糟糕的是，你找不到交通工具，也不认识路，不知如何回到自己熟悉的地方。当你醒来，回味这个梦，你会发现梦中的情境和感受，正是你白天试图向朋友诉说而没能说出来的东西。这段梦好比是突然出现于你眼前的一幅画面，而这画面却比你最完备的语言描述更加生动和清晰。梦中的景象，就是梦的象征语言，就是你的处境和感受的象征。

梦中所使用的象征语言更多的是逼真的图景，它是人的现实处境和不清晰的、难以用语言表达的感受在睡眠状态下的一种体现。梦能够表达语言不能表达或难以表达的内容。假如你模模糊糊地感到某人是个懦夫，你也许会梦见他由人变成了小鸡。这种变化虽然在觉醒的现实生活中是不合理的，人不可能变成小鸡，但对主观感受而言，又是合理的。

弗洛姆把象征语言区分为偶发的（accidental）和普遍的（universal）两种（Fromm，1951/1957，p.13）。

关于偶发的象征语言，可以举这样一个例子：假设有一个人，在某个城市曾有过一段不幸的遭遇，当他听到这个城市的名称时，就联想起自己的经历；正如有人曾在这个城市度过愉快的时光，就会把它的名字与自己的美好回忆相联系一样。显而易见，城市本身并不具有悲伤或愉快的特质，仅仅由于个人的经历与某个城市结合，这一城市才成为某种情绪的象征。同样，一栋房子、一条街道、一件衣服、某种场景，或任何曾经与特殊心情相关联的事物，都能引起这种联系。我们也许会梦见自己正置身于某一城市，或在某条街道上，或只知道这城市的名称。于是你会问：为什么会梦见这些？通过分析和回忆，不难发现，你白天曾感受过该城市所象征的同一心情，或者产生过有关的联想，或者是带着同一心情入睡的，所以梦中的景象是这种心情的象征，城市象征着曾在那里经历过的心情。在这种情况下，象征与它所象征的事物间没有内在联系，它们之间的关联是偶然的，往往限于个人经验。这种象征语言叫作偶发的象征语言。

普遍的象征语言，是指这种语言（象征性的图景）与它所代表的事物之间有着内在关系，它们往往深植于每个人的经验中，带有普遍性。例如火，它不断地改变形状，不断地跳跃，永远充满着活力。当我们以火为象征时，其实是在描述我们自己的、与火的特征相同的内在经验，即能量、光明、荣誉、永不休止的运动等等。水在很多情况下与火一样，象征着运动不止而又永恒不变，象征着源源不绝、生动无比和潜能无限。但火似乎更多地代表着激动、冒险、快速、感奋，水则显得平和、徐缓和无穷无尽。当然，这些象征并不是抽象的，往往因具体情境不同而具有不同的意义。在安全的情境下，火可以象征活泼、生气、温暖、愉快。但失火的森林和建筑物，则代表着一种恐怖、一种人在大自然面前的无能为力的绝望之感。同样，洪水泛滥成灾，江河湖海，巨浪滔天，则象征着狂暴、混乱、灭顶之灾。普遍的象征语言的一个重要特点，就是它往往包含着普通语言所难以表达的，也无须说明的意义。它用一种可见的甚至是可以触摸的东西来表现内在的感受。如“红红的玫瑰温暖了我的心”，这一句诗，指的就是一种感受（王建朗译，1987，第95页），而这种感受是难以进一步描述的，也不必去进一步描述，别人能够理解或体会。

尽管如此，象征语言似乎已被现代人所遗忘。弗洛姆所说的被现代人遗忘的语言，包括梦、神话、童话等现象中的象征语言。所谓被遗忘的语言，是指这种语言曾经是我们使用过的语言：从个人的立场来看，是在童年时期使用过的语言；从人类的眼光来看，是在原始时代使用过的语言。随着个人的成长，或者是文明的发达，我们（个人或人类）逐渐改用现代成人使用的语言，而把那些早期的语言遗忘了。可是与其说是被“遗忘”了，不如说是比较不被公开地、有意识地使用。事实上，它却时常在不知不觉之间，影响我们的生活。所以探讨这种象征语言，可以帮助我们了解人格的深层结构，并加深对人类的原本精神活动的理解（叶颂寿译，1986，第3—4页）。

4　现代人的梦

在被遗忘的语言中，梦是最常见的一种。同时，梦又是所有时代的所有人的心理生活的重要组成部分，分析现代人的梦是了解现代人的处境和心理活动的重要途径。因此，以下我们将着重介绍弗洛姆对现代人的梦的分析。至于被遗忘的语言的其他形式，如神话、童话等等，弗洛姆对它们也有独到的分析。由于它们与现代人的精神生活距离较远或关系不够直接，所以本书不专门介绍。

当我们清醒时，是活动的、有理智的人，努力追求着我们所需要的一切，并随时准备反抗别人的攻击从而有效地保护自己。我们可以认识各种事物，尽管可能不是它们的本来面目，但至少我们可以利用某些方法去了解它们。不过这样一来，我们的想象力就衰退了，我们很少使想象力超越理性的框架，只是使其填补我们实际经验中的某些情节，除非那个人是天真的儿童或浪漫的诗人。我们很实际，却似乎笨拙。然而我们还以能够控制现实而感到得意。

当我们熟睡时，就开始做梦，创造一些可能在现实中从未发生过，并且将来也不会发生的故事。在梦中，我们有时成了英雄，有时又成了流氓；有时看到美丽的景象而快乐无比，有时又被抛入恐怖的深渊。然而，不管在梦中扮演什么角色，我们都是梦的创造者，是我们自己梦中的情节的创造者。

古代人（包括古代思想家）大都认为梦是重要的、有意义的，它与人在觉醒状态下的生活息息相关。到了近代，受过教育的、有学识的人，都认为梦是我们心灵无意义且微不足道的偶然表现，至多不过是睡眠时身体所接受的刺激在心理上的反映。

弗洛伊德：梦是被压抑的欲望的满足

真正对梦进行心理学的研究，始于弗洛伊德。弗洛伊德在1900年出版《梦的解析》一书，他把梦看成是人的本能欲望的满足，尤其是性本能欲望的满足。如梦见喝水、性交等，这一类的梦是欲望的直截了当的满足，这种梦的含义不言而喻，因而无须分析，也基本不具有心理学的价值。弗洛伊德所关注的是另一类的梦，即梦的隐义（内容）大多是本能欲望，但由于意识或内心中道德观念的检查作用，梦中的欲望满足方式往往象征性地表达出来。就是说，这种梦与神经症症状一样，是本能欲望的象征。

弗洛伊德的梦论起初是为其治疗神经症服务的。为了理解其梦论，就应了解他的神经症的心理病理学。弗洛伊德认为心理疾病往往是性压抑的结果。性本能如果不能得到满足，在有的人身上，其性能量就可能退行，向童年方向倒退，于是就以儿童的方式加以满足，这就是性变态。如窥阴癖、露阴癖，其行为与儿童相似，我们观察儿童可以发现，儿童常常以偷看别人的阴部或当着众人暴露自己的阴部的方式来取乐。所以弗洛伊德说，变态的性生活就是儿童的性生活。

但是性变态为社会和道德所不容，这就导致焦虑。为了避免焦虑，性冲动就化装，以不带性色彩的神经症症状表现出来，这样既可以使受压抑的性欲得到满足，又避免了道德的谴责。当然，这一过程当事人并未意识到，所以神经症是性变态的否定。这样，神经症症状是性满足的替代物，是非理性欲望的象征性满足。

为了说明这一理论，我们来看一个病例。

一位漂亮的19岁女青年，独生女，病前性格活泼，近几年情绪易激动，常对母亲发火。她晚上入睡前，要反复做如下一些动作：将钟表停摆，把小手表也拿出室外，把花盆、花瓶小心地放在写字台上以防夜间掉落在地上。她还要把自己卧室与父母卧室之间的门半开着，并且不让床上的长枕头与床头的栏杆接触。她在盖鸭绒被之前，要先把鸭绒抖落到被子的一头，再重新弄平。这些动作多次重复，每晚达1至2小时。这就是强迫症。

通过分析，弗洛伊德说，钟表的嘀嗒声象征性冲动或性兴奋，病人承认她确实因性兴奋而被惊醒过，把钟表拿开意味着回避性冲动。花盆、花瓶象征女性生殖器，摔破花盆、花瓶象征结婚。病人回忆起小时候曾不小心摔破花瓶，并划破手指引起出血；长大懂事后，她曾担心新婚之夜不出血被丈夫怀疑不是处女。因此怕花瓶、花盆掉到地上摔破的意思是怕结婚，怕被丈夫怀疑。但生了病，就可以不和男人结婚，从而和父母长期生活在一起，这就使潜意识中的恋父情结得到满足，所以她病后无故对母亲发火。弗洛伊德继续分析，病人明白了：长枕头象征一个妇女，代表她母亲；床头栏杆象征男人，代表她父亲。不让枕头和栏杆接触，意思是要把父母分开，不让他们在一起。因为她担心父母在一起会使母亲再生一个孩子，影响父母对她的爱。抖动鸭绒被的意思则是不让母亲怀孕。病人还想起小时候想偷听父母房间的声音，曾谎称害怕，要求打开通向父母房间的门，所以发病后要把门半开着睡觉，就是退回到小时候的这一经验上。通过分析，病人明白了自己的症状都是某种欲望或早期经验的象征，领悟到现在不是过去，她已长大成人，不能生活在儿童时代，那些症状也就失去了意义。

特别需要指出的是，这里说的是长达几年的分析结果，我们省去了分析过程，听起来似乎很荒诞。其实病人一开始也坚决否认弗洛伊德的解释，甚至加以嘲笑，但是愿意继续接受分析。经过几年的分析，病人一一接受了弗洛伊德的解释，症状也一一消除。仅就一个症状的分析过程，弗洛伊德就要写好几页甚至十几页。我们这里不可能详细介绍分析过程，只需明白一点，即神经症症状都是性欲或早期经验的象征，是潜意识欲望通过化装以获得满足的结果。

明白了症状的象征意义，就容易明白梦的象征意义。弗洛伊德之所以注重梦的分析，一个重要的原因，是梦与神经症症状一样，是被压抑的非理性欲望的象征。通过象征，那些欲望获得了替代性的满足。梦与神经症症状具有一定的相似性，如前面所述的那位女病人的行为就好像是梦中的行为，整个人如处梦境。

弗洛伊德认为，人在睡眠时，意识（超我或道德）并未完全放弃对本能欲望的监视作用，所以潜意识的欲望要通过化装，以象征的方式来加以满足。要理解梦的意义，就要分析梦境象征什么，而要弄清梦的象征意义，就要把梦与梦者的生活经验结合起来。所以要完整地分析一个梦，需要艰苦漫长的努力，要讲清楚一个梦，也需要用很长的篇幅。这里举一个较简单的例子。

一位女病人患空旷恐怖症，害怕走出家门。在治疗过程中她做了一个梦："夏天，我在街上走，戴着一顶形状奇怪的草帽，中间部分向上弯卷，两边下垂（病人讲到这里，迟疑了一下），其中一边比另一边垂得更低。我在一群年轻的军官面前走过，当时我想他们不会伤害我……"弗洛伊德分析道，中间高、两边下垂的帽子象征男性器官。在德文中，找一个丈夫结婚的字面意思是"躲在帽子下面"。病人说"帽子"的时候迟疑，之后又讲不出有关帽子的联想，说明产生了阻抗，而且病人听了有关帽子的象征以后，又否认说过帽子两边下垂的话。但她沉默了一会儿，似乎鼓足勇气向弗洛伊德提了一个问题：是否所有男人的睾丸都是一边高一边低？弗洛伊德进一步分析，"梦中年轻的军官不会伤害我"，是希望了解更多的男人的性器官，看看他们与自己的丈夫是不是一样。所以她潜意识中希望受引诱，受引诱就要外出，到户外去；而自我又不承认希望受引诱，受引诱也是超我所不允许的，于是就表现为害怕空旷场地，害怕单独外出。经过长期分析，病人接受了弗洛伊德的解释，症状逐步消失。

弗洛伊德是第一位系统地以科学的态度研究梦的学者，他最大的贡献之一是揭示了梦的形成机制。但他对梦的内容的理解却太狭隘，他只关注梦中的性内容，尤其是被压抑、被遗忘的童年性经验，梦的分析就是去挖掘这些经验。也许从他个人的临床经验来看，这有一定的合理性和治疗上的有效性，因为就他所接触的特定历史时期、特定地域和特定文化的病人而言，性压抑可能确实带有普遍性，而弗洛伊德用的这一套理论和方法确实有助于理解症状的意义，从而使神经症得到治疗。尽管如此，他将自己关于梦的内容的解释视为普遍的解释，认为所有具有象征意义的梦都应从性，特别是童年性经验来加以理解，这就未免太狭隘了。所以这种理论必然会遭到批评和修正。

荣格：梦是潜意识智慧的表现

荣格是弗洛伊德最有才华、最为卓越的弟子，他很早就认识到弗洛伊德的错误，并设法加以纠正。荣格的梦论与弗洛伊德的梦论的基本分歧是，弗洛伊德认为梦是被压抑的性欲的满足，荣格则认为梦是潜意识智慧的表现。在荣格看来，潜意识中充满了智慧，正如在弗洛伊德看来，潜意识中充满了欲望。荣格还断言潜意识中的智慧比意识更具洞察力。在睡眠中，由于解除了压抑，潜意识中的智慧得以表现。荣格举出许多例证来证明自己的观点。第一次世界大战爆发前的几个月，荣格在一次旅途中，突然被一种压倒一切的幻觉镇住了：他看见一场大洪水把整个欧洲大陆的北部，以及北海和阿尔卑斯山之间所有地势低洼的土地都淹没了。荣格写道："我意识到，一场可怕的大灾难正在发展之中。我看见了滔天的黄色巨浪，漂浮在水面里的文明的残片及成千上万具被淹死的尸体。然后整个汪洋大海变成了一片血海。这一幻觉持续了大约有一小时。我感到迷惑不解，内心作呕，同时又为自己的无能为力而感到惭愧。"荣格在随后的几个月内，曾多次梦见类似的恐怖场面，如冰雪覆盖大地，冻死了所有的绿色植物。直到第一次世界大战爆发，荣格才真正理解了自己的梦：原来那些梦是对大灾难的预言。

荣格进而修正了弗洛伊德过于强调早期经验的倾向，他把梦分为"回顾的（retrospective）"和"展望的（prospective）"，认为梦既代表过去的欲望，也倾向未来，具有指出做梦者的目标的功能。这种向前展望的功能，是在潜意识中对未来成就的预测和期待，是某种预演、某种蓝图，或事先匆匆拟就的计划。它的象征性内容有时会勾画出某种冲突的解决。荣格在上大学之前，对于是选择自然科学还是社会科学作为自己的专业感到难以抉择，但时间迫使他必须尽快做出决定。学习一门自然科学是他早有的打算，但他有时又反问自己："我不是更喜欢历史和哲学吗？我不是对埃及和巴比伦的一切都很感兴趣，并极想成为一名考古学家吗？”就在这时，他做了两个梦。

“在第一个梦里，我梦见自己正置身于沿莱茵河而生长的一大片阴暗的树林里。我走到一座小山丘上的一个坟堆前，接着便动手挖掘起来。过了一会儿，使我吃惊的是，我竟挖到了一些史前动物的遗骨。这使我兴奋不已，但同时我也知道：我一定得了解大自然，了解我们在其中生活的世界，了解我们周围的各种东西。

“接着我又做了第二个梦。这次我又梦见自己身处在一座树林里，树林里的小溪流纵横交错，在最幽暗的地方，我看到了一个圆形的水塘，小塘四周丛生着茂密的灌木。半身淹没在水里的是一种最古怪、最奇妙的生物：一只圆鼓鼓的动物，身上闪烁着乳白色的光泽，它由无数的小细胞，或者说是由形状有如触手的各种器官所构成。这是一只巨型深海放射虫目动物，身粗大约75厘米。这一威严的生物躺在那儿，躺在不为人知的地方，躺在这清澈的深水中，谁也不来打扰它，这在我看来实在妙不可言。”

在这两个梦中，反复出现的是各种生命形象——树林、动物、细胞、器官等，这使荣格明白，他的兴趣在生物学方面。他进一步分析，自己应在动物学和医学二者之间选择；又进一步分析，他才选择了医学。之后的发展表明，他真正的兴趣在精神医学领域。在这一领域，他将自己关于自然科学的兴趣和关于历史、哲学的兴趣统一了起来。他第一个梦中挖掘坟堆或史前遗骨的情节，则预示着他后来所创立的集体潜意识理论，在这个理论中，荣格认为现代人的潜意识中存留着人类种族世代遗传下来各种意象。也就是说，荣格致力于挖掘现代人心灵中的那些过去的、若干世代以前，甚至史前世代的东西。这样看来，以上两个梦似乎预示了荣格一生的发展道路。

荣格梦论对弗洛伊德梦论的另一个方面的修正，是关于梦与潜意识的问题。弗洛伊德是从个人经验去寻找梦的意义；荣格不仅从个人经验，而且从种族经验去寻找梦的意义，认为后者是更为深层的。荣格提出集体潜意识概念，认为同一种族的个体有些共同的、不为个体自觉的经验，但这些经验会在梦中表现出来。集体潜意识主要由一些原型（archetype）构成，如人类有生而怕黑、怕蛇的倾向，这种倾向就可以视为原型，这是人类自古以来在黑暗中受到惊吓或遭到毒蛇咬伤的痛苦经验世代相传的结果。荣格所谓的原型中还有阿妮玛（anima）和阿妮姆斯（animus）等等。阿妮玛指男人身上的女性特征，阿妮姆斯指女人身上的男性特征。就是说每个人的人格中包含着一些异性特征，人格中的同性与异性特征有冲突、有和谐，从而构成人的活动的动力之一，也成为梦的动因之一。

例如，某青年男子梦见了一个柔情似水的姑娘，并与之缠缠绵绵。用弗洛伊德的观点看，这自然是性冲动的表现。荣格则认为这种梦也应从做梦者的整个心理状况去理解。梦不仅代表着人所欲求的东西，而且可能象征着做梦者的人格特点。梦见温柔的女性，也可能意味着该男子希望将自己男性中的粗犷的一面与女性温柔的一面统一起来，不一定是做梦者对梦中人的性爱冲动。

又如，有一位婚姻不幸福的年轻女子，经常梦见自己同男人们打架。经过分析，荣格发现，她的情绪始终处于温顺与好强之间。她有时候充满柔情、细致体贴，有时则自私尖刻、不能容人。这个梦的主题显示了她人格中的阿妮姆斯原型与她的女性特征的冲突。她潜意识中的男性特征似乎成了异己的东西，她拼命抗拒它、消灭它，这就导致了她内心的严重冲突。这种冲突使其憎恨男性特征，也使其不能与男性和谐相处（刘翔平等编著，1993，第51、54页）。

荣格进而把梦看成是一种宗教现象，认为梦中的声音不是我们自己的，而是由超越我们的更高来源所发出的声音。梦是比我们自己更伟大的智慧的启示。

弗洛姆：梦是人的天性的表现

弗洛姆在讨论了弗洛伊德和荣格关于梦的学说以后，提出了关于梦的第三种理论。

弗洛姆认为，梦是人的天性的表现，是我们在睡眠状态下各种心理活动的有意义的和重要的表现。它既表现“合理的”或“不合理的”欲望，也表现理性与智慧。在梦中，爱与理性、欲望与道德、邪恶与善良都能得到表现。弗洛姆认为，这种观点既吸收了弗洛伊德和荣格的理论的合理一面，又不是二者的简单综合，它比前两种理论包含更丰富的内容，也具有更广阔的解释性。

弗洛姆的梦论是以他的社会潜意识理论为基础的。他一方面继承了弗洛伊德的潜意识理论，但他不同意只将潜意识的内容归结为性，而压抑也不仅是性压抑，因而梦也就不仅仅是性欲的满足。另一方面，弗洛姆也同意荣格从广泛的（不仅仅是性的）意义上理解潜意识的观点，认为潜意识中的智慧可能比意识更具洞察力，从而将梦解释为潜意识智慧的表现。但他不同意荣格用集体潜意识解释梦，即将梦归结为超越我们自身的祖先的启示，将集体潜意识看成是种族经验遗传的结果。弗洛姆认为潜意识中的智慧恰恰是我们自己最真实的智慧而不是祖先的智慧，压抑是由我们的现实处境造成的，是由我们生活于其中的社会文化造成的，因而我们的潜意识（梦）的内容往往是我们对自己现实处境的洞察，对我们生活于其中的社会文化的实质的洞察。但在觉醒状态下，这些洞察被假象和谎言掩盖了。

正如弗洛伊德已经指出的，在梦中，非理性的冲动可以在一定程度上逃避意识的检查，换一个角度说，就是可以逃避社会禁忌的作用，使觉醒状态下被压抑的欲望得到替代的满足。睡眠比觉醒状态更自由。“我们不必再承受工作的重负，不必再实施攻击或防卫活动，不必再注意或控制现实。我们不必再注意外在世界，而只观察自己的内心世界，只孤立地思考自己。我们在睡眠的时候，也许是胎儿，也许像死尸；也许是天使，而不受‘现实’的法则所支配。在睡眠状态中，必然的王国让位于自由的王国……”（晨欣等译，1988，第17—18页）“在睡眠的时候，由于我们和外界文化不再接触，因而我们最邪恶及最美好的天性暴露无遗。”（叶颂寿译，1986，第41页）尽管弗洛伊德强调乱伦的欲望是梦的重要内容，但梦的内容要比乱伦、性等要广泛、丰富得多。不同时代不同文化的梦有很大的差异，但有一点是肯定的，即梦的内容是在觉醒状态下受压抑的那些欲望和观念。从这里，我们很容易看出弗洛姆对弗洛伊德的梦论的继承和发展。

所以，梦突破了觉醒状态下的逻辑、语言和社会禁忌的限制，也就是突破了“过滤器”的作用，使潜意识的心理内容得以实现。这些潜意识的内容既不同于弗洛伊德的非理性的本能冲动，也不是荣格所说的先天的、种族遗传的神秘经验，而是在一定的处境特别是在一定的社会文化条件下受压抑的那些心理内容。弗洛姆的梦论是其整个心理学说的有机组成部分。

正如脱离了人类历史和文化，就不能理解潜意识；脱离了历史和文化，也不能理解梦。迄今为止的人类历史，除了原始社会，都是少数人统治多数人的社会，这种社会从根本上讲是由于物质生产不能满足所有人的基本需要，“僧多粥少”，“要坐下来吃的人太多，而桌子却又窄又小”。那些能够坐在桌旁享受的人，就竭力维护既得利益，压迫那些威胁到他们利益的人们。但这种压迫仅靠暴力是不够的，还必须有一套机制去压抑人们的思想和感情，不让人们用理性去判断，也不让人们表达真实的情感。

在睡眠状态下，这一套压抑的机制松懈了，所以人在睡梦中往往比在清醒时更有理性和智慧，更能做出正确的判断，更懂得如何去表达感情。人在睡梦中可能写出绝妙的诗句，谱出优美的音乐，甚至可以发现科学原理，这些记载很多。[1]当然，并不是梦中的内容都是在觉醒时被禁止表达的，而是说，在觉醒时，由于总体上的受压抑的条件，即使不被禁止的活动领域也活跃不起来了。这正是为什么科学和艺术的创造离不开民主化的政治和人本化的文化条件。

现代人的爱的能力停滞不前，而被驱使着去控制别人、去追求权力。人的内在安全感丧失殆尽，而被驱使着去拼命追求虚荣来寻求满足和补偿。人丧失了尊严感和整体感，并迫使自己成为商品，从自己的销路或成就中寻求自尊。现代人被大众传播媒介所控制，正如在传统社会中被各种禁忌所控制一样。我们生活在收音机、电视、电影、广告的“喧嚷（noise）”之中，生活在各种伪装成真理的谎言中，生活在伪装成常识或专家之言的各种胡说八道中……当我们进入睡梦，不受白天的骚扰，不被噪声和谎言所包围，我们就能更准确地透视自己，并获得最真实、最有价值的感受和思想。

为了深入理解弗洛姆的梦论，以下我们举几个他分析过的梦的案例。

1 传说谢灵运名句“池塘生春草，园柳变鸣禽”乃梦中所得；法国音乐家塔季尼（I. Tartini，1692—1770）的《魔鬼之歌》是根据梦的回忆记录的；德国化学家凯库勒（F. A. Kekule，1829—1896）是在梦中发现苯的分子结构的（刘文英，1989，第302—306页）。

5　梦的案例分析

看是无“意”却有“意”

在弗洛姆看来，梦都是有意义的。有些梦看上去毫无意义，但细细思量却有深意。例如有一位年轻女子，她对梦的分析问题很感兴趣。一天早餐时她对丈夫说：“昨晚我做了一个梦，这个梦说明有些梦是毫无意义的。我梦见早餐时给你端来了草莓。”她丈夫笑道：“你似乎忘了，我最不爱吃草莓。”

显然，这个梦绝非毫无意义。她给丈夫端上他不爱吃的东西，而且她知道丈夫不爱吃草莓。这个梦可能表明她具有一种挫折性人格，专爱给别人提供人家不喜欢的东西；也可能表明这对夫妇的婚姻中潜藏着深刻的冲突，这冲突是由于她的性格而她自己又未觉察到；还可能是由于做梦的前一天丈夫曾使她不快，从而使她在梦中以这种报复的方式来做出反应，以发泄她的愤怒或不满情绪……我们若不更深入了解这位女子及其婚姻状况，就无法确定这些解释中哪些是正确的。但可以肯定一点，这个梦不是无意义的。

乱伦欲望满足的梦

有些梦可以用弗洛伊德的理论来解释。例如，一位30岁的未婚男子，多年来一直充满焦虑和罪恶感，甚至经常陷入自杀的幻想之中。他感到有罪是因为他怀有所谓的邪恶动机，幻想着毁灭一切，并且有杀害小孩儿的冲动。在他的幻想中，自杀似乎是使世界免遭他的罪恶并为他赎罪的唯一道路。不过，这种幻想还包含另一层意思：他在死后，会再生成为一位拥有至高无上权力的、受人尊敬的、对所有人都仁慈为怀的、充满智慧的完人。他曾做过如下一个梦："我沿着一条山路爬上去，路两旁尽是尸体。当我到达山顶时，看见母亲坐在山头上，我突然变成了一个婴儿，投向母亲的怀抱。"他从梦中惊醒，感到万分恐惧。他在梦中充满焦虑，以致后来无法联想起梦中的其他景象，也记不起做梦的前一天所发生的任何具体事件。但是，如果我们考虑到他在做这个梦之前所怀有的那些思绪和幻想，这个梦的意义也就清楚了。

他是长子，有一个比他小一岁的弟弟。父亲严厉、专制，对这位长子或对任何人都没有爱，只知道教训、责备、警告和嘲笑。他十分害怕父亲，以至于当他的母亲说这样的话时，他也相信：若不是她的阻拦，他父亲就会杀了他。他母亲对自己的婚姻很失望，除了儿子，对其他任何事物都不感兴趣，与这位长子的关系尤其密切。她常给他讲鬼神的故事使他感到恐惧，然后自称是他的保护神，为他祈祷，给他指路，使他强壮起来，认为总有一天他会超过那位可怕的父亲。

当弟弟出生时，他曾表现出明显的不安和嫉妒。恰恰他父亲又格外喜欢小儿子，这使他的嫉妒越来越强烈。其父为何如此，不得而知，也许因为那次子酷似其父，也许因为他妻子过于溺爱长子。她把长子看成是她的，他就把次子看成是他的。这位长子四五岁时，两兄弟之间的关系十分紧张，双亲之间的对立体现在两兄弟之间，这成为做梦者后来患神经症的根源。他对弟弟怀着强烈的敌意，极想证明自己胜过弟弟；他对父亲恐惧万分，暗中超过父亲的欲望日益增强，这欲望又引起了他的罪恶感。他母亲又加剧了他的焦虑、罪恶和无能之感。如前所述，她甚至向他灌输更多的恐怖信息，还向他提供一种具有诱惑性的解决方法：如果他永远做她的宝贝孩子，为她所专有，对别的东西都不感兴趣，那么她就会使他强大，从而超过他的对手。这既是他那伟大的白日梦的基础，也是与母亲密切相连的纽带的依据。根据弗洛伊德的理论，这是人格发展中的固着乃至退行，即不让自己长大，拒绝接受已长大成人的现实，以便沉溺于母亲温暖的怀抱中。

根据这种背景，我们就很容易理解那段梦。“他爬向山顶”——表示他超越所有人的野心，也就是他努力的目标。“路两旁尽是尸体”——象征着他的消灭一切对手的欲望，由于他自觉十分无能，所以唯有这些人都死去他才感到安全。“当他到达山顶时”——当他到达目的地时，“他发现母亲坐在山头上，他突然变成婴儿，投向母亲的怀抱”——他与母亲重新合为一体，成为她的宝贝，接受她的庇护。一切敌人都不复存在，唯有他俩在一起。

然而他却满怀恐惧地惊醒了。因为这种欲望的满足是非理性的，是对理性的、成熟的人格的威胁。儿童式的欲望满足的代价是永远作为婴儿，永远依赖母亲，不能考虑自己，也不能爱别人。这种愿望的实现，自然是令人恐怖的。

权力欲满足的梦

有一位律师，28岁，有一次他“梦见自己骑在一匹白色的战马上，检阅着成群结队的士兵，他们朝我狂热地欢呼致敬”。

分析家（analyst，指精神分析治疗医生）问道：“你认为这是什么意思呢？”他答道：“毫无意义！你知道我很讨厌战争和军队，我说什么也不愿当将军，也不喜欢成为众人注意的焦点，更何况接受成千上万个士兵的注视和欢呼。”

“不错，这是很正确、真实的，但它并没有否定这是你的梦。不论这一切矛盾是如何的明显，这个梦一定含有某种意义，而且一定表示着什么。让我们以你对这个梦的内容的联想作为开始吧。你集中注意力于梦的景象：你自己、白色战马以及军队的欢呼。请你告诉我，当你看见这些景象时，你心中在想什么？”

“真有意思，我看见一张在我十四五岁时非常喜爱的图画。这是一张拿破仑画像。的确如此，他骑在白色骏马上，正在他的军队前驰骋。它与我梦中所见的非常相似。”

“这回忆的确很有趣。关于你对那幅画的喜爱，关于你对拿破仑的兴趣，你一定还能告诉我更多的事。”

“我可以告诉你很多，不过我觉得难为情。我十四五岁时，很害羞，那时我的身体不怎么棒，很害怕那些健壮顽皮的孩子。噢，我记起了一件事：我曾经非常喜欢一个健壮的孩子，希望成为他的朋友。我们很少交谈，但我希望他也会喜欢我。有一天，我鼓起很大的勇气走近他，问他是否愿意去我家，我有一架显微镜可以让他看到许多有趣的东西。他凝视了我一会儿，突然大笑起来：‘你这笨蛋，为什么不邀请你妹妹的小朋友呢？’我眼眶满含泪水地走开了。从那时起，我开始狂热地阅读有关拿破仑的书，收集他的图像，沉醉于白日梦中，幻想自己能像拿破仑一样，为全世界所敬仰。他不是身体矮小吗？他不也曾是个害羞的年轻人吗？我为何不能变成他那样？我花费许多时间做白日梦，很少具体地考虑达到目标的方法。我总是幻想功成名就：我‘是’拿破仑，为人敬仰、羡慕，但又宽宏大量，宽恕那些诽谤我的人。当我上大学以后，我才克服了英雄崇拜和关于拿破仑的白日梦。事实上，我已好多年不再想这段时期的事情，并且从未向别人提起过。即使现在告诉你时，我仍然感到难为情。”

“你忘记了它，但另一个你，那决定你许多行为和感受的，并且在白天清醒时隐藏得很好的另一个你，仍然希望成名，希望为人敬仰，希望拥有权力。那另一个你就在昨夜的梦里说话了。不过让我们来了解为什么刚好在昨夜梦见这些。请告诉我，昨天发生了什么对你而言很重要的事。”

“什么事也没有，就像其他日子一样平淡无奇。我到办公室，去收集诉讼的一些法律资料，下班回家吃晚餐，然后去看了一场电影，回家后就上床。”

“这似乎没有说明你在晚上为何会骑在白色军马上。请讲详细一点儿，例如你在办公室的事。”

“噢，我记起来了……不过这不可能与梦有任何关系。上班时，我去见我的老板——他是那家律师事务所的大股东——我替他收集法律资料，他发现了一些错误，严厉地盯着我说：‘我确实很惊讶，我以为你可以做得比这更好。’当时我感到很震惊，同时一个念头在我的脑子里闪过：他不会再留用我了。我不愿被解职，不过我告诉自己这只是胡思乱想而已，任何人都会犯一点儿错误，他只不过是在气头上，这段插曲不会对我的前途有什么影响。当天下午，我就忘了这件事。”

“你后来的心情如何？是否感到不安或有些沮丧？”

“不，一点儿也不。我只是感到疲倦、想睡觉。我觉得工作非常吃力。但快到下班时，我感到很高兴。”

“那么当天最后一件重要的事，就是去看电影了。你愿意告诉我是什么片子吗？”

“好的，那部电影名叫《贾来兹》（*Juarez*）。我很欣赏这部片子，说实话，我还哭了呢。”

“为什么会哭呢？”

“开始是因为贾来兹的贫困和痛苦，然后是为他的胜利而感动。我以前还没有看过这样令我感动的电影。”

“然后你就上床，入睡，并且梦见自己骑在白色的军马上，接受士兵的欢呼。现在，我们可以比较清楚地知道你为什么做这个梦了。你小时候很害羞、腼腆，不受人欢迎。根据我们的临床经验，这在相当程度上是由于你父亲的影响。你父亲曾以他的成功而自傲，但对你缺乏亲近，缺乏鼓励。你的自尊早已被深深地伤害了，你说的被那健壮的孩子拒绝的事，只是段插曲，在你受伤害的自尊心上火上浇油，使你更加确信永远不会有父亲那样的成就，永远不算什么，永远会被你所仰慕的人拒绝。你有什么办法呢？只好逃入幻想中，你幻想能获得成就，但这成就在现实人生中不能达到。在那幻想的世界里，没有人能进来，也没有人能否认你是拿破仑、伟大的英雄，为千百万人所赞扬和敬慕。更重要的是，也为你自己所赞扬和敬慕。只要你能保留这些幻想，就能避免你与外界现实发生抵触时从自卑感中产生的痛苦。后来，你进了大学，开始较少地依赖父亲，并对自己的学业感到满意，你觉得可以重新开始。更有甚者，你为自己少年时代的梦想而感到羞耻，因此你不再梦想，以为自己正朝着成为男子汉大丈夫的道路走去……然而，这种新的信心，含有自欺的性质。你在每次考试前都非常恐惧；你感到只要世界上有其他男人存在，就没有一个女孩子会真心关心你；你总是害怕老板的批评。在你做梦的那天，你努力避免的事又发生了，你的老板责备了你，使你再度感到那种不如人的滋味。但是，你把它搁在一边。你没有感到不安和沮丧，而是感到疲倦。然后你看了一场电影，它触动了你少年时代的梦想，银幕上的英雄以前是一位被人轻视的年轻人，最后成为为人赞颂的国家救星。你把自己当作那位为人敬仰、为人欢呼的英雄，正如你少年时代所做的白日梦一样。这说明了你并没有真正放弃那种退缩到荣耀的幻想中以求得安慰的方式。你并没有把那允许你退回幻想王国的桥烧掉，相反，只要在现实中感到失望和恐惧，你便退回到幻想之中。”

弗洛姆说，这个梦很简单。这个梦体现了梦者对名望和声誉的非理性欲望的满足，这种欲望的形成是做梦者的自信心受到打击后产生的反应。他事实上对军事不感兴趣，从来没有以后也不会为成为将军而做任何努力。梦中的形象只是象征，只是他的白日梦的继续。这段梦中所用的象征是普遍的象征。骑在白马上为士兵所欢呼，一般而言象征荣耀、权力和受到敬仰。从他对拿破仑崇拜的联想，我们能更进一步理解这象征的意义，透视它的心理功能。假如没有这些联想，我们只能说他有成名和权力方面的欲望，但联系到他过去曾崇拜拿破仑以及受屈辱的经历，我们就明白了这段梦是以前幻想的再现，它具有对受挫及无能之感的补偿作用。

通过以上分析，我们也明白了梦与前一天的经历之间有着重要的关系。做梦者把他受老板批评所产生的失望感和恐惧感置之脑后。通过对梦的分析，可知那批评再度击中了他的内心隐痛，激起了他的不如人之感以及对失败的恐惧感，并再次使他走向那逃避的老路——成名的幻想。这梦早已潜藏在他的内心深处，但只有在现实中发生实际的相应的事件时，才会显示出来。还有做梦前所看的那场电影，这场电影与做梦者过去的幻想十分相似。

从以上分析，我们可以发现梦如何成功地把许多不同的丝线织成一幅图景。在梦中，过去与现在、性格与现实事业被编织在一起，成为一幅图画，从而告诉我们许多有关做梦者的内心生活，包括他的动机、他应该明白的危险以及他努力追求的目标。

噩梦

根据弗洛伊德的观点，噩梦、焦虑性的梦也是非理性欲望的满足。这似乎不合常情：如果我梦见自己下地狱，恐惧万分而惊醒，醒来后也恐惧万分，怎么能说这是满足了欲望呢？欲望的满足应带来快乐才符合常情。

其实，人的有些欲望本身是扭曲的，它们的满足不仅导致快乐，而且导致焦虑。这些欲望往往是由焦虑导致的，而满足的结果也是焦虑。例如，我们有时很想得到某个东西，明知得到以后会遭到憎恨，并受到社会的惩罚和自己良心的谴责，但还是被驱使着去满足这种欲望，而满足的结果是焦虑。噩梦似乎有这样的作用：我们的罪过已（在梦中）得到了惩罚，那么我们就应该安心一些了。但这并不意味着焦虑消除了。

结合弗洛姆的性格理论，我们知道，受虐倾向者希望自己遭受痛苦；有破坏倾向和恋尸癖的人会被自己驱使着走向自我毁灭，他似乎有一种强烈的欲望要去报复和毁灭，而报复和毁灭的对象是他自己。上述病态欲望往往使人格的另一部分感到焦虑和恐惧，但那些欲望并没有消失，所以欲望的满足导致焦虑或恐惧并非是不可思议的事情。

例如："当我走过一片果园，从树上摘下一个苹果，这时跑来一条大狗，它朝我扑了过来。我害怕极了，大呼救命，惊醒过来。"做梦前的当晚，梦者曾遇见一位少妇并被她迷住了。那少妇也似乎在鼓励他、挑逗他。他幻想着与她发生关系，逐渐睡着了。

我们不必追究他在梦中所感到的焦虑是因为良心受到谴责，还是害怕舆论的谴责，基本的事实是，这焦虑是愿望满足的结果，是由于他吃了偷来的苹果。

以下是另一个噩梦："我正在一座绿色的房子里，突然看见一条蛇要咬我。母亲站在我身旁，正朝我不怀好意地微笑着，然后她走开了，一点儿也不想帮助我，我跑向门口，却发现那蛇早已在那里挡住了去路。我十分恐惧地惊醒了。"

做梦者是一位45岁的妇女，被严重的焦虑所苦恼。长期以来，她与母亲之间相互憎恨。母亲嫁给一位她不爱的人（梦者的父亲），她恨这个头胎子女（梦者），认为正是由于她的出生才迫使她继续这种婚姻。当梦者3岁时，她向父亲告状，使他怀疑妻子有外遇，于是母亲更恨她。这女孩儿越长大，就越想激怒母亲，而她母亲就越惩罚她，甚至想毁灭她。她的一生充满了不断的反抗和攻击。偏偏她父亲很怯懦，怕妻子，不敢帮助和支持女儿，致使这位骄傲的、很有才能的女儿，渐渐从人群中退缩，觉得被她母亲的

“胜利”所打败，并希望有一天会转败为胜。她生活在一种不间断的憎恨与焦虑中，无论在觉醒时还是在睡眠时都经受着这种折磨。

她从“绿房子”开始联想。这房子是她父母的财产，她常常单独去那里，从未同母亲一起去过。在梦中，危险的不是她母亲而是蛇。这是什么意思呢？很明显，她内心希望有一位母亲能保护她，使她免受伤害。她有时会幻想母亲改变了，乐于帮助她了。所以她在梦中遇到危险时，母亲正在身边，这说明她希望母亲能帮助她。然而，母亲却不怀好意地笑着走开了。母亲显示了真实的面目。最初，她试图区分坏母亲（蛇）与好母亲（会帮助女儿）。当母亲不怀好意地看着她并拒绝给予帮助时，她的幻想破灭了，母亲与蛇是一样的、一体的，是带来毁灭的力量。于是她想跑出房门，希望能够逃离，但是太迟了，出路已被阻断，她只有绝望和恐惧。

在梦中，梦者经历了在白天笼罩她的同样的不安，而且更强烈，更明显地涉及母亲。这梦是否体现了愿望的满足呢？从某种意义上讲，是的。她有一种愿望，希望有一位好母亲能保护她。同时，她还有一种更重要的欲望，即报复，她要使父亲明白他的妻子是邪恶的，她希望把母亲从父亲身边赶走。这倒不是因为她很爱父亲，也不是因为她固着于童年的恋父情结，而是由于早年的挫败所产生的深刻的羞辱。她感到只有她母亲毁灭，她的骄傲和自信才能复原。

最有意义的梦是那些反复做的梦。据说，有人长达数年甚至从记事时就反复做同一个梦。这种梦往往体现了一个人一生的主题和基调，也是了解其神经症或人格的关键。

有一位15岁的少女，从小生长在残酷的、毫无人性的环境中：父亲酗酒、粗暴，常常毒打她；母亲经常与别的男人私通；家中缺吃少穿，肮脏不堪。她10岁时就想自杀，后来又有五次自杀未遂。她说自从记事起，就常常做这样一个梦："我陷身于一个坑底，想爬上去，好不容易爬到坑边，双手抓住了坑沿，可是有人走过来踩我的手。我只好松手，又掉回坑底。"

这个梦几乎不需要任何解释。它充分体现了这位少女的悲剧，她的遭遇和感受。如果这个梦只出现一次，那我们就断定它表达了梦者一度因特殊的困境而引起的恐惧。但它不断地出现，就说明这个梦体现了这位少女的人生主题。梦中表现的一种深刻而持久的感受，使我们得以理解为什么她一次又一次地想自杀。

醒时昏，梦时醒：洞察人生的梦

弗洛姆认为，人在清醒时，虽然是能动的，能确定目标、制订方案、付诸行动。但另一方面，由于各种现实利益（包括阶级利益）的考虑，由于意识形态和社会舆论的作用，我们常常不知不觉地生活于谎言或假象之中，生活于相互猜忌或憎恨之中。而我们的正确判断和爱的情感，却受到压抑。所以，在觉醒状态下，我们虽然是清醒的，但从另一个角度看，我们又是糊涂的。

我们进入睡眠，就开始做梦，这时我们不能合乎逻辑地思考，不能去行动、去实现目标。然而我们又是奇迹的创造者，去创造一些史无前例的故事。在睡眠状态下，我们是自由的，不再受各种谎言的干扰，不再受现实利益的驱使，因而有可能做出更正确的判断。也就是说，我们在做梦时有可能比在觉醒时表现得更为智慧。所以，做梦是另一种意义上的清醒。睡着了，也就是醒来了。

一位男子去拜访一位显赫要人X先生，这位要人一向被人称颂为智慧的、仁慈的。他在X先生家待了一小时，深深地被老人的形象所感动，并且有一种有幸结识了一位伟大而仁慈的人物的喜悦心情。当天晚上，他做了如下一个梦："我看到X先生，他的脸与白天所见的非常不同。我看到的是一张显得严厉而残酷的面孔。他正哈哈大笑地告诉别人说，他刚刚欺负了一个可怜的寡妇，使她失去了最后的几分钱。这种景象，使我感到激动而又惊讶。"

在分析这个梦时，梦者回忆道：那天他走进X先生的房间第一眼看到他的脸时，曾感到有些失望，但当X先生热情而友好地谈话时，这种失望之感就消失了。做梦之后他又和X先生见了几次面，留意观察X先生，发现这人身上确实有他在梦中所见的那种残酷无情的特点，并且被X先生生活中的一些事实所证实，虽然这些事实不像梦中的那么露骨。

弗洛姆说，梦者对X先生的人格的洞察力，在睡梦中比在觉醒时更为敏锐和透彻。公众意见"喧嚷"着X先生是个伟大仁慈的人，这种喧嚷妨碍了他在清醒时对X先生做出批判性的判断。只有在他做了这个梦以后，他才记起他曾有过的那短暂的失望之感。

但在梦中，他不再受那些喧嚷的干扰，只有他自己的印象和感受存在，所以能做出比清醒时更正确的判断。

如果没有事实印证梦中的判断，反而有事实证明梦者好嫉妒成就比他大的人，那么这个梦就是非理性欲望的表现。但没有任何证据表明梦者是个好嫉妒的人，他也没有任何理由憎恶或敌视X先生，因此这个梦是一种表现智慧的梦，而不是表现欲望的梦。

表现智慧的梦还有一种情形是在梦中形成某种“合理的预见”。有一次A与B两人见面，讨论彼此在未来事业上的合作，A对B的印象深刻而良好，因此决定把B当作自己事业上的伙伴。见面后的当晚，A做了如下的梦：“我看见B坐在我们合用的办公桌旁，他正在查阅账本，并窜改账本上的一些数字，以便掩盖他挪用大量公款的事实。”

A醒过来，由于他一向看重梦的意义，并把梦看成是非理性欲望的表现，于是他对自己说，这个梦不过是表现了自己对别人的敌意以及要与人竞争的欲望，正是这种敌意和欲望使他幻想B是个盗用公款的贼。于是他试图驱散这种疑心。他与B合作共事后，由于一连串事件的发生，使A的疑心又起，但他坚持自己对那个梦的结论，不去调查那些使他生疑的事件。可是一年后，A果然发现B擅自涂改账目、侵占大量公款的行为。他当初的梦境几乎完全成为现实。

A的梦表现了他在初见面时对B的洞察力，但他在清醒时的思维中却未能觉察到。人往往能够在短时间内对别人做出许多复杂的观察，但不能察觉到自己的思维过程。A看出B是不诚实的人，虽然他的意识未觉察到，但在梦中却有所显示，只是没有办法“证明”。他压抑了自己的判断。然而在梦境中，他清晰地预见到了事情的真相。如果他听从这种自我对自我的交流，就能避免许多麻烦。他把梦当作不合理的欲望的表现，使他误解梦的意义，甚至误解后来观察到的事实。直到真相完全暴露，他才醒悟过来。

下一个梦则体现了人在梦中可以做出比在觉醒时更为明智的选择。有一位作家，得到了一个职位，报酬比他目前的地位所得的要高得多，但他必须去写他不相信的且有违他的人格完整的东西。由于这个职位太诱人，于是他和大多数人在这种情况下所做的一样，自我安慰一番——不必把问题看得如此严重，况且还可以在几年后赚足了钱再放弃这个职位。他还想到家庭，接受这个职位是对家庭负责的表现；拒绝，就是自我放任，不负责任。然而，这些理由并不能使他真正感到满意，他做了这样一个梦：“我坐在一辆停在高山脚下的汽车里，该处有一条通到山顶的狭窄而陡峭的路。我怀疑是否应该上去，因为这路看来很危险。但是一个站在汽车旁边的人叫我不必畏惧地开上去。我听了他的话，并决定听从他的劝告。于是我往上开，路越来越危险，并且已没有办法使汽车停下，因为那里不能掉头。当我接近峰顶时，引擎突然停止、刹车失灵，于是汽车向后滑回去，并坠向万丈悬崖！我很恐惧地惊醒过来。”

做梦者说那位鼓励他开上山的人，是他以前的朋友，一个画家，他“出卖”自己而成为受人欢迎的肖像画家，赚了很多钱，但同时也丧失了创造力。做梦者知道，尽管他这位朋友很成功，但不快乐。要了解这个梦的意义毫不困难。那座陡峭山峰象征他所要选择的成功事业，而这条路是危险的。假如他接受该职务，他预感到他会走那位朋友的老路。当初正是他的朋友的选择，使他轻视那位朋友，并因此断绝了他们之间的友谊。梦的结果象征着这个决定或选择只会造成他的毁灭。梦中的肉体的毁灭象征着他的智慧、他的整个自我正处于被毁灭的危险中。这个梦明确地象征了做梦者必须在“成功”和人格完整之间选择，而一旦做了错误的决定，他的命运不言而喻。但在觉醒状态下，他却不能清楚地看到这一点。他被得到更多的金钱、权力、声望的机会所引诱，并用许多理由为自己开脱，而不愿正视这种选择所付出的代价。幸亏这个梦提醒了他，他相信以上关于这个梦的分析，并决定保持自己的人格的完整而拒绝接受那个职位。

有一位被强烈罪恶感所折磨的人，已经40岁了，仍然责备自己必须为二十年前父亲的去世而负责。那时，他喜欢到处旅行，就在一次在外旅行之时，父亲由于心脏病发作而逝世。他至今仍然认为，自己必须负全部责任，因为父亲也许是由于一时激动而死亡，而他这做儿子的，如果当时在场，也许就可以减少或消除父亲的激动。于是，他老是害怕自己的过错致使别人生病或产生其他的伤害。他有许多个人的仪式，其功能是抵偿他的“罪恶”并减少其行为的邪恶后果。他很少允许自己有任何享受。他与女人仅有几次性关系，还往往因他的沮丧或恐惧而结束。他害怕伤害了女性，也怕她会恨他。他曾做了这样一个梦：“有人犯了罪，好像我在梦中也不知道那是什么罪，我在街头徘徊，虽然我确知自己未犯罪，却感到假如一个警察走过来并控告我犯了谋杀罪，我也无法替自己辩护。我越来越快地走向河边，当接近河岸时，突然看见一座小山，上面有一座美丽的城市。光线从山上照耀四周，我看见人们在街上跳舞，觉得假如我能渡过那条河，一切都会平安了。”

分析家说：“多么令人惊讶！这是你首次认为自己无罪，只是害怕无法为自己辩白。昨天有没有发生什么使你不舒服的事呢？”

病人：“没有什么重要的事。只是昨天在办公室里发生了一件失误的事，但这事的确是由于别人的错误引起的。对此，我还有些欣喜。”

“我能理解，这的确很值得欣慰。不过也许你还愿意告诉我，昨天的那件事是什么？”

“前天，一位女士打电话来，说要见我们公司的一位股东X先生。我与她通话，对她那可爱的声音印象深刻，我要她第二天下午4点钟来，然后又在X先生的桌子上留了一张条子。后来，X先生的秘书把那条子拿去了，却忘了告诉X先生。昨天，那位年轻女士来了，当她得知X先生不在时，她表现出很沮丧的样子。我向她解释并道歉。我还让她告诉我，她想要找X先生为她解决什么困难。这一切都是昨天发生的。”

“我明白了，那么那个秘书，终于记起是她自己疏忽了这件事，并告诉了你和那位年轻的女士？”

“噢，当然，当然。真奇怪我怎么会忘记告诉你这一点。它似乎是昨天最重要的一件事。除了——但那是件无意义的事。”

“还是让我们来听听那件无意义的事吧。你知道，根据我们的经验，无意义的事常常是最为智慧的。”

“好吧，我要说的是当我与那女士交谈时，感到特别愉快。她告诉我，她的婚姻是被她那野心勃勃的母亲所哄骗和威胁的结果，她已经忍受了四年，现在决心结束这桩婚姻。”

“因而你也看见了自由，不是吗？我对细节特别感兴趣。你在梦中看见的城市里，唯一清楚的就是人们在街上跳舞。你以前曾见到过这种情景吗？”

“等一下……真奇怪……我记起来了……对，当我14岁时，与父亲一起到法国旅行。我们到达一座小镇，观赏他们的庆典，并在晚上欣赏人们在街上跳舞。那是我所能记得的最后一件真正快乐的事。”

“嗯，因此你昨晚能够重温旧梦。你能够看见自由、光明、快乐、舞蹈。你以前经历过，也可能再经历。”

“要是我知道如何渡过那条河就好了！”

“不错，那是你现在所站之处：你有生以来第一次明白，你并未真正犯下罪过。那里有一座城市，你可以自由自在地生活。只是有一条河，将你与这快乐的生活隔开了。河里没有鳄鱼吗？”

“没有，事实上我所在的城市里有一条相似的河，我小时候一直有点怕它。”

“那么河上一定有座桥。你一定为了过那座桥而等了很长的时间。现在的问题是，弄清楚到底是什么使你没能渡过那条河。”

这个梦是摆脱心理疾病的决定性的一步。尽管他并未完全康复，但他已经体验到康复最重要的事情——一种透彻的人生观。就是说，他不是罪犯，而是自由的人。他也明白，为了达到自由，他必须渡过一条河，这象征着一个重要的决定，象征着开始一种新的存在方式——诞生或者死去，总之要放弃一种方式去追求一种新的生活方式。这象征是古老而普遍的。梦中看到快乐的城市是一种愿望的满足，但这愿望是合理的，它代表生命。只是这愿望还潜藏着，潜藏在人格的深处，只有在梦中，才能显露出来。通过梦的分析，分析家可以帮助他领悟他所面临的抉择。

还有一个“过河”的梦。梦者是一位被宠坏了的独生子。父母百般溺爱他，认为他是未来的天才。他饭来张口，衣来伸手，早餐由母亲送到床边，其父每每谈起他无不夸耀这孩子的惊人天赋。父母每天提心吊胆，怕他遇到危险，不许他游泳、散步、在街上玩耍。有时他也想摆脱这一切限制，但是当他拥有了赞赏、爱抚、无数的玩具、近乎绝对安全的保护等这一切令人羡慕的东西，还有什么可抱怨的呢？他的确很有天赋，但他从未独立干成过一件事，他的目标只是赢得赞赏。因此他凡事都要依赖他人，他内心充满恐惧，害怕独立自主地面对生活。

但是，过分需要得到赞赏，则必然害怕得不到赞赏，这使他变得暴躁而残忍。他那幼稚的对荣誉的幻想、强烈的依赖感以及恐惧和愤怒，经常使他陷入焦虑，为此，他要求得到分析治疗。经过六个月的治疗，他做了这样一个梦："我想过一条河，到处找桥，但找不到。我还小，才五六岁，不会游泳（其实他18岁时已学会游泳）。我看见一个高大、黝黑的男人，他打了个手势，表示能抱我过河（那条河只有5英尺深，即约1.5米深）。这时我很高兴，就让他抱我过河。当他抱起我开始过河时，我突然感到害怕。我知道假如我不走开，我就会死。这时我们已到了河中央，但我鼓起最大的勇气，从那人的怀中跳入水中。起初我以为自己会淹死，不料却开始游起水来，并很快到达对岸。那个人也消失了。"

做这梦的前一天，梦者参加了一个宴会。在那里他突然领悟到，他的所有兴趣都只是为了得到别人的欢心和赞赏。他第一次觉得自己是多么的幼稚，他必须做出决定：或者继续做个不负责任的小孩儿，或者开始走向成长的痛苦历程。他感到不能再欺骗自己了，认为一切不该如此，不该把讨得欢心当作真正的成功。这些思想震撼着他。后来，他就睡着了。

这个梦不难理解。过河象征一个决定：从童年的此岸走向成年的彼岸。但他还是个孩子，这意味着他在年龄上虽是成年人，但在精神上还未长大，他还停留在五六岁，他还不会游泳，怎么能过河呢？那位表示要带他过河的人代表父亲、老师等等，这些人被他的天赋和远大前程所迷惑，并随时准备带他渡过难关。这个梦的前半部分象征着他的内心困扰以及他以前习惯使用的解决方法。然而到了梦的后半部分，出现了新的因素。他明白了如果再乞求别人的护送，就会被毁灭。这个认识尖锐而透彻。他感到必须下决心，于是跳入水中。他发现自己其实会游泳（显然，他不再是梦一开始的那个五六岁的孩子了），他不靠别人帮助就能到达对岸。这个梦既是一个愿望的满足，同时也是对他是成年人这一现实的认识。他在梦中突然醒悟：他所习惯的对别人护送的依赖最终会毁了他自己，而只要他有勇气跳入水中，他就会游向对岸。

梦是许多事情的开始，当他在白天能如夜晚梦中一样聪慧而有勇气时，那梦就变成了现实。

一位35岁的男士，从少年时代起，就被一种微弱而持久的沮丧所困扰。父亲是一位随和但感情冷漠的人。在他童年时代，母亲不准他与其他孩子一起玩，他一到户外，母亲就会责备他伤害了她的感情，他只好躲在房间的角落里看书，做白日梦，才能免受责备。他稍微表现出高兴的样子，母亲就会报以轻蔑，并说根本没有什么值得他这样高兴。他虽然在心里不满母亲的责备，却认为她还是对的，并将母亲的不快看成是自己的过错，他觉得自己不配活着，因为某些人生成功的基本条件在他童年时就已失去了。他总是觉得难为情，害怕别人发现他的生活背景以及他在精神上的贫困。他不乐意与别人交流，遇到攻击或挑战时，总是手足无措。只有在与少数几个好朋友在一起时，他才觉得自在。

一天晚上，他做了这样一个梦——“我看见一个人坐在轮椅上，他正在下棋，却不怎么快乐。他突然停止下棋，说道：‘老早以前，我的两颗棋子就被拿走了，但我却以“Thessail”作为替补。’接着他又说道：‘一个声音（我母亲的）在我耳边回响，说，人生是不值得活的。’”

当我们了解了做梦者的历史和困扰以后，这个梦就容易解释了。坐在轮椅上的人就是做梦者自己。下棋的游戏就是人生的游戏。下棋意味着受到攻击和挑战，必须反击或运用某种工具加以应付。他不太愿意玩这游戏，因为他觉得自己不配玩。“我这边的两颗棋子早已被拿走了”，象征他在童年时就已丧失的东西，这就是为什么他在人生的战场上会无依无靠。那两颗被拿走的棋子就是国王与皇后，是梦者的父母亲，他们只会否定他：打击、唠叨、嘲笑、责备……然而他依靠“Thessail”的帮助就能玩这游戏了。这使分析家和做梦者都陷入了迷茫。

病人说：“我清楚地看见‘Thessail’这个词浮现在我面前，但一点儿也不知道它的意义是什么。”

分析家说：“你在梦中显然明白它的意义，那毕竟是你的梦，而那个词是你创造的。让我们试着做些自由联想吧。当你想到这个词时，脑子里有什么念头呢？”

“我首先想到的是‘Thessaly’（色莎利），希腊北部的一个地方。不错，我记得我小时候，对色莎利有很深的印象。不知道它是否真的如此，不过我想去这个地方，因为它有温暖宜人的气候，牧羊人在那里平静而快乐地生活着。我一向喜欢它而不喜欢斯巴达或雅典。我讨厌斯巴达，因为它尚武；我不喜欢雅典，因为雅典人似乎是过分优雅的假绅士。我喜欢色莎利的牧羊人。”

“你梦见的那个词是‘Thessail’，而不是‘Thessaly’，你为什么改变它？”

“真有意思，我现在想到的是一把连枷（flail），那是农夫用的工具。但也能用它作为武器，假如没有其他武器的话。”

“的确很有趣。那么‘Thessail’是两个词：‘Thess-ally’与‘fl-ail’的混合体。对你而言，色莎利在很奇怪的情况下与连枷很接近。牧羊人与农夫：单纯的田园式生活。让我们回到你的梦。你在下棋，并知道你这边有两颗棋子已被拿走，但可以用‘Thessail’来替补。”

“现在我清楚了。在人生的游戏中，我觉得凡事受阻，因为童年曾受到挫伤。我自己没有武器，别人却有。但只要我能退回到单纯的田园生活，就能以连枷代替我所缺乏的武器（两颗棋子）来奋斗。”

“不过，这还不是梦的结局。在你中止棋戏后，你说：‘一个声音在我耳边回响——人生是不值得活的。’”

“我非常了解这话。毕竟只有在必须玩时我才玩人生的游戏，但我实际上对此没有什么兴趣。自童年以来，我所有的强烈感觉就是梦中所说的：人生不值得一活。”

“的确，这是你一向感受到的。不过在梦中，不是有你传递给自己的一些重要信息吗？”

“你是说，我的这种沮丧的心情是母亲给的？”

“不错，这是我的意思。你一旦明白那认为人生不值得活的消沉判断不是你自己的，而是你母亲的声音仍然在发挥它半催眠的影响时，你就开始朝着从这心情中解放出来的方向迈出了一步。你的消极悲观哲学其实不是你自己的，这是你的重要发现，而这发现只有在睡梦中才能获得。”

有的梦虽表现了对自我人生的洞察，但同时也包含着情绪宣泄或欲望满足的成分。例如，一位24岁的医生，做过如下的梦。“我正目击一项实验。有一个人被变成一块石头，然后一位女雕刻家又把这块石头雕成一尊石像。突然石像变成了活人，并且很生气地走向女雕刻家。我很恐惧地看着，看见他杀死了那个女雕刻家。他接着转向我，我想如果我能够使他走进我父母所在的卧室里，我就安全了。于是我与他捉迷藏，并成功地使他走进卧室。我的父母与他们的一些朋友坐在那里。但是当他们看见我为生命而与敌人周旋时，却一点儿也不关心。我想：哼，我早就知道他们根本不关心我。我胜利地微笑着。”

这位年轻医生，生活刻板而单调，完全在他母亲的控制之下。他从不主动地表达自己的思想感受，只是尽职尽责地工作。由于他循规蹈矩，所以受人欢迎。但他却感到疲倦、沮丧，并且看不出生活有何意义。他凡事都服从母亲，待在家里，做母亲所期望的事，很少有自己的生活。他母亲鼓励他约女孩子出去玩，但他对所有女孩子都吹毛求疵。有一次，当他母亲比平常要求得更多时，他就对她发脾气。他母亲就指责他是如何伤害了她，是如何不知感恩，结果使他深感懊悔并更加服从她。在做这个梦的头一天，他曾在地铁站等车，看见三个与他年龄相当的人在站台上交谈，他们好像是从商店出来准备回家的会计。从整个谈话可以看出，这三个人是循规蹈矩而内心十分空虚的小人物，他们的生命被老板和商店的琐碎事务所吞噬。这位医生望着这些人，突然感到很震惊，他想："那就是我，那就是我的一生！我并不比这三个会计员好到哪里，我就像死人一样！"当晚他就做了那个梦。

根据以上背景，弗洛姆对这个梦进行了分析：梦者在梦中看见一个人变成石头，是指他自己已被变成石头，不能感受事物，也没有自己的思想，他觉得自己已经死了。一个女人把那石头又雕成一座石像，这象征母亲把他变成没有生命的石像，以便完全被她所占有。他虽然在清醒的生活中有时也抱怨母亲的命令和要求，但从未明白他如何为母亲所塑造。他在这个梦中对自己处境的了解比在清醒生活中的要清楚得多。在梦中，做梦者以两种角色出现：他既是事件发生的旁观者，又是那尊石像。然后，石头人变活了，并在极端愤怒中杀死了女雕刻家。这是他被压抑的对母亲的愤怒情绪的宣泄。这个"我"（石像，深层的我）的愤怒引起了另一个"我"（梦中的旁观者，表层的我）的恐惧。他害怕前一个"我"的愤怒，因此否认那是自己，认为那是别人，是石像变成的人，这样那愤怒也就不是他自己的了。他不敢承认自己的那一部分。他与那石头人捉迷藏，也就是与不敢承认的那个自己捉迷藏，并趁机将其引到他父母处，这样，那个旁观者，那个觉醒状态下的我，就感到安全了。

假如一个人陷入困境，就跑到父母或其他权威那里，他们会告诉你如何做，他们会解救你，但那代价往往是继续依赖和感到不快。他在梦中将石头人引入父母的卧室，就是将矛盾交给父母。这是一种古老的方法。然而，他父母——尤其是母亲，那位他期望得到她帮助、保护、忠告的母亲，连头也不抬。他们不关心，也无能为力。他孤立无援，必须靠自己，过去的所有希望突然间破灭了。这虽然使他感到失望和痛苦，但他却胜利地微笑着，因为他看见了真相，并向自由迈出了第一步。

这个梦包含着理性智慧的“洞识”，又包含着欲望的满足。他看见了自己的麻木不仁，像一块石头，看见了母亲按她自己的欲望塑造了他，看见了父母并不真正关心他。这些认识比起他在清醒生活中的认识更为透彻。他的愤怒，在清醒的生活中被压抑着；在梦中，石头人所代表的“我”杀死了女雕刻家所代表的母亲，愤怒的情绪和报复的欲望在梦中得到了满足。

梦中石像对女雕刻家的愤怒，也就是梦者对母亲的愤怒。这种愤怒是由向母亲屈服、自己无法独立自主而引起的。他母亲喜欢统治人，她对儿子的统治开始于他的幼年时代，那时他没有反抗的能力。由于从小就生活在这种服从-统治的关系中，他长大后就难以发展起自己的意志和勇气，他的愤怒只能被压抑着。假如他能在清醒时认识到这一点，并敢于表达，那他就开始了健康的反叛，就能走向成熟和自由。这个目标一旦达到，愤怒就会消失，进而对母亲产生一种谅解。因此，这种愤怒是他走向健全发展的必要步骤，因此这个梦中的欲望满足是使他进步成长的，而不是某些使人退化的非理性欲望的满足。

以上例证，说明人在梦中可以获得比清醒时更为透彻的认识，也可以满足被压抑的欲望。但这种认识或满足往往是以象征的形式表达的，需要通过梦的分析，将梦的象征与梦者的处境和经验联系起来分析，才能真正理解梦的意义，有利于梦者走向健康的人生。

尽管梦属于个体心理现象，但分析个体的梦，无疑有助于深入了解一个时代、一种文化的社会心理。要深入研究现代人，也应重视研究生活于现代社会中的人的梦。因此，可将弗洛姆的梦论视为其社会潜意识理论的有机组成部分。

社会性格和社会潜意识是弗洛姆心理学的两个核心概念，围绕它们所展开的研究构成了本书的主要内容和大部分篇幅。根据弗洛姆的理论，社会性格和社会潜意识都是人们在一定的处境下为满足与世界（自然、社会、他人、自己）建立联系的需要而形成的。两者都是人为了逃避孤立和排斥的结果。所不同的似乎是，前者主要是通过熏陶而形成的，后者主要是通过禁忌而形成的；前者使人乐意做他必须做的，后者使人不去想他不应该想的。

七

现代人的出路

弗洛姆对资本主义的研究偏重病态和消极的方面，尽管他也时常指出资本主义的积极方面。他把马克思对资本主义的批判（社会病理学）与弗洛伊德的个人病理学结合起来，从心理健康的角度批判了资本主义社会。

1　心理健康的标准

一般认为能适应现实社会的人就是健康的人。按照这个逻辑，以上描述的资本主义社会的现代人是健康的，但在弗洛姆看来，却是病态的。“在异化世界的范畴中被看作是健康的人，从人本主义的观点看来，就可能是病入膏肓的人。”（欧阳谦译，1988，第204页）而那些被异化社会视为病态的人反而是最健康的。弗洛姆的最后谈话就是以《病人是最健康的人》为题发表的（关山译，1980）。当然，弗洛姆这里是从社会批判的角度而言的，而不是从心理病理学的角度而言的。“病人最健康”是一种极端愤世嫉俗的论断。实际上，这里所讲的是两种病态：一种是适应得很好的人，如那些成功的剥削性格或市场性格的人，他们在现代病态社会中如鱼得水，捞到了金钱、权力和荣誉，可就是失去了爱和理性的能力，失去了作为一个人的生命的丰富性、创造性和独立性，这种人是不健康的，他们自己往往感到厌倦、空虚，感到什么都不缺，就是缺乏出自内心的快乐和蓬勃向上的生命活力，这正是不健康的证明。另一种是适应得不好的人，如那些典型的接受性格或破坏性格的人，或者被动、依赖、受制于人，或者攻击、破坏、与外界格格不入，这类退缩的或极端反社会（只是破坏而不寻求建设之道，造反而不是革命）的人，显然是不健康的。因此，适应得太好和适应得不好都是不健康的。这里的问题在于，适应不是心理健康的唯一标准，适应只是心理健康的一个基本条件。较为完整的心理健康的概念是，在一定适应的基础上谋求成长和发展，并增进自我与他人的爱和理性的充分实现。

根据弗洛姆的理论，真正健康的人是具有生产性性格的人，是热爱生命、热爱他人和自己并保持自我独立性的人，是以生命的存在来决定其生活方式的人。心理健康的人能够去爱和创造，能够摆脱对家庭和自然的乱伦依恋，具有自我同一感，能够体验到自己是主体及自身力量的创造者，能掌握自己内在及外在的现实，也就是能客观地看待世界和自我。生命的目的就是热烈地拥抱生活，就是充分地诞生和觉醒。人活着就是要摆脱婴儿式的自以为是，坚信自己真实而有限的力量。能够接受这样一个悖论，即我们每个人都是宇宙中最重要的存在物，同时又与一只蚊虫或一株小草的价值差不多。心理健康的人热爱生命，又能无所畏惧地面对死亡；他能够承受人类生存中许多重大问题的不确定性，又能坚信自己的思想和感情。心理健康的人能够独立自处，同时也能与被爱者共同生活，与地球上的人类和生物成为一体；他遵从良知的呼声，遵从回到我们自身的呼声，当这些呼声微弱到不能为人们所听见和遵循，他也不会陷入自我怨恨中而不能自拔。

心理健康的人是能够用爱、理性和信念去生活的人，是尊重自己和他人生命的人（欧阳谦译，1988，第205页）。

这就是弗洛姆的“规范人本主义（normative humanism）”的心理健康的概念。弗洛姆就是以此作为武器来批判资本主义社会的，同时也以此作为未来社会变革的目标。我们在弗洛姆对现代社会和现代人的批判性分析中，处处可以见到他批判现实的标准和对未来社会图景的构想。

人虽然能适应许多不同的社会环境，但不健全的社会造成了人的心理疾病，这本身就是人的天性对病态社会的一种反抗。因而一方面社会的经济结构塑造了人，另一方面人的天性中又有一种力量反过来改造社会环境。因此，面对社会，个人的两大使命是适应和改造，这也是心理健康的两大基本内涵。只讲适应不讲改造，那是市侩；只讲改造不讲适应，那是疯子。

2　社会历史的运动轨迹

弗洛姆把整个人的历史描述为人逐渐从人与自然、人与人、人与自我的原始同一状态中独立出来，经过漫长的分离阶段（异化）从而达到一种新的统一状态的过程。

在具体的历史进程中，社会的经济基础、社会心理（社会性格、社会潜意识）和意识形态之间是相互依赖的。虽然它们各自都有某种独立性，特别是经济的发展，有其自身的规律性，但不能因此忽视社会心理和思想文化的力量。

经济的力量是强有力的，但我们不能把它作为一种心理动机，而应作为一种客观的条件来加以理解；心理的力量是强有力的，但我们必须看到它是受历史条件的限制的；思想的力量是强有力的，但我们须知，它是根植于一个社会团体的成员的整体性格结构之中的（陈学明译，1987，第381页）。

它们之间的关系是这样的：社会的经济基础是人的基本生活条件或处境，人在这种处境下形成了相应的社会性格和社会潜意识，思想文化（包括意识形态）则是特定社会心理的合理化和形式化。反过来，思想文化又强化了相应的社会心理，获得大众的支持，并通过大众的行为对社会的经济基础产生影响。所以，社会性格和社会潜意识是联系经济基础和意识形态的中介环节。

弗洛姆的以上思想可以用以下图示来表示。

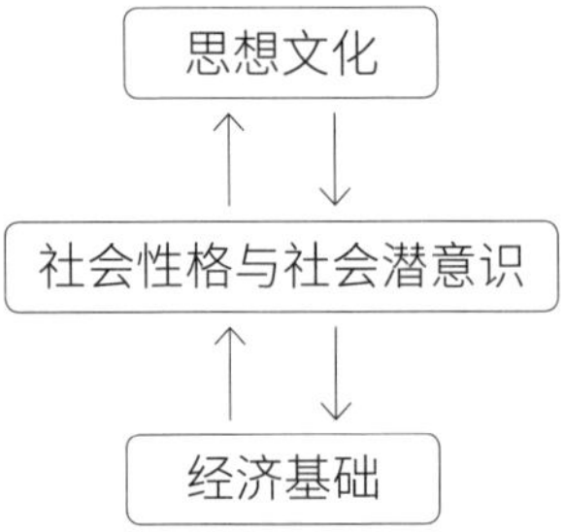

图1　社会结构模型

在以上模型中，首先是经济基础决定社会性格和社会潜意识，进而决定思想文化；同时，思想文化又通过强化相应的社会性格和社会潜意识从而反作用于经济基础。

弗洛姆的这一基本思想早在《逃避自由》（1941）中就形成了。在这本书中，他用这种方法论研究了纳粹主义如何崛起的问题。后来在《健全的社会》（1955）和《在幻想锁链的彼岸》（1962）等著作中又进一步阐发了这一思想。我们在介绍社会性格和社会潜意识理论时，已经具体论述了他的这一思想，所以在这里不再详细阐述。

3　健全社会的蓝图

弗洛姆继承了人本主义传统——他认为这种传统正是人性中不断促进社会进步的力量——提出了一套改革社会从而促进人的心理健康的理论。

弗洛姆理想中的健全社会是“人本主义的民主的社会主义（humanistic democratic socialism）”社会。这个社会是在资本主义已经取得的成就的基础上，为克服资本主义的和苏联模式的弊端而建立的。他认为，“西方和东方绝大多数的社会主义者基本上都是对社会主义做了资本主义的解释”（张燕译，1986，第150页），因为他们认为，“社会主义是在资本主义范围内改善经济和社会政治状况的一场运动；他们认为，生产资料的社会主义化，加之福利国家的原则，乃是衡量一个社会主义社会的充足的准则，这种类型的‘社会主义’的原则基本上与资本主义的原则是相同的：最大的经济利益，规模巨大的官僚工业机构，以及在这个既官僚又具有经济收效的大体系中个人的绝对服从”（张燕译，1986，第149—150页）。社会主义的理想遭到歪曲，这种“社会主义”被描绘成工人将会像资本家一样过上好日子，就是说，所有的人都成为资本家。这是斯大林主义者和改良主义者的解释，而马克思的观点是把人放在中心的地位（关山译，1980）。弗洛姆认为苏联和东欧的社会主义，不是对资本主义的否定，而是对资本主义的倒退。他们在对社会主义的理解上，与马克思所设想的社会主义大相径庭。他说，“马克思主义的目的在于建立一个超越资本主义社会的人本主义社会，一个以全面发展人的个性为宗旨的社会主义”，又说，“这个人本主义的社会既不同于苏联的共产主义，又不同于资本主义”（张燕译，1986，第149、155页），也不同于以瑞典为代表的“全面福利官僚主义”（关山译，1989，第188页）。

弗洛姆心中的健全社会是什么样呢？

首先，在一个健全的社会中，任何人都不是别人达到目的的手段，而永远是他自己的目的。因此，没有人被别人当作手段，也没有人把自己当作手段，人活着是为了展现他身上的人性力量。在这种社会中，人是中心，一切经济和政治的活动都要服从于人的成长这一目的。在健全的社会中，诸如贪婪、剥削、占有和自恋这些品质，都不再被使用来获得更多的物质财富或是提高个人的威望。按良知行事被看成是基本而必需的品质，机会主义和纪律松懈则被认为是不合时宜的自私行为。每个人都关心社会事务，以至社会的事成了个人的事。个人与他人的关系好比他与自己的关系。此外，健全的社会让人在可以认识和驾驭的范围内进行活动，使人成为社会生活的主动负责的参与者，使人成为他自己生活的主人。这种社会促进人与人之间的团结，允许并且鼓励社会成员彼此友爱相处。健全的社会促进每个人在其工作中发挥创造性，刺激理性的发展，使人能够在共同的艺术和仪式中表现自己的内心需要（欧阳谦译，1988，第279页）。

为了实现这样一个健全的社会，必须进行社会的经济、政治和文化心理各个领域的变革。只有当工业和政治体制、精神和哲学方向、社会结构和文化活动同时发生变革，社会才能达到健全和心理健康的状态。只注重一个领域的变革，而排除或忽略其他领域的变革，对整个变革而言是有害的。历史上这方面的教训很多。基督教宣扬精神更新，忽视社会制度的变革，而没有社会制度的变革，精神更新对大多数人是不起作用的。启蒙时代提出，独立判断和理性是最高准则，它倡导政治平等，却没有看到如果社会经济体制不同时发生根本的变化，政治平等就不可能实现人类的友爱。社会主义，尤其是马克思主义，强调社会经济变革，却忽视了人的内心变化的必要性，没有人的内心的变化，经济变革就不会创造“美好的社会”。过去两千年来的这些伟大的改革运动，都只着重生活的一个方面而忽略了其他方面，它们提出的建议都是激进的，结果几乎都以失败告终。福音的宣传促使了天主教会的建立，18世纪理性主义的宣传造就了罗伯斯庇尔和拿破仑，马克思的理论影响了斯大林。这些都是必然的结果。人是一个整体，他的思想、感情和实际生活不可分割地联系在一起。如果他没有表达感情的自由，他就不可能有思想上的自由；如果他在实际生活、在经济和社会关系上没有独立和自由，那他在感情上也不可能自由。仅仅在一个方面激进而忽略其他方面，必定会导致并不希望看到的结果。也就是说，只有少数人在一个方面实现了激进的要求，对大多数人来说，这些激进的主张掩盖了在其他方面毫无变化的事实。毫无疑问，在生活的全部领域从整体上向前迈进一步，要比在孤立的一个领域中宣扬迈进一百步——即使这些宣传只是暂时有效——意义更为深远，效果更为持久。几千年来“孤立进步”的失败，是值得我们吸取的教训（欧阳谦译，1988，第274—276页）。

4 经济改革

实行公有制和计划经济

弗洛姆主张在经济上实行生产资料的公有制和国家干预的计划经济。他认为，苏联建立了这种经济制度，但没有改变人被异化、被奴役的处境，甚至比发达的资本主义国家更糟。这是因为忽略了社会主义的最重要的原则，即每个劳动者都成为生产过程和管理的积极负责的参与者。新的经济制度的关键是解决好公有制和计划经济与个人的主动合作之间的矛盾，使劳动真正成为吸引人的和有意义的活动，使劳动者从资本和机器的奴役下解放出来。在分配制度上，要保证每个人的收入水平都起码能够维持具有人的尊严的生活，即不再用饥饿去迫使人们接受他们根本不愿意接受的劳动条件。同时发达国家要从经济上帮助经济落后的国家，殖民剥削的时代已经结束。从长远来看，西方社会的和平和自由，不可能与非洲和中国的饥饿疾病共存。[1]如果工业化国家

1 弗洛姆写这话时是1955年，他对当时中国的情况的了解应该是很不充分的。

想要帮助非工业化国家，那就必须减少一些不必要的消费；如果工业化国家想要和平，那就必须去帮助非工业化国家（欧阳谦译，1988，第341页）；另外，各国还要防止对自然环境的破坏和削减，以至取消军事工业（特别是核军事工业）。

弗洛姆一方面主张建立国家干预的计划经济，另一方面主张“把国家的集权活动降低到最小限度”（王泽应等译，1991，第119页）。这正是弗洛姆社会改革论的自相矛盾之处。很难想象，计划经济体制能在一个高度分权的国家建立起来。另外，无法使劳动者成为经济活动的“积极和负责的参与者”可能正是计划经济的固有弊端。历史和现实的经验教训表明，计划经济并不能克服资本主义经济制度的缺陷，而市场经济是一种迄今为止最不坏的经济制度。市场经济的缺陷可以通过在尊重市场经济规律前提下的政府宏观调节以及法制手段来加以弥补，但彻底否定市场经济，只会造成灾难性的后果。

弗洛姆和其他“西方马克思主义”者对苏联和东欧的社会主义的批评，体现了他们的深刻洞见（欧力同等，1990，第379页），历史的发展也证明了他们的批评包含着一定的预见性，尽管他们没有预料到苏联和东欧社会主义国家在20世纪80年代末和90年代初如此迅速地解体。值得注意的是，他们的批评恰恰不包括对计划经济的批评，他们没有看到压制人的主动性、创造性的无所不在的官僚机器的作用，一个很重要的根源在于计划经济体制。苏联和东欧社会主义国家解体的一个重要原因就是计划经济的失败，或是计划经济向市场经济转轨的失败。中国的经济改革取得成效，恰恰可以归功于逐步放弃计划经济而向市场经济不断靠近。

以上的分析足以说明弗洛姆的经济改革设想缺乏总体上的现实指导意义。不过弗洛姆的社会改革设想主要是对发达资本主义国家而言的，虽然我们不赞同他将市场经济这一人类文明的重要遗产完全抛弃的立场，但我们还要看到他的一些具体设想还是有一定价值的。

调动劳动者个人的主动性

弗洛姆特别关心人在工作中的处境和体验，以及由此产生的工作积极性的问题。他引用了一项关于人们对工作是否满意的调查研究，这项研究表明，85%的专业人员和经理，64%的白领和41%的企业工人对他们的工作表示满意。在另一项研究中，86%的专业人员、74%的管理人员、42%的商业雇员、56%的熟练工人和48%的半熟练工人对他们的工作表示满意。在这些数字中，专业人员和经理，与工人和职员之间存在着显著的差异。在专业人员和经理中，只有少数人对工作不满意；在工人和职员中，一半以上的人对工作不满意。这意味着有一半以上的从业人员意识到自己对工作的不满。如果我们考虑到尚未意识到不满的，这个百分比将会更高。（欧阳谦译，1988，第301页）

不满、冷漠、厌倦、缺乏快乐和幸福、无用感，以及觉得生命没有意义的模糊感觉，这些都是雇佣劳动不可避免的结果，是由人们在工作中的社会地位所决定的。雇佣劳动是劳动者兴趣缺乏的根源，不管他得到的薪水是高还是低，他都是生产体制的附属品，而不是一个为自己工作的人。每个人一周有五天或六天生活在受异化劳动支配的状态中，而每周日的消费或休闲也受到经济规律的操纵，他并不能仅靠几年一次的投票选举而变得自由。自由要对普通人有意义，就必须包括工业生产中的自由，也就是使兴趣和参与成为工作的主要动力。

显然，要使每一种工作本身都使人感兴趣是不可能的，但可以把劳动区分为技术性方面和社会性方面，只要劳动的社会性方面使人感兴趣，吸引人积极地参与进去，即便是技术上单调乏味的工作也可能变得有趣。著名的霍桑实验（Hawthorne Experiment）就有力地证明了这一点。在霍桑工厂的女工的工作就是装配电话线圈，这是一种单调重复的操作。实验表明，工间休息、缩短劳动时间、提供茶点等措施，都不是促使劳动效率提高的重要原因，而真正的原因令实验者（心理学家）也感到惊讶：工人们都知道自己在参与一项有意义和有趣的实验，这项实验对她们自己以及其他许多工人都是重要的。工人们都了解这项实验，这使她们形成了一种参与意识，她们的建议受到重视，一旦被采纳，就对生产过程产生影响。这项实验说明，生产效率低下、疾病、疲劳等，主要不是由劳动在技术性方面的单调乏味造成的，主要是由工人与整个劳动的社会性方面相疏远而引起的。只要这种疏远状态被改善，让工人意识到他是在做有意义的事，让工人有发言权，那么他对劳动的心理感受、态度就会发生变化，尽管劳动的技术性方面依然如故。关于霍桑实验的进一步研究表明，工人在劳动过程中的协作和交流的气氛也有助于工人的劳动积极性的提高（欧阳谦译，1988，第287—311页）。

为了保证所有人特别是工人和农民都能参与整个生产和管理过程，可以进行尝试、实验，特别是要总结和推广分布在法国、比利时、瑞士、荷兰和以色列的劳动公社的经验，并使之完善、制度化。“它们都促使我们认识到建立一种新型生活方式的可能性。它们的活动还表明，对这些公有社会进行实验的人大多具有敏锐的理解力和强烈的实践意识。他们绝不是我们这些所谓现实主义者认为的梦想家；相反，他们比我们因袭传统的领导者具有更强的现实主义态度和想象力。毫无疑问，这些实验的原则和措施还有许多不足”，但那种认为这些实验不现实的人，“就同人们原先对建立铁路和实现飞行旅行的反应一样。它本质上反映了人们的思想懒惰和一种固有的信念，即过去没有实现的东西，在现在和将来也不可能得到实现”（欧阳谦译，1988，第311—329页）。

问题是自弗洛姆的倡导以来，又过了半个多世纪，我们今天仍可看到有关劳动公社的介绍（丛日云、马涛，2020），但为什么这种社会组织形式没有得到普遍推广？是这些劳动公社本身不符合现代化生产的规律，弗洛姆的倡导带有乌托邦的性质，还是由于人们拒绝变革的惰性或现存社会结构的惯性？

弗洛姆认为，要实行一种改变劳动处境的新的经济制度，不必进行暴力革命，也不用去改变西方民主国家的宪法，可以通过立法来进行这种变革。他说，实际上现在已经有了一系列法规来维护公共福利和限制财产所有权。同样，可以通过立法来保证经理、股东、职员、工人各自的权利，保证所有成员都参与生产、管理和决策。

“共同管理和共同决策的原则意味着对所有权的严格限制。”即使在弗洛姆所处时代的条件下，这一点也有可能做到。如美国钢铁公司的30万雇员只要每人购买87股，他们就能够买下公司所有的普通股。每个雇员每周只要投资10美元（这是可能的），美国钢铁公司的雇员用不了七年时间就能买下所有已公开发行并售出的普通股。有人提出了另一种方案，即工会能够买下足够的企业股份，从而代表工人参与企业的管理。

但所有权的变革并不是最重要的，在现有的社会结构中，所有权的变革并不能使人从根本上摆脱被资本所奴役的处境。只有在一种新的社会结构中，经济上的这些变革才有意义，而变革的目的在于实现每个社会成员对生产和整个社会生活的参与。将所有权由资本家转给社会或国家，并不能使工人的劳动处境发生什么变化，而社会主义的中心问题是要改变劳动处境。当一种社会制度恢复了每个人对生活和工作的兴趣，工人的生产率将会远远高于现在的劳动处境下的生产率，而社会用于制裁犯罪、治疗心理疾病或身体疾病的费用也会相应地减少（欧阳谦译，1988，第332—333、335、339、347页）。

除了改变人的劳动处境，还要改变现有的消费方式。我们已经知道现代人的消费方式对人的身心健康、对社会和生态的危害性，而且消费者的欲望往往是由生产厂商“制造”出来的。要改变这种状况，必须兴起一场宣传健康消费的启蒙运动，通过一个渐进的教育过程，来鼓励健康的消费。这项工作要以建立在人本主义信念基础上的关于人的新科学为依据，而这种新科学又是多学科的研究成果的综合。政府的强迫手段是不能奏效的，“通过官僚机构的控制来强行节制消费，只会使人变得更加追求消费”（关山译，1989，第186页）。

维持人的尊严所需的基本收入

弗洛姆特别提出，有保证的最低收入是维持人的独立和自由的物质保障。收入平等是不切实际的也是不值得追求的，但可以做到不用饥饿的经济威胁去迫使人们接受根本不愿意接受的劳动条件或违心地屈从于一个权威。要保证人的尊严，首先要保证每个人都享有不受任何条件限制的生存权利，要消除这样一种依附关系：不听话，就敲你的饭碗。同时，那些有天赋、想建立一种崭新生活方式的人也有机会实现自己的愿望，只要他愿意过一种简朴的生活。

今天，一个雇员尽管厌恶他的工作，他也常常被迫干下去，因为他一旦失业就面临饥饿的危险。如果离职，他自然就得不到失业救济金。雇员的这种境遇所造成的心理影响是很大的，他尽力避免被解雇，这使得他害怕老板或是他所依赖的某个人。他不能同老板顶嘴，他要极力使老板感到愉快或是屈从于老板，因为只要他坚持自己的权利，老板就有可能解雇他。假设一个成年男人打算从事一种新的工作，这需要他花费一两年的时间来准备。如果在生活基本费用有保障的情况下，这项决定就有一笔最起码的生活费用来支撑，这就使得他全身心地关注他新近选择的工作领域，但只有那些有天赋、兴趣广泛的人才会做出这种更换工作的选择。又如一个生活在不幸婚姻中的女人，她没有离开她丈夫的唯一原因，就是她不能在寻找工作期间维持自己的生活。总而言之，只有消除了劳动中和社会关系中经济上的强制力量，个人才能得到自由发展（欧阳谦译，1988，第345—346页）。

保证维持人的生存的最低收入，在现在的发达国家就可以做到，而现代福利国家的现实也证明这是可以做到的，只不过弗洛姆对现代福利国家的这些工作由官僚机构来控制还是持批评态度。

5　真正的民主

在政治上，弗洛姆主张不能把民主仅仅理解为几年一次的普选投票，而应把民主原则切实地贯彻到社会生活的各个领域，这是与生产和经济活动中的积极参与原则相适应的。要在现代民主政体的基础上，消除异化社会对大众思想的操纵，让公民真正了解事实并且自己做出判断。

在一个异化的社会中不可能有真正的民主。如果民主意味着个人可以表达他的信念和维持他的意志，那么民主的前提就是，个人必须具有一种信念和意志。但事实上，现代社会中的异化的人只有意见和偏见，只有好恶而没有意志。他的意见和偏见、好恶和爱憎都被强有力的宣传机器所操纵。

普通选民对政治时事是孤陋寡闻的。虽然他经常读报，他从报上得知因为什么事情而花费了数十亿美元，因为什么而数百万人惨遭杀戮，但他从这些数字和抽象观念中并不能获得关于世界的真实图景。他几乎每时每天都能接触到这些信息，还没来得及做出自己的判断，他的注意力又会被新的事件所吸引。

现代民主社会的选举不能保证公民能真正参与决策。他只是在若干争夺选票的候选人之间，简单地表达他的偏爱。选举人除了表示同意或不同意之外，不能再做什么。民主制度有必要在现有的普遍选举的基础上进一步发展。

弗洛姆进一步提出“参与民主制”的设想，认为真正的民主意味着所有成员都能全面了解情况、自己做出判断、积极参与决策，这在被政治宣传所操纵的普选投票的气氛中是不可能实现的。要实现这一目标，需要付出巨大的努力。弗洛姆认为还是可以做到的，如可以建立成千上万的面对面群体（face-to-face group），每一群体500人左右。在这种群体中，重大的问题可以得到彻底的讨论，成员之间能够相互接触和了解，那些非理性的蛊惑人心的因素很难左右人们的思想。每个成员都必须掌握一切重要的信息，对专门问题进行充分讨论之后，再投票表决。问题是，以这种方式所做出的决策如何对中央政府的决策产生影响。弗洛姆认为，可以对两院制议会加以改革，由面对面群体构成真正的“下院”，并同其他政治机构（如中央政府）分享权力。这样，决策可以不断地自下而上和自上而下地产生出来。

按照现代工业社会的发展趋势，官僚机器会日益膨胀。通过庞大的官僚机器实行自上而下的集中管理，“也就是说整个社会由一个中心控制，那么从长远的观点看，法西斯主义的到来几乎是无法避免的”（关山译，1989，第193页）。实行参与民主制要求阻止这种集中化的趋势并实行全面的分散管理，即将经济权力和政治权力进行分散。

只有用人本主义的管理来取代官僚主义的管理，人们才能积极负责地参与决策。官僚主义的特征是，对待人像对待物一样，实质是缺乏对人的同情心，不愿承担责任，并以规章制度为借口。官僚主义的程序是由统计数字来控制的，因为这样做费用低，容易计量和控制。一旦人被降低到一个数字编号的地位，那么一个真正的官僚就会干出惨无人道的事来。因为在他的眼里，人只是一些数字，而不是活生生的人。

6　人本主义伦理学

在文化上，要建立一种以人本主义心理学为基础（即关注人的健康、关注人的尊严、关注爱和理性的潜能的实现）的人本主义伦理学，把自古以来的人本主义理想变成社会生活的具体准则，并使这些准则成为人的信仰，即在人本主义伦理学的基础上建立一种人本主义宗教，这种宗教不是偶像崇拜，而是这样一种生活态度："把人的一生献给生活的最高原则的实现——这种最高原则就是爱和理性，其目的是把人造就成应该而且可能成为的那种人，一个同上帝相类似的人。"这里的"上帝"象征充分实现了人的潜能的、全面发展的人（郑维川译，1988，第110页）。

罪孽：人对自己不负责任

以人本主义心理学为基础的人本主义伦理学的基本前提，就是主张"为了识别何为善何为恶，就必须懂得人性"。因为这种伦理学相信道德规范应该以人性为依据。这样，判别善恶的标准就在于是否促进了人的解放、人的自由、人的全面发展，是否促进了人的潜能的实现。

弗洛姆将伦理学区分为“社会内在的伦理学（socially immanent ethics）”与“普遍的伦理学（universal ethics）”。前者是指这样一些规范：这些规范所包含的禁律和要求，只是该特殊社会的功能运转和生存维系所必需的。对任何社会来说，其成员服从这些准则是在该社会生存所必需的，因为这些准则是该社会特定的生产方式和生活方式所必不可少的。凡社会成员的行为符合他所生活于其中的具体社会的那些约束性规范，就被称为是“道德的”；反之，就是“不道德的”。这种伦理学的特点就在于强调社会、强调服从。

普遍的伦理学则是指那些以人本身的成长和发展为目的的行为规范。确定道德标准的根据是，社会所起的作用是促进还是阻碍了人的身心的健康发展，而不是个人是否适应了他的社会。不能仅仅用社会的标准来判断个人的行为是否符合道德，还应超越于具体社会的善恶标准之外，站在人类的立场上来判断自己所处的社会本身是否道德，也就是说它所设定的价值标准是否合乎人性。具备这种品格的人有勇气说一个“不”字，有勇气拒不服从强权的命令，拒不服从公众舆论的命令。任何一个社会的先进分子一开始总是因不服从而受到孤立，但正是他们促进了社会价值观念的进步。

希伯来关于亚当和夏娃的神话、希腊关于普罗米修斯的神话，都表明人类文明肇始于一种不服从的行为。“普罗米修斯从天国盗火给人类，奠定了人类进化的基础。没有普罗米修斯的‘罪恶’，就不可能有人类的历史。同亚当和夏娃一样，他也因他的不服从而受到惩罚。但是他并不后悔，也不请求宽恕。”（王泽应等译，1991，第2—3页）人类因不从的行为才得以不断地进化。到了现代，这种不从的勇气和能力越来越少见。如果不发扬这种不从的精神，一味地顺从，那么顺从则可能会导致人类历史的终结。

弗洛姆将这两种伦理学的对立进一步看成是威权主义伦理学（authoritarian ethics）与人本主义伦理学（humanistic ethics）的对立。在威权主义伦理学那里，有道德就意味着否定自我和服从，意味着压抑个性而不是最大限度地实现自我的潜能，服从是最大的善，不服从是最大的恶，反抗是不可宽恕的罪行。对人本主义伦理学来说，善就是肯定生命，展示人的力量，美德就是人对自身的存在负责任；恶就是削弱人的力量，压制人的成长，罪孽就是人对自己不负责任。威权主义伦理学根据权威的利益来确定善恶的标准，人本主义伦理学则根据所有人的幸福来确定善恶的标准。威权主义伦理学建立在不健康的社会性格和对社会潜意识的压抑的基础上，同时也是不健康的社会性格得以形成的重要原因，是造成压抑的重要社会力量。人本主义伦理学建立在健康的社会性格占主导地位和对社会潜意识的压抑解除的基础上，同时也是健康的社会性格得以形成的重要原因，是解除压抑的重要社会力量。

从社会的总的发展来看，两种伦理学的冲突是逐步减小并趋于消失的，社会越来越变成真正的人的社会。但冲突不会自行消失，对此必须有清醒的认识，必须自觉地推行整个社会的变革，包括道德领域的变革，才能真正实现人本主义的理想。

良知：人对自我的呼唤

良知（conscience）是伦理学的一个重要概念，也是人们在社会生活中经常使用的一个概念。“我凭良知办事”是人们最理直气壮的一句话。有史以来，多少仁人志士以正义、爱和真理的原则，也就是以良知的原则，去反抗与他们的信仰相对立的各种势力。如果他们的国家出现腐败和邪恶，他们就会站起来公开抨击，并预言其灭亡。苏格拉底宁死也不愿放弃真理而做违背良知的事。如果没有良知的存在，人类在其坎坷的历程中，早已陷入了衰败的泥潭。

与此同时，另一些人也声称他们是凭良知办事的。中世纪宗教裁判所的法官们把真正有良知的人绑在火刑柱上烧死，却声称这是依他们的良知在行事。当战争狂人为了满足他们的权力欲而置他人生命于不顾时，也声称他们是代表良知行事的。事实上，任何残暴冷酷的行为都可以被解释为受“良知”的驱使。

那么，以上矛盾现象是否意味着良知是可以任意加以解释的东西？或者，关于良知存在的假设根本就靠不住？

弗洛姆认为，要解决有关良知问题的疑惑，必须涉及动机问题。借助于精神分析的理论和方法，我们可以得到启发。在进一步的分析中，弗洛姆把良知区分为“威权主义良知（authoritarian conscience）”和“人本主义良知（humanistic conscience）”。

·威权主义良知·　威权主义良知是内在化了的外在权威的心声。这里所说的外在权威包括父母、国家、舆论及其他一切在某种文化中可以称得上是权威的东西。如果人与权威的关系仅仅是外在的，那就谈不上什么良知，因为他的行为的动力仅仅是对惩罚的恐惧和对奖励的渴望。当他违背了权威的意志，所感受到的并非良知的不安，而是害怕。如果权威得到认可和内在化，它就成了自己的一部分。这时他感到自己不是对身外之物负有责任，而是对身内之事、对自己的良知负有责任。良知比对外在权威的恐惧更能有效地调节行为，因为人能够逃避外在的权威，但不能逃避自己，因而也就无法逃避已成为自己的一部分的内在权威。弗洛伊德所说的“超我”就是一种威权主义良知。

威权主义良知的规范并不是当事人自己的价值判断，而是权威的要求、命令或戒律。如果这些规范碰巧是善的，那么良知就会教人从善。但是，并不是因为它们是善的，它们才成了良知的规范；而是因为它们是权威提出的，所以才成了良知的规范。如果这些规范是恶的，它们同样会成为良知的一部分。一个希特勒的信徒，当他干着灭绝人性的勾当时，也会认为他是按他的良知行事的。

人对外在权威的内化往往不是彻底的，他常常能觉察到权威的存在。“令人肃然起敬的外在权威的存在，是不断哺育内在化的权威即良知的源泉。”（陈学明译，1988，第187页）他总是受外在权威的约束，总是对外在的权威加以内在的模仿。同时，良知也会影响人头脑中的外在权威的形象。人们往往把一些尽善尽美的特质投射到外在权威的身上，人头脑中的权威形象往往与权威实际具有的特质迥然不同。人越是将权威理想化，就越容易将其内化。这种理想化与内化的相互作用，使人坚信权威的完美性，从而对与理想形象不相符的事实视而不见。

威权主义良知的内容源于权威的要求和戒律，其力量则植根于对权威的恐惧和羡慕之感。使权威感到高兴的就是好的，它使人产生幸福感和安全感，因为它意味着受到权威的赞许，意味着与权威的关系更加密切；会惹权威生气的就是坏的，它使人产生恐惧和不安全感，因为与权威的意志对着干，就有被惩罚的危险，更糟糕的是，它会导致被权威所抛弃的可怕结果。

具有威权主义良知的人往往也具有威权主义的性格结构。在这种人看来，权威比自己要伟大得多，只有使自己依附于权威、成为权威的组成部分，才能得到安全感。只要成了权威的组成部分，哪怕牺牲了自己的完整性和独立性，也会觉得自己拥有了权威的力量，也会觉得踏实。一旦被权威所抛弃，就意味着被抛入空中，面临着空无一切、无所依归的恐怖，再没有比这更可怕的了。权威的爱和赞许能给他以最大的满足，即使惩罚也比抛弃好。因为惩罚意味着权威仍和他在一起，惩罚本身至少说明了权威仍关心着他。通过接受惩罚，他会洗清罪过，从而恢复归属于权威的安全感。因此，人最可怕的不是被惩罚，而是被抛弃。

在威权主义环境中，最大的犯罪就是反对权威的统治。服从是最好的美德，不服从是最大的罪行。服从意味着承认权威具有至高无上的权力和智慧，有权根据自己的意愿施加命令、给予奖惩。权威要使人服从，那就不仅要人们害怕他的权力，而且更要使人们害怕他的权威，更要使人们对其道德优势深信不疑。既然尊重权威，就不允许怀疑权威所制定的戒律。对权威的指令，人们有解释的权利，但没有怀疑和批评的权利。如果有人批评权威，那这个人一定是出了毛病，因为权威是不会错的。即使是权威错了，也应由权威自己来纠正，别人无权说三道四。仅就你胆敢批评权威这一事实，就足以证明你有罪。

权威除了不允许批评，更重要的是不允许他人自认权威或想成为权威，因为这与权威的唯一性相抵触。权威与普通人有根本的区别，他具有普通人所不可能具有的魅力、智慧和潜能。只有权威才有特权不遵从他人的意志而只遵从自己的意志；只有权威才不是别人的手段，他是自己的目的，别人是他的手段；只有权威才是创造者，别人都是被创造者。

创造性、智慧等等，本来是人的本性，现在却成了权威的特权，普通人如果拥有这些则意味着向权威挑战，意味着有罪和良知的不安。相反，压抑自己的创造性和智慧，使自己懦弱和盲从，则意味着善，意味着良知的安宁。

这就是威权主义良知的矛盾之处：一个人感到独立、自豪、有力量、有创造性，反而有罪；倒是一个人去屈服、依赖，感到软弱无力、微不足道，他却心安理得。好的成了坏的，坏的反成了好的。

权威的内在化包含两层含义：一是指我们已经讨论过的对权威的服从；二是指人们自己担任权威的角色，以同样严厉和残酷的态度对待自己。这样，人不仅成了权威的奴隶，而且也成了自己的奴隶。对于理解威权主义良知的心理机制而言，这第二层含义尤其重要。威权主义良知意味着一个人自己与自己作对，把自己身上的创造性的东西看成是坏的，结果产生一种自虐冲动，并且伪装成美德来加以实行。这种良知有时非常残酷，它使人反对自己，把仇恨的目标指向自己。

· 人本主义良知 ·　人本主义良知并不是我们竭力讨好、不敢惹之生气的某个权威之声的内在化，它是我们自己的声音，它存在于每个人的心中，它不受外界奖惩所左右。

人本主义良知规定我们作为人而应尽的责任。正像这一词的词根“con-scientica”所示的那样，它是我们自己内在的知识，是对我们各自在生活艺术中成功或失败的认识。虽然良知是一种知识（knowledge），但它不仅仅涉及抽象思维领域中的知识，它还具有一种情感的（affective）性质，因为它是对我们自己的整个人格的反映。

那些有助于我们整体人格充分发挥功能的行为、思想和情感，都会产生一种内在的认可感、正直感，于是人本主义良知就会体验到“好”。反之，有害于我们整个人格的行为、思想和情感，会使我们感到不安、不适，于是人本主义良知就会体验到“不好”或“罪过”。因此，良知是我们自己对自己的反映，它是我们自己的心声，召唤我们返回自身，返回到生产性的生活，去充分和谐地发展，使我们成为充分发挥潜能的人。良知是保卫我们自己完整性的哨兵，它能够保护我们自己应有的自豪，同时能够使我们对自己持肯定的态度。如果把爱解释为肯定人的潜能，关心和尊重被爱者的个性，那么，人本主义良知则可被看成是自爱、自我关心的声音。

人本主义良知是人的自身利益和完整性的表现，而威权主义良知则注重人的服从、自我牺牲、责任和社会适应。人本主义良知的目标是生产性，也就是人的幸福，因为幸福是生产性生活的必要成分。把成为他人的工具当作自己的生活目标（无论它显得多么高尚），把自己变得“无私”、不幸、顺从、没有勇气，都是对自己良知的违反。

然而，对许多人来说，这种良知的声音是十分微弱的，以至于无法听到。我们可以听到每一种声音，听到每个人的声音，唯独听不到自己的声音。电影、广播、报纸，甚至无稽之谈，都会对我们起作用，就是自己的良知不起作用。

听从自己的良知之所以困难，是因为它要求人具有一种自己独处的能力，而这是现代人很少具有的一种能力。实际上，我们害怕独处，我们宁可找一个最平庸无味甚至令人生厌的伙伴，宁可去参加一些明知毫无意义的社交活动，也不愿独处。我们害怕面对自己，因为害怕一旦发现自己是一个既熟悉又陌生的人时，会感到窘迫和惊恐。于是我们就回避，忽视自己的良知，不去听从自己的声音。

听见自己的良知之声之所以困难，还有一个原因，就是自己良知的声音不是直接地而是间接地对我们发出的，它不像权威的声音那么直接、明确。本来是良知在起作用，我们却未察觉到，我们察觉到的可能只是焦虑，甚至生病这样一些与良知没有直接关系的感受。忽略良知而良知起作用时，人往往会模糊地感到不安，像做错了什么事，或者人会感到疲倦、无精打采。这些感受往往很快被解释为没做好这事那事而引起的，真正的原因还是未被察觉到。

例如，许多人经常感到自己正在衰老，于是陷入一种时隐时现的担忧之中。这里所说的不是老年人的那种正常的感受，而是指青壮年人的那种“日趋衰老”之感。他们虽然还年轻，却被担心衰老所困扰。他们由体力的衰退进而感到智力、情感、整个人格都在衰退。尽管有大量事实证明他的感受是错的，他还是坚信不疑。诸如敏捷、适应性、体力强健等所谓“年轻人的特质”，是强调成功和竞争的社会所提出的标准，其实这些特质并非发展生产性性格所必需。许多事例证明，一个过着生产性生活的人在年迈之前是不会退化的，相反，他的生产性的精神特质会继续成长，尽管身体会随着年龄的增长而衰老。但是，非生产性的人，他的体力是他从事活动的主要源泉，但他的精神是贫乏的，因此，一旦体力衰退，他就会感到整个人都衰退了。但这种衰退只是一种象征，它说明这个人未能生产性地生活。害怕衰老实际上是非生产性生活的结果，它是良知对人自身残缺不全的生活所做出的反应。然而，当事人往往意识不到这一点。

还有一种现象，就是害怕他人不满意。人希望自己被同伴接纳，这是很自然的。但我们往往不由自主地期待着周围每一个人的赞许，因而在思想、情感和行为上，都害怕自己会背离社会规范。这种害怕他人不满意的一个重要原因是潜意识中的不安，即自己良知的微弱声音引起的不安。一个人没有生产性的生活就会对自己不满，但他不能承认对自己不满，于是就去争取别人的赞许来消除对自己的不满。他越是对自己不满，就越是期望他人的赞许，越是害怕他人不满意。但他越是如此，他自己的良知就越要起作用，于是他就越是对自己不满。这是一个精神怪圈。

人在清醒的时候，对自己良知的呼唤置若罔闻。但在睡梦中，良知往往不能被压制，许多理性判断和觉悟得以出现。梦往往是我们真正能听到自己良知呼唤的唯一时机。但可悲的是，当我们在睡梦中听到良知的呼唤时，却不能行动，而当我们醒后能采取行动时，却又忘掉了睡梦中所听到的呼唤。

弗洛姆说，将良知分为威权主义良知和人本主义良知，并对它们分别加以考察，是为了把它们各自的特质阐述清楚。但在现实生活中，它们并不是相互分离的。在一个人身上，它们也不是绝对相互排斥的，一个人可能同时具有这两种良知。但在不同人身上，它们各自力量的大小以及相互关系是不同的。不言而喻，在弗洛姆看来，人本主义良知力量更大并占主导地位时，那么这个人的价值结构就是健康的；反之，就是不健康的。弗洛姆还承认，威权主义良知与人本主义良知两者的内容可能相同，如要求人们不杀人、不仇恨、不妒忌、爱邻人，这些既是威权主义伦理学又是人本主义伦理学的规范。在这种情况下，二者的差异主要是接受规范的动机不同：前者出于恐惧和依赖，后者出于内心的呼唤。因此，弗洛姆反对价值相对主义。这种理论认为，没有绝对的好坏善恶，判断的标准取决于特定的文化历史条件和个人当时当地的情境。弗洛姆认为存在两种道德标准：特定社会的道德标准和普遍的道德标准。前者是为维护特定的社会结构而制定的道德规范，它要求社会成员接受和服从这些规范，使其成为性格结构的组成部分。如在一个尚武的社会，勇敢是必备的美德；在农业社会，忍耐与助人是必备的美德；在现代社会，竞争和勤奋是必备的美德。普遍的道德规范则是指那些以人的成长、发展为宗旨的行为规范，如“爱邻如己”“不能有害人之心”等等，普遍的道德标准并不是抽象的东西。在所有伟大的文化中，对于什么是合乎人性的、有利于人的成长和发展的，在判断标准上表现出惊人的一致性。弗洛姆认为，随着文明的发展，普遍的道德规范与特定社会的道德规范之间的矛盾会越来越小。但这个过程不是普遍的道德规范向特定社会的道德规范妥协，而是特定社会的道德规范逐步向普遍的道德规范接近。这是人类文明进步的一个重要方面。

7　人本主义宗教

弗洛姆认为，未来健全社会的实现，离不开对现存文化的改造，这种改造除了要创立人本主义伦理学，还应重建现代人的宗教信仰，即创立人本主义宗教。这里所说的新的伦理与宗教的创立并非从头做起，而是对文化传统中的人本主义精神的发扬光大。

关于宗教的实质，弗洛姆主要讨论了三种观点，即弗洛伊德、荣格和弗洛姆自己的观点。

弗洛伊德：宗教是一种集体神经症

弗洛伊德认为，宗教产生于人类的童年。先民对于那些外部的自然力量和人本身的本能力量无法抗拒，感到无能为力。他们无法运用自己的理性去认识那些外在的和内在的力量，更不能找到有效的手段去驾驭那些力量。于是人们只能以情感的力量去应付，以情感的力量去对抗或控制那些无法用理性去把握的力量。这个时期的人类犹如一个神经症患者，当他面对那些危险可怕的、无法抗拒的、不可理解的东西时，就会退行到孩童时代曾经有过的那种经验。孩子把父亲当作至高无上的智慧的力量的化身，只要服从父亲的意志，避免违抗其禁令，就能得到父亲的爱，得到父亲的保护。因此，宗教是孩童经验的重复，是从成人状态向儿童状态的退行。那时的人们以同样的儿童的方式去对付那些令人恐惧的力量，他们以儿童依赖、赞美和惧怕父亲的方式去对付那些使他们感到不安全的东西。于是在人们的心目中就出现了像孩子心目中的父亲一样的形象，这个形象就是神或上帝。宗教形成的原理与神经症形成的病理是一样的。宗教是一种集体神经症（collective neurosis）。

弗洛伊德的以上分析所得出的结论是，宗教是一种虚构的东西，是建立在人的主观愿望之上的一种幻想。宗教把幻想教条化、神圣化，使人们对幻想深信不疑，禁止人们进行批判性思考，因此宗教阻碍了人的理性能力的发展。人们之所以信仰宗教，是由于害怕独立所带来的孤独、恐惧和无能为力之感。假如人放弃了他对“父亲”般的上帝的幻想，在世界上孤独彷徨，他就会感到微不足道，像一个离开了父亲的孩子。但是，人总不能永远守在父亲那里，一刻也离不开父亲的保护，相反，人必须独立，必须克服婴儿期的固着。人必须面对现实，懂得除了自己的能力之外无所依靠，只有这样才能获得自由。理性和自由是相互依存的，只有当我们真正长大成人，不再像孩子那样依赖某种权威、害怕某种权威时，我们才能成为自由的人。这样的人能从令人恐惧的权威力量的统治下解放出来，能够运用自己的理性力量把握世界、客观地看待世界。他们不是生活在幻想之中，而是依靠自己的力量去把握自己、发展自己。

荣格：神经症是丧失宗教信仰的结果

在宗教问题上，荣格与弗洛伊德几乎在每个观点上都大相径庭（郑维川译，1988，第22页）。荣格对弗洛伊德所持的“科学唯物主义”深为反感，弗洛伊德的无神论观点与荣格的信念也水火不容。与弗洛伊德相反，荣格认为所有宗教都具有积极的价值（波波娃著，张雅平译，1992，第220页）。

荣格认为，宗教体验的本质在于对那些比我们更大的力量俯首帖耳，是一种不受人的理智和意志控制的被占领状态和迷惘状态。这时主宰人的是某种非理性的、不可思议的和不受监督的力量。

那么，这种力量来自何处，它的本质是什么？为了说明这个问题，就要联系荣格心理学的基石——潜意识理论。荣格把人的心理活动解释为意识与潜意识二者之间的相互作用。他进而把潜意识划分为个人潜意识与集体潜意识，前者包括被遗忘的、受压抑的、未被意识到的个人经验；后者是自古以来若干代人思想和情感的积淀，包括家族、氏族、民族、种族以及全人类经验的沉积，甚至包括近于动物的人类史前时期的印痕，例如有关生育、死亡、生存、爱情等方面的经验。集体潜意识以象征的、形象的方式表达，如神经症症状、梦和幻想。荣格认为集体潜意识是支配人的强大力量。

因此，在荣格眼里，神就是集体潜意识的人格化。人的有意识的自我不过是隐没在潜意识的汪洋大海中的一个小岛。对于意识而言，潜意识特别是集体潜意识是疏远的、不可控制、不可认识的力量。相反，人的意识以及整个的人都要受集体潜意识的控制，也就是受神的控制。

荣格把集体潜意识视为整个人类经验的结晶，赋予它以神的特征。它兼有男女两性的特点，超越个体而存在，不受时空法则的制约，超越年轻与衰老。由于它拥有一百万到两百万年的人类经验，所以我们认为它是长生不死的。神就是集体潜意识，神就在我们心中。

在荣格看来，宗教信仰所反映的不是外部世界的现实，而是具有特殊的自身规律的心理现实。他说，神是明显的心理现实，而不是物理现实，它只能在心理上成立，不能在物理上成立。神是直接经验的心理事实。神之所以存在，是因为人们感受到它存在。所以，对于神的观念以及其他宗教信条，客观证明的原则都不适用，它也不适合用科学方法去分析、证明或批判。任何从理性立场反驳神的观念及其他宗教信条的企图都注定要失败。

荣格十分强调宗教对于维持个人心理健康的重要性。他认为神在人心灵中的死亡必然导致人的精神沮丧以至心理疾病。不能持久地感受神的存在的人，处于精神膨胀或分裂的危险之中。

弗洛伊德认为宗教是一种神经症，荣格则相反，认为神经症是丧失宗教信仰的结果。弗洛伊德认为心理治疗在于恢复人的理性，荣格则认为心理治疗在于恢复人的宗教信仰。荣格认为宗教具有心理治疗的功能，它能治疗心灵的苦痛和由心灵引起的肉体疾病。如果没有宗教，不仅个人，而且整个社会都不可能有旺盛的生命力。宗教起着一种补偿作用，它使人们与生活的重担相调和，不让这种重担把人压垮。宗教使人的意识与行为严整有序，它是一种强大的凝聚力量。宗教还具有世界观的功能，科学和哲学都不能代替宗教，因为科学和哲学不善于向人提供人类存在最为迫切需要的东西，如信仰、希望、爱和理解。荣格把失掉宗教信仰视为失掉了人本身。他说，在他的患者当中，凡跨入人生后半段的，即35岁以上的人，其问题无不可以归结为宗教问题。他们的共同病因是：失掉了千百年来宗教曾给予其信徒的那些活的东西。患者中没有一个人未经重建宗教世界观而能痊愈的。

荣格将宗教视为人的心理健康必不可少的条件。他说，我们生活在一个让人担惊受怕的时代，一个神经极度紧张的时代，就世界观而言则是一个混乱的、让人无所适从的时代。只有宗教能够恢复人们的心理平衡，防止迫在眉睫的灾难。

弗洛伊德认为只有用科学的态度来对待本能，恢复人的理性，克服人格发展中的固着和退行，向着独立和成熟的方向成长，才能实现心理健康。荣格则相反，他厌恶理性，把实现心理健康的希望寄托于向原始的、非理性的集体潜意识的体验的回归（波波娃著，张雅平译，1992，第236页）。弗洛伊德认为人应向前进，荣格认为人应向后退。

弗洛姆：宗教是人对存在的矛盾的解答

弗洛姆的宗教观既不同于弗洛伊德，也不同于荣格。这是由于弗洛姆的宗教观是其整个思想体系的有机组成部分，而他的思想体系的理论基础既不同于弗洛伊德，也不同于荣格。弗洛姆的宗教观的理论基础是他关于人的处境和需要的学说。

根据弗洛姆的观点，人的存在的基本矛盾在于：随着人类文明的发展，人逐渐脱离了与自然、他人和自我的天然和谐的关系，人逐渐疏远了自然、他人和真实自我；但人又不可能完全脱离自然、他人和自我而生活下去，于是他又渴望回归到那种天然和谐的关系；但这种回归又是不可能的，因此他感到孤独和恐惧。这就是个体化与孤独感的矛盾。为了摆脱这种困境，人产生了与自然、他人和真实自我建立联系的需要，这些需要包括关联、超越、植根、为一个目标而献身等等。这些需要不像本能或集体潜意识那样由遗传因子传递，它们不是天生的，而是人对存在的矛盾性的反应，是人的处境造成的。

宗教是人类特有的现象，当人作为具有理性和自我意识的物种而从自然界中分化出来之时，宗教便产生了。宗教是对人的处境的原始的反映，是人寻求解决存在的矛盾问题的一种方式。人的存在的矛盾性使人产生了远远超出动物本能的需要。正是人的这些特殊需要，驱使人去与世界重新建立联系。为此，人首先要在思想上去解答他的存在所面临的问题：怎样克服孤独与恐惧？怎样获得爱？怎样与世界和谐相处？在寻找答案的过程中，人通过自己的意识勾勒了一幅世界图景，借助这一图景他意识到自然、社会和自己，并以此为参照系，去回答“自己处于何处”和“自己该干什么”之类的问题。然而，人不仅有思考能力，而且有情感体验，他不可能对他所面临的矛盾无动于衷，因为这些矛盾不仅在思想上存在，而且在他的实际生活中、在他的情感和行为的各个方面存在着。因此，凡是能给人们以追求和向往的体系，不仅含有理性因素，而且含有情感因素，含有支配人的行为的意志因素。献身于一个目标，或者一种思想，或者像上帝那样的一种超人的力量，都是人企图摆脱人的存在困境的表现。

因此，人总是需要某种追求和向往的东西，总是要为某种东西而献身，这种需要是人的存在不可缺少的部分，我们随时可以感受到这种需要的存在及其强烈程度。这是人的活动的重要动力。当然，人不可能自由地选择并不存在的思想观念，但他可以在业已存在的不同观念之间进行选择，他或者为崇拜某种外在力量而献身，或者为发展理性和爱而献身。人各有各的信仰。

从以上分析可以看出，人是有宗教需要的，这种需要属于前文所述的定向与献身的需要。每个人都有一种宗教需要，都需要一种追求和向往的东西，以及能为之献身的对象。

人们通常把宗教与关于神或超自然力量的观念体系等同起来，弗洛姆认为这种看法具有表面性和片面性。他认为人不仅可以崇拜动物、偶像或神灵，而且可以崇拜祖宗、民族、阶级、政党、金钱、权力、成就，当然也可以崇拜理性和爱。有人声称自己不信宗教，只是追求金钱和权力。弗洛姆认为，问题的关键不在于追求这些东西是不是宗教，而在于它们属于哪种类型的宗教，在于它们是促进了人类理性与爱的能力的发展，还是阻碍了它们的发展。有的人极其认真地对待人的存在的根本问题，把这种问题当作自己的“终极关怀”，他要以自己的整个生命活动去回答这些问题，这种人就是有宗教信仰的人。任何希望找到这些问题的答案并把答案传授给子孙后代的体系，就是宗教。也可以说，宗教是指一定群体的人共同具有的、给予个人一种向往和信仰的、使人为之献身的一切思想体系（郑维川译，1988，第28页）。

理性与爱的宗教

与他的整个思想体系相一致，弗洛姆将宗教区分为威权主义宗教（authoritarian religion）和人本主义宗教（humanistic religion）。

威权主义宗教是人们对于凌驾于自己之上又控制着自己命运的那种无形力量的一种认识与体验，它意味着服从、敬畏和崇拜。这意味着，人们之所以崇拜、服从和敬畏神，是由于在人们眼里，神能够控制人，因为它具有某种超人的力量，它有权力迫使人崇拜它。如果不服从它、敬畏它，就会构成犯罪。

在威权主义宗教及其相应的宗教体验中，最基本的一点是人屈从于一种超人的力量。这种宗教所倡导的美德是服从，不服从则是犯罪。一方面，神被设想为全知全能；另一方面，人则被设想为无能为力和微不足道。只有当人完全屈服于神并从神那里获得恩赐和帮助的时候，他才感到有力量。屈从于一种强有力的权威，是人生的唯一途径，只有通过这条途径，人才能从孤单和局限中摆脱出来。当人屈服于神的时候，他就丧失了独立，丧失了完善的人格，他获得的是那种令人敬畏和恐惧的力量的保护，人成为神这种力量的一个微不足道的部分。

威权主义宗教要求人们鄙视自己的一切，把自己看得渺小无能，而把神视为无所不能和至高无上的。

与威权主义宗教相一致，各种世俗性质的偶像崇拜形式也具有同样的特点。曾经一度被称为“元首”“敬爱的人民之父”的希特勒，以及很有诱惑力的所谓“国家”“民族”“祖国”等，都成为一批又一批人的崇拜对象。在这种崇拜中，个人生命显得微不足道，人的价值被否定。威权主义宗教经常假定出一些与人的现实生活毫无联系的，抽象而又含混的观点，号召人们为“死后的幸福”而奋斗，为“人类的未来”而呕心沥血，但是要牺牲现世的个人幸福。威权主义宗教总是论证自己的目标如何远大，自己的手段如何高明。它们所杜撰的“目标”，成了宗教“领袖”和世俗“伟人”控制人们生活的信条。

几乎毫无例外的是，一种大宗教一旦沦为某些宗教官僚控制下的群众组织以后，自由的原则就立刻被违背、被滥用了。在一定程度上，宗教组织及其代表人物，取代了家庭、部落和国家的位置，继续束缚人们。于是，受到崇拜的不再是神，而是自称以神的名义说话的那些团体及其代表人物。

威权主义宗教是威权社会的必然产物。在这种社会中，自私自利的少数人掌握着权力，他们统治着大多数人。人被作为手段而不是目的。当掌权者将群众置于屈从地位时，人们会充满恐惧，无从感受自己的独立和力量。在这种情况下，个人的宗教经验必然是崇尚权威的，无论他是崇拜严厉的、动辄惩处人的上帝，还是崇拜具有同样特点的领袖。

与威权主义宗教相反，人本主义宗教强调的是人自身的力量，将人视为生活的最高价值。这种宗教认为，人应该发展自己的理解能力，去认识自己，认识自己与他人的关系，认识人在宇宙中的地位。人应该去追求真理，既要懂得自己的有限，又要充分发展自己的潜力。为了自己和他人的幸福，人应该发展自己的爱的能力，去体验生活，同所有的人休戚与共、和睦相处。人本主义宗教的体验，是个人与全体浑然一体的感受，这种体验建立在个人与世界密切关系的基础上，建立在理性与爱的基础上。

在人本主义宗教那里，人生的目的是最大限度地发展自己的潜能和力量，而不是使自己无能为力；美德是人的自我实现，而不是无可奈何地顺从；忠诚是对某种东西深信不疑，是建立在个人思想和情感的基础上，而不是由于某个人的声望或权威而对他随声附和，趋炎附势；人的基本情绪是喜悦和欢乐，而不像在威权主义宗教之下的情绪那样懊丧和负疚。人本主义宗教所在之处，个体都感到自己是自由的，对自己的命运负有责任。迄今为止，这种宗教还只是产生在少数为自由、独立而斗争的人中间。

人本主义宗教所说的上帝，是人们在生活中试图实现的、人自己本身的力量的象征，而不是统治人的力量的象征。

弗洛姆所说的人本主义宗教包括早期佛教、道教、以赛亚教义、耶稣教、苏格拉底学说、斯宾诺莎学说、犹太教、基督教的一部分、法国理性革命教等等（郑维川译，1988，第42页）。

弗洛姆认为，生活在20世纪的人比以往任何时代都更需要宗教。杰出的科学发明和技术成就使人类得以征服自然，使劳动强度得以减轻，使人们生活得更舒适。现代人可以因自己双手创造的成果而自豪。但是，面对自身，现代人能说些什么呢？人类自古以来就幻想着人的完善，但我们是在朝这个幻想的方向接近吗？弗洛姆的回答是否定的。人们创造了极其复杂、十分完善的物品，却不能完善自身。人的内心世界充满了矛盾冲突，人的行为与愿望不一致，人对幸福、真理和正义的渴求都被虚假的动机扭曲了。为了寻求保护和慰藉，人们只得诉诸宗教。但是，已有的各种宗教不能切实满足人们对于严谨的世界观、富有生命力的理想以及崇高目标的需求。只有新的宗教，即摆脱了专制与教条的，能够消除群众意识中的惰性与保守心理的，能够为困惑于自身问题而无法自拔的人类开辟社会与精神发展新天地的宗教，才能拯救人类。按照弗洛姆的想法，经他改造过的人本主义宗教应当义不容辞地担此重任。当然，这种新宗教并非弗洛姆个人的创造，他只是将人类文明的人本主义传统加以发扬光大。

宗教体验

弗洛姆提出人本主义宗教是一种独特的探索，其目的是要建立一种排除教条与礼仪限制的、清除神话和魔法的幼稚层面的、与科学的世界图景不相违背的宗教。同时这种宗教还须具备那种任何宗教缺乏都不能成其为宗教的、特定的情感色彩。弗洛姆强调指出，人本主义宗教的根基深深地扎在宗教思想和社会思想的历史当中，是由正义、平等、友爱、自由、幸福等人类理想积淀而成。它的思想源流可以追溯到以赛亚、耶稣、佛陀、老子和孔子，也可以追溯到苏格拉底、斯宾诺莎和启蒙时代的一些优秀代表人物。

人本主义宗教所包含的内容中，没有既定的具体概念，也没有特定的仪式。它的核心，它的原初的、固定不变的实质是宗教体验，即人对自己及身在其中的环境的直接体验。弗洛姆认为，这种宗教体验包括以下三方面的内容。

· 对人的存在的醒悟 ·　宗教体验的一个方面是对宇宙人生感到疑惑不解和不可思议，从而去思考人与世界关系中的各种根本问题，最终达成一种醒悟，特别是对人的存在本身的醒悟。自然界、他人和自我，作为存在，人往往并不认为它们是理所当然的，而是对其感到困惑不解。它们是疑问，而不是答案。正如苏格拉底所说，困惑是智慧的开端。这不仅适宜于说明智慧，而且可以用于说明宗教体验。谁要是不曾被这些问题弄得茫然不知所措，不曾把生活及其自身的存在当作一种需要解释的现象，不曾觉得对这些问题的解答总是充满矛盾从而疑问不断泛起，那么，他就很难懂得宗教体验是怎么回事。

·终极忧患· 所谓终极忧患并不是与满足愿望相联系的、被情欲所驱使的忧患，而是与上面所讨论的困惑态度相联系的，也就是对生活的意义、人的自我实现、如何完成生命赋予我们的使命等问题的忧患。

·万物归一· 万物归一的体验，不仅是指体验到人自身内部的统一，也不仅指个人与人类的统一，而是与万物众生乃至整个宇宙的同一之感。这种体验既包含着将自我作为分离的、唯一的实体的痛苦意识，这种痛苦来源于对自我生命不可重复、不可替代这种特性的认识；也包含着对打破个体局限进而与整体融为一体的渴求。在这个意义上，宗教体验同时是对个体性及其对立面的最充分的体验。但宗教体验与其说是个体性与统一性这两者的混合，不如说它像一个磁体，是从二者的张力中激发出的生命体验。宗教的态度，就是感到骄傲与完善的同时又感到谦卑，这里面所包含的谦卑感，是由于个人体验到自己在宇宙中实在不过是沧海之一粟。

与以上内容紧密联系，弗洛姆还谈到人本主义宗教态度主要包括以下几个方面：（1）具有感受生活的能力，把生活看成是需要不断寻求解决的一个问题，将人的存在视为生活的根本问题；（2）总是渴望得到自我发展，渴望以最适宜的方式发挥自己所有的内在潜力；（3）在价值判断中将人与人性原则放在首位；（4）坦荡地面对世界，具有团结意识和全身心参与的渴求；（5）具有超越精神，克服自我的局限性，摆脱个人主义、贪婪、自恋，摆脱各种形式的乱伦心态和破坏性等消极倾向，并与这些消极倾向针锋相对地培养自己的爱的能力、创造力和认识真理的能力，使自己善于运用自由的权利，并准备为坚守自己的信念而吃苦。

根据弗洛姆的理论，神经症的病因，从一定意义上讲，就是缺乏宗教信仰或者屈从于威权主义宗教所致，也就是缺乏人本主义宗教所致。精神分析的治疗，就是要帮助患者获得人本主义宗教的体验和态度，力图使患者恢复理性与爱的能力，能够去认识真理，能够爱，成为自由的、独立的、有责任感的、能够敏感地聆听心灵呼声的人。但是，精神分析家不是传教士或布道者，他的治疗不是让患者接受某种理论，而是引导和启发患者去发现自己身上的症结所在及走向健康的潜在因素。在精神分析治疗的整个过程中，分析家的作用是相当有限的。分析家可能只是一个安慰人或鼓励人的人，就像那些守候着惊恐不安的人的同情者一样。尽管他能使患者心中的一些不清楚的东西明朗化，能把梦的象征语言转译成觉醒时的语言，就此而论，对患者是大有裨益的。但是，分析家不能代替患者去生活，去体验生命，分析家只能运用他清醒的理性和热爱生活的态度去帮助患者。但他不是作为一个权威，或者作为一个有权传令患者招供的法官对患者说话，而是作为一个被请来为患者排忧解难的人说话。他也有那么一点点权威，那就是对患者的悉心关切，而这正是他的良知叫他去这样做的，是他的良知教给他的。

禅：免于疯狂或精神残废

禅宗是佛教在中国演化而成的一种宗教。日本学者铃木大拙把禅宗系统地用英语介绍给西方读者，弗洛姆就是通过铃木大拙了解到禅宗的。弗洛姆把禅宗当作一种人本主义宗教的典型来看待，从而把禅视为现代人为摆脱存在困境从而走向心理健康的一种途径。

关于禅的基本目标，弗洛姆引用铃木的话说，禅就其本质而言，是看入自己生命本性的艺术，它指出从枷锁到自由的道路……我们可以说，禅把储藏于我们之内的所有精力做了适当而自然的解放，这些精力在通常的环境之中是被挤压、被扭曲的，因此它们找不到适当的通道来活动……因此禅的目标乃是使我们免于疯狂或残废。这就是我所意谓的自由，就是要把秉具在我们心中的一切创造性与有益的冲动自由地展示出来。我们都拥有使我们快乐和互爱的能力，但我们一般对这些能力视而不见。这段话包含了禅宗的一些基本重点：禅是看入自己生命本性的艺术；它是从枷锁到自由的一种方式；它解放我们的自然精力；它防止我们疯狂或残废；它使得我们得以为快乐和爱表现我们的能力（孟祥森译，1986，第175—176页）。

在弗洛姆看来，禅与精神分析一样，既是关于人性的理论，也是促进人的幸福（well-being）的实践方法。所谓幸福也就是心理健康者的良好的主观状态，它是达到了理性充分发展的状态，使人能够认识事情的本来面目，并由此掌握真理。只有当一个人克服了自恋，当他变成了开放的、有回应性的、敏锐的、觉醒的、虚怀若谷的人，他才能幸福。幸福意味着充分关切自然和人，克服孤独与疏远，体验到与一切存在之物合而为一；同时又体验到“我自己”是一个不可分的个体，是一个整体的我。幸福意味着完全的诞生，即成为应当是的样子，而不是虽生犹死的样子；它意味着具备充分的喜悦与悲伤的能力，或者，换一种说法，从一般人所处的半睡眠状态中觉醒，充分地觉醒。假如能够如此，也就意味着具有生产性，就是说，对自己、对他人、对一切存在之物，能够做出回应，是以我真正的、整个的人，对周围的人和物做出回应，并且是依照这些人和物的本来面目来做出回应。在这种真正的回应中，有着创造性。人一方面按其本来面目去看待世界，另一方面又体验到那即是“我的”世界，是由“我”创造性地认识和改造的世界。因此，这个世界不再是彼岸的、陌生的世界，而是“我的”世界。幸福还意味着放弃贪婪，不再追求自我的扩张，在生命的存在中去体验自己、成为自己，而不是在占有、囤积、贪婪和利用中去体验自己、成为自己（孟祥森译，1986，第146—147页）。

禅的目的的实现，蕴含着克服一切贪婪，无论是对物的贪婪，还是对名誉或情欲的贪婪；它蕴含着克服自恋式的自我荣耀，克服对全知全能的神的幻想；它蕴含着克服屈服于某种权威的愿望，不将解决自己的存在问题的希望寄托在权威身上，而是依靠自己去面对生活。

在精神分析治疗中，分析家的目的是要患者摆脱对他的依赖，通过帮助患者自己体验到原先的那些潜意识的东西，使它们成为意识，最终使患者脱离分析家而独立。同样，禅师虽然比他的学生知道得多，但他绝不把自己的判断强加在学生身上。他并不叫学生来；如果学生要走，他也不阻止。如果学生自动来找他，要在他的指导下走过开悟的陡坡，禅师是愿意帮助他的，但学生必须自己照顾自己（这里指照顾自己的心灵）。在禅宗看来，没有任何人可以救另一个人的灵魂，人只能自救。禅师所能做的，只是产婆的事，是登山向导的事。正如一位禅师所说："我其实没有什么话要告诉你们，如果我要这样做，将来会变成我们的笑柄。再说，不论我说什么，那终究是我的，而绝不会是你的。"

禅的最终目标是"开悟"的体验。开悟不是心理变态，不是神志恍惚，不是某些宗教中常见的自我迷恋的心理现象。开悟是这样一种状态：你整个心理活动现在都以一种新的格调来作用，而这比你以往所经历到的任何事情都更使你满足、和平、充满欢乐。生命的调子改变了。在禅之中有着使生命更新的东西。这时，在你眼前，春花更美，山溪更为清澈。

在开悟的状态下，人完全与他外在的世界及内在的世界一致，他对于世界充分认知，充分领悟。这种认知和领悟不仅是用头脑或身体的任一部分，而是以他整个的人。开悟的人对世界是开放的、有回应的，他不是把自己当作一个物，他虚怀若谷，对整个世界敞开着胸襟。开悟的意思是，"整个人格对于世界的充分觉醒"。

一位禅师说："在我开悟之前，见山是山，见水是水。当我被教导着开始开悟时，见山不是山，见水不是水。现在，我已开悟，水又是水，山又是山。”人在开悟之前，如同柏拉图的洞中人，只看到影子，而误以为是本质。一旦他觉察到这个错误，他就知道了那只是影子而不是本质。但是，当他开悟之后，他就离开了洞穴，离开了黑暗，走入光明，于是，他看到的是本质而不是影子。他觉醒了。当他处在黑暗中，他不能了解光明。一旦他从黑暗中出来，他就懂得了以前与现在的不同！以前他所看到的是影子，现在他看到的是真实。

8　共享：复兴仪式和集体艺术

在文化建设上，还有一个重要内容就是复兴仪式和集体艺术。它们类似于先民的仪式和艺术活动，而不同于现代的一些爱国仪式和娱乐仪式，不同于现代社会中作为消费文化一部分的艺术。在非宗教的仪式和集体艺术中，人们的感情将按照一种有意义的、有技巧的、建设性的、主动的和共享的方式去把握世界，在艺术的感受中将自己与他人、与世界联系起来。如果没有对人的存在的共同体验，没有共同的艺术和仪式，即使彻底消灭了文盲，即使高等教育达到了前所未有的普遍程度，每个人也只不过是“孤独人群”中的一分子，缺乏作为人类共同体的成员的感受，缺乏共享的艺术体验，难以建立一个健全的社会。“在一个仍然保留着真正节目和共同艺术表达方式的原始村落里，尽管它没有文字——但它在文化和精神方面，都比我们这种有教养的、有报纸广播的文化更先进、更健康。”（欧阳谦译，1988，第358页）。当然，弗洛姆并不主张回到野蛮状态，而是说集体艺术和非宗教的仪式是一个健全的社会所不可缺少的。在这样的指导思想下，现代的广播和电视技术，完全可以把最佳的音乐、文学、舞蹈传送给广大民众，但这不能带有商业性的目的。弗洛姆所讲的集体艺术和非宗教仪式并没有明确的区别，如民间舞蹈，一般只在特定的场合（如节日、仪式）中，大家聚集起来，唱歌、跳舞、奏乐，这既是一种集体艺术，又是一种仪式。缺乏仪式和集体艺术，在一定意义上就是缺乏共享的快乐，缺乏生命力的升华形式。因此复兴仪式和集体艺术是未来社会文化建设的一个重要方面。

所有的社会改革措施，都是为了促进我们去实现某些价值和理想。我们并不需要新的理想或新的精神目标，人类的那些伟大导师早已为健全的生活规定了准则。这些准则虽然是用不同的语言表达的，各自强调了不同的方面，并且在某些问题上有着不同的观点，但只要深入研究就可以发现，分歧往往是表面的，不重要的；而不同文化的终极价值观，不同文明的先哲们，在未来理想社会的构想上，有着惊人的相似性。尽管在早期，这些文化之间的相互影响很少，但对未来社会的理想却提出了相同的见识。这些共同的见识主要是人本主义的。我们早就有了关于如何健康地生活的知识，我们急切需要的是认真地去实施。

9　教育改革

教育要对此承担重要的任务。教育的任务首先在于使人们记住人类的共同理想和价值。令人痛心的是，现代教育的目的变成了培养与这个异化的世界相适应的人，主要是传授一些知识，使人可以在工业化的文明中正常地发挥作用，以及塑造社会所需要的性格模式：野心和竞争，有限的合作，尊重权威却又具有“独立性”，与人为善但又不跟任何人和任何事物紧密相连。总之，教育似乎就是为学生提供完成实际生活任务所必需的知识，塑造人格市场上所要求的性格特征。这样，“人们受到的教育愈多，就愈缺乏理性，缺乏判断力，缺乏信念。充其量也不过是他们的智力得到了提高。但是，他们的理性——即他们透过事物的表面去了解个人和社会生活中的本质力量的能力，却越来越枯竭。人们的思想越来越从情感中分离出来”（王泽应等译，1991，第88页）。

教育的首要任务是帮助人们找到确定的方向和为之献身的构架或参照系，也就是帮助人们确立人本主义的价值观。社会主义的教育目的是培养全面发展的人，使人的科学认识能力和艺术审美能力都得到发展，使人不仅成为物质生产者，而且成为生活的享受者。在初等和中等教育中，要把手工艺和关于现代工业的劳动技术教育结合起来。学生要学会一种手工艺操作，在这种活动中，能将体力劳动与创造性的艺术活动统一起来，同时学生要弄清现代工业生产的基本技术过程。

既然教育的目的在于人的健康发展，那么人一生都需要受教育。从某种意义上讲，成年人比儿童更需要受教育。这是因为，第一，成年人所受的社会的毒害可能比儿童更深，成年人很可能随着年龄的增长越来越多地失去人性中美好的东西（如好奇心），因此，成年人在作为儿童的教育者的同时，也应该是儿童的受教育者。同时，成年人也要不断地学习先哲的教诲，坚定人生的信念，以抵御社会这个“酱缸”的污染。第二，事实上，6岁到18岁这段年龄并不像一般人认为的那样适宜于学习。当然，这是学习读、写、算和语言的最佳年龄，但这段年龄对于历史、哲学、宗教、文学、心理学的理解是有限的。就算到了20岁左右，在大学里学习这些课程的效果还是不理想的，倒是三四十岁的人更适合于学习这些学科。第三，到了三四十岁，人对自己往往才真正有了正确的认识。孔子说“四十不惑”，到了这个年龄，人往往希望改变一下职业，选择一种更适合自己的职业，这就需要学习。因此，社会不仅要重视儿童的教育，也要重视成年人的教育。

总之，要对现存的教育制度进行改革。现存的教育是为了培养异化社会的合格的劳动力，是为了使受教育者更好地适应这个病态的社会。这种教育不注重培养学生的批判思维能力和健全的性格。教育改革的任务就是使教育能培养出真正全面发展的人。

至此，弗洛姆创立了一整套思想体系。这套思想体系以人本主义精神分析的社会心理学为基础，推演出一种社会改革学说，以实现弗洛姆对人和社会的理想。

八

弗洛姆心理学略评

弗洛姆心理学从人的处境出发，探讨了人的基本需要和情感，进而提出了社会性格和社会潜意识两个新的范畴，批判地考察了资本主义社会中人的处境、性格和潜意识，最后提出了一套社会历史观和社会改革方案——这就是弗洛姆的社会心理学的逻辑顺序。当然逻辑顺序不是时间顺序，如社会历史观和社会改革的设想显然不是（在时间上）最后形成的，对现代人的关切也非始于提出社会性格和社会潜意识这两个范畴之后。弗洛姆的理论涉及心理学、社会学和哲学的广泛领域，要对其进行全面的评论不是一件容易的事。但作为一本完整的书是不可以到此为止的，必须要有一些全局性的、总结性的讨论。以下是笔者研读弗洛姆著作的一些感想和思考，作为个人体会写出来，以期引起更广泛深入的研究和评论。

1　贡献

美国心理学家伍尔曼（B. B. Wolman，1908—2000）认为弗洛姆对心理学有四大贡献：第一，利用历史作为心理学调查研究的一个领域。弗洛姆广泛引用历史文献，从希伯来历史，从中世纪、宗教改革、工业革命到纳粹主义兴起，并以此作为他考察人的处境和心态的历史演变的途径。第二，性格理论是弗洛姆对心理学的重要贡献。第三，心理学争端的伦理学解释。弗洛姆始终没有忘记价值判断，他的工作具有明确的目的性，即实现人本主义的理想（健全的人和健全的社会）。第四，心理学研究的社会学倾向。弗洛姆的心理学是一种社会心理学，他对社会比对个人怀有更浓的兴趣（Wolman，1981，p.384）。伍尔曼所说的四个方面实际上是弗洛姆的心理历史学、性格学、伦理学和社会心理学，其中社会心理学是其整个学说的基础或核心。

笔者认为弗洛姆心理学的主要贡献有以下四个方面。

复兴了人文传统

对人的精神生活的研究，本来属于古老的人文传统的重要组成部分，然而自从科学心理学诞生以来，便逐步形成了科学主义心理学与人文主义心理学的分野。作为极端形态，科学主义是只关心工具、方法和数据，人文主义是只关心人性、人的存在、人的价值和幸福；科学主义是工具关怀，人文主义是终极关怀；科学主义只关心合规律性，人文主义只关心合目的性。具体到心理学中，主要表现为问题（对象）中心还是方法中心的分歧。在心理学的先驱者冯特（W. Wundt，1832—1920）和威廉·詹姆斯那里，科学取向的心理学与人文取向的心理学这二者还是平衡的，他们并未因强调科学方法而牺牲心理学对象的完整性。也就是说，在严格的科学方法（实验和数量方法）不能有效地研究全部人性的情况下，可以使用人文学科的方法，即文献的、内省的、解释的方法去研究高级的心理现象。如冯特的民族心理学、詹姆斯的宗教心理学等，它们是与实验心理学相对的“另一条腿”。在他们那里，心理学的“两条腿”是平衡的。最先打破这种平衡的是艾宾浩斯（H. Ebbinghaus，1850—1909），他打破了冯特规定的实验心理学的界限，认为高级的心理活动（如记忆）也能用实验和数量方法进行研究。但艾宾浩斯是把人当作储存记忆材料的机器来看待的。当时，狄尔泰（W. Dilthey，1833—1911）就对这种心理学提出了批评，但他的批评没有引起心理学家的重视。到了行为主义，这种倾向走向极端，即只承认科学的心理学而排斥人文的心理学，走向了科学主义的极端，也可称其为“唯科学主义”。行为主义心理学不关心人的特殊性，在涉及人时，也用“有机体”（organism）来指称，正如用“有机体”来指称动物。认知心理学把人比拟为计算机，为研究记忆和思维等认知过程的规律性做出了贡献，但这些研究对理解人性帮助不大。对心理学中这种科学主义的第一次大的冲击来自精神分析。尽管精神分析包含着科学精神，但它是问题中心的，是关心人性和人的幸福的，它对人的问题表现出强烈的终极关怀。它从学院心理学外部打进心理学，以至马斯洛这位学院心理学家出身的人将其视为第二势力（仅次于行为主义），说明人文精神又回到了心理学的主流之中。经过人本主义心理学家的努力，在当代西方心理学界，人文主义已成为与科学主义相抗衡的一种力量。这是一大批人本主义心理学家努力的结果，弗洛姆是其中最著名的几位之一。从学派上讲，弗洛姆既属于精神分析，也属于人本主义（作为一种心理学派）。但从其学说的内容上讲，精神分析主要是方法层面的，人本主义则是核心和主旨。当然，精神分析与人本主义本来就不是互不相容的，精神分析中包含着人本主义的许多因素，而人本主义则是在批判继承精神分析的基础上产生的。从这个意义上讲，也可以说弗洛姆发扬光大了精神分析中的人文精神，从而形成了一种人本主义的心理学。他的人本主义精神分析学说自始至终洋溢着浓郁的人文气息。他批评主流心理学抛弃了先哲们所创立的伟大传统，认为心理学理所当然应该去研究先哲们所讨论的问题，也就是人性、人生的幸福与价值等问题。弗洛姆与其他许多人文取向的心理学家一起，为20世纪中后期人文精神在心理学中的复兴做出了突出的贡献。

发展了精神分析的理论和实践

弗洛姆把人的需要、情感、性格和潜意识放到广阔的社会经济、文化的具体历史条件中加以考察，把人的基本需要归结为与自然、他人、社会和自我建立联系的需要，把心理疾病归结为在不健全的社会中人不能与社会和自我建立合乎理性和爱的原则的健康关系。这些观点完全不同于弗洛伊德对人的理解，完全不同于泛性论。他把弗洛伊德的个体心理学改造成社会心理学，把个人病理学改造成社会病理学，用社会文化论代替本能论，从而拓宽了精神分析的视野，完善了精神分析的理论构架，并在实践上使精神分析学家从单纯医治个人疾病的狭小圈子里走出来，参与到社会改革的实践中去。

仅仅看到弗洛姆克服了弗洛伊德的泛性论和本能论，仍不能指出弗洛姆的特殊贡献，因为这个工作早在他之前和与他同时都有许多人做了。弗洛姆的特殊贡献在于：第一，把心理现象放到广阔的经济、政治和文化的社会环境中加以研究，特别关注在一定经济结构中具体的劳动方式、分配方式和生活方式对人的影响；第二，以现代社会中作为群体的大多数，而不仅是作为个体的少数心理疾病患者为研究对象；第三，把医治心理疾病与改革现存的社会现实结合起来。新精神分析的其他代表人物如霍妮、沙利文等人虽然反对弗洛伊德的泛性论和本能论，强调人的社会性需要，但他们所言的社会文化的作用主要是家庭或亲子关系的影响，还是没有超越弗洛伊德过于关注家庭对人的影响这一局限；而弗洛姆则把家庭看成是社会文化对个人发生作用的中介，把家庭放到社会的经济、政治和文化系统中去考察。同时，新精神分析的其他代表人物仍然是以作为个体的心理疾病患者为对象的，目的在于帮助他们适应现存的社会文化，他们甚至抛弃了弗洛伊德的对现存文化的批判精神，抛弃了精神分析改造社会文化的使命。

有助于丰富和发展历史唯物主义

弗洛姆把社会性格和社会潜意识作为联系经济基础和意识形态的中介，重视社会心理作为一种能动的力量在社会进程中的作用，动态地考察经济、心理和意识形态的相互关系，同时指出马克思和恩格斯没有研究经济基础是如何决定意识形态这种上层建筑，以及意识形态如何反作用于经济基础这一问题。这种批评也许不完全正确，但以往的马克思主义研究确实对此不够重视。尽管普列汉诺夫已经看到社会心理作为一种低层次的社会意识（高层次的就是意识形态）在历史进程中的作用，并将其纳入历史唯物主义的范畴体系（普列汉诺夫，1961，第2卷，第272页；1962，第3卷，第195页）。但是，普列汉诺夫的思想长期没有得到重视，同时社会心理也仅仅被看成是一种低层次的社会意识。弗洛姆以其具体和专门的心理学研究丰富和发展了这一思想，并强调了社会心理的相对独立性以及它在社会结构中的重要地位，同时社会性格和社会潜意识的概念也使社会心理的概念具体化了。当然社会心理不仅仅是社会性格和社会潜意识，社会心理的结构问题还有待进一步研究。有些论者对弗洛姆把精神分析同马克思主义结合起来持全盘否定的态度，无视弗洛姆的努力所取得的具体成果，这是不能令人信服的。他的研究除了对丰富和发展历史唯物主义具有启发意义，还为马克思主义研究和批判新的历史条件下的资本主义社会现实提供了丰富的思想材料，对社会心理学本身如何运用马克思主义来研究心理现象也进行了有益的尝试。

创建了一种新的社会心理学

弗洛姆的社会心理学与传统社会心理学有两个最大的区别：第一，在研究对象上，选择那些迫切关系到整个社会历史进步的社会心理现象（如纳粹主义）进行研究，不同于传统社会心理学局限于研究局部的、对社会进步而言不是十分迫切的现象。弗洛姆继承了启蒙运动的理性主义和人本主义的批判精神，借助精神分析方法，对资本主义社会中的种种不健康现象进行深入分析，这种关切人的健康和社会进步的批判精神是可贵的。这种精神出自一种责任感。他说："心理学家的当务之急是毫不迟延地对分析当前的危机做出自己的理论贡献。"（陈学明译，1987，第11页）他一生的学术活动都与他对生活于其中的社会现实的热切关怀紧密联系。他的努力为社会心理学参与和干预社会生活，为批判社会现实促进社会进步进行了有益的探索。第二，在方法论上，弗洛姆把社会看成一个动态的整体，从宏观的、广泛的联系中研究心理现象，而传统社会心理学往往缺乏这种宏观的眼光。这是与弗洛姆所受的马克思主义的影响分不开的。以往的心理学家往往是把一种在一定范围内适用的具体学说推演成一种广泛适用的社会学说，这就容易陷入心理决定论或心理主义。弗洛姆一开始就受到历史唯物主义和辩证法的影响，因而避免了重蹈心理主义的覆辙。

弗洛姆的社会心理学在范畴体系上有自己独特的创造。人在一定的处境中形成了一定的需要，在满足需要的过程中形成了一定的性格和潜意识。这种逻辑思路在心理学上是一种易于为人接受的探索。他关于人的处境的分析，关于历史的矛盾性与存在的矛盾性的区分是具有启发意义的。在需要问题上，他认为人的基本需要是在人与自然、他人、自我逐步分离的处境下形成的与世界联系起来的需要，把人性放到人与世界的关系中去考察，这与弗洛伊德的本能论形成鲜明的对照。在性格理论上，他对弗洛伊德的个体病理学概念进行社会心理学的改造，提出了与现代西方社会相符合的、具有针对性的性格类型学的概念，他的二象性格类型学的理论（不健康－健康）包含着明确的价值判断。在潜意识问题的研究上，他也做出了新的贡献。潜意识学说是精神分析的理论支柱。弗洛伊德的个体潜意识理论带有浓厚的生物学化和机械决定论的色彩，荣格的“集体潜意识”理论带有浓厚的神秘主义先天论的色彩。弗洛姆的“社会潜意识”理论强调时代性而不是遗传性，强调文化模式特别是意识形态的作用，把“潜意识”范畴带到一个新的天地，因而有人认为“社会潜意识”是潜意识理论的“第三个里程碑”。至于他在社会性格和社会潜意识的理论基础上对现代西方社会和西方人的批判性考察，则是本书一再强调的弗洛姆的社会心理学的核心内容，对我们研究西方社会和建设中国的社会心理学，对于激发西方人自己对资本主义文明的批判和反省，都具有一定的理论价值和实践意义。

2　所引起的批评

历史观的局限

弗洛姆认为，随着文明的进步，特别是工业文明的出现，人与自然、人与人、人与自我的关系疏远了，从而使人产生了种种病态心理。这种观点虽受到马克思异化理论的影响，但这远远不是马克思的历史观。在古代，人一方面与自然有密切的关系，同时自然往往对人构成威胁，成为人畏惧、膜拜的对象。“自然界起初是作为一种完全异己的、有无限威力的和不可制服的力量与人们对立的。”（马克思，恩格斯，1960，第3卷，第35页）因此，古代人与自然的关系有对立的一面。密切联系是外在的、物理的；对立则是内在的、心理的。人只有通过劳动，通过征服和改造自然，自然才逐步成为人的自然。只有自然不再构成威胁，人与自然的关系才可能是真正密切的、和谐的。马克思说：“全部所谓的世界史乃不过是人通过劳动生成的历史，不过是自然向人生成的历史。”（马克思著，何思敬译，1963，第94页）劳动使人自身得到发展，同时使自然成为人化的自然。在工业化社会里，人与自然的对立是鲜明的，同时由于人对自然的威胁减少了，自然变得更加亲切美丽了。对立变成了外在的、物理的；密切关系变成了内在的、心理的。弗洛姆只看到现代文明与自然的对立，包括对自然的破坏（这些批评是正确的、重要的），但抛开富于辩证法思想的实践观点和劳动观点，是不能正确理解人与自然的关系的。弗洛姆本来很重视马克思的劳动学说（涂纪亮等译，1983，第53—56页），但他没有从总的思想体系上接受这种学说。同时，有人说弗洛姆倾向于让人类回到原始状态（舒尔兹著，李文湉译，1988，第113页），这也不符合弗洛姆的本意。他并不否认资本主义从物质和精神上对人的解放的积极意义，他还强调健全的社会只能在这样的前提下才能实现，即在已有的文明成就的基础上只进不退。弗洛姆的片面性在于不能辩证地看待在文明进步过程中的人与自然的关系。

关于人与人的关系，弗洛姆看到的也只是一个方面。古代人虽有安全和归属感，人与人之间的关系是密切的。但当一个人的命运、生活道路，从穿什么衣服、与什么人结婚，到生死大权都掌握在别人手里，他还有多少安全感？所谓确定的归属、密切的联系，多是外在的，不过是为了生存而相依为命罢了，其间也充满了敌意和倾轧。弗洛姆虽反对把中世纪理想化，但他对中世纪的描述仍有理想化的色彩。现代人的不安全感、人与人之间的疏远也只是一方面，自己选择生活道路，靠自己的努力实现生活的目标，在不安全的同时也感到安全和踏实。同时人与人之间的敌意和猜疑减少了，比起中世纪和资本积累时期，现代社会人与人之间的关系显然有很大的改善。当然，资本主义不可能从根本上消除人与人的对立和疏远关系。这里要指出的是，弗洛姆的如下立论是值得怀疑的：古代人有归属和安全感，但没有独立和自由；现代人有独立和自由，却没有归属和安全感。弗洛姆只看到归属和独立、安全和自由在历史进程中的分离的一面，没有看到完全的分离在心理的事实上是不可能的。

同样的道理也适合人与自我的关系。在古代，由于自我意识没有充分发展起来，所以人与自我的统一只是混沌的统一。现代人与自我分裂、疏远的同时，自我意识却发展起来，这使现代人比古代人更加关心自我的深层心理生活。

因而，弗洛姆把整个人类历史描述为人逐渐从人与自然、人与人、人与自我的原始同一状态中独立出来，经过漫长的分离过程（异化）从而达到一种新的统一状态的过程。这种历史观不完全符合人类历史发展的实际，是一种思辨的产物。

弗洛姆在考察人的处境时，提出存在的矛盾性，认为存在的矛盾是人的更深层的处境。至于不同历史阶段的不同阶级的人的处境，则被当作历史的矛盾，或存在的矛盾在不同历史阶段的不同表现形式，从而把历史唯物主义所关注的一个根本问题给丢掉了。如人剥削人的制度，有时被当成历史的矛盾存而不论，有时被看成是人与人之间对立（存在的矛盾的表现之一）的一个方面而一笔带过。在这里，他用存在主义偷换了历史唯物主义，造成了概念上的混乱，即把历史的矛盾和存在的矛盾的区别取消了（当他说存在的矛盾可以在理想的健全社会中通过发展生产性的理性和爱而得到解决时，犯了同样的错误）。

弗洛姆思想的内在矛盾

弗洛姆在分析现代工业社会对人的影响时，几乎没有从积极的方面去看问题，似乎这种影响全是消极的、病态的，他只是在论及社会改革时，才原则性地说明健全的社会要在资本主义已取得的成就的基础上建立起来。在对待工业文明的问题上，弗洛姆表现出情感与理性的矛盾。他在情感上与现代工业社会格格不入，这一点在前文关于弗洛姆的文化背景的分析中已谈到了；在理性上，他又承认现代工业社会的成就。这种矛盾，使他对工业社会的分析带有片面性，同时，又使他的理论陷入了激进与改良的矛盾。他在批判现实社会时，显得很激进，似乎非得来一场革命，否则不能根本解决问题；但在谈到未来社会时，又说不必进行暴力革命，甚至所有制的问题也不是根本的，只要改变劳动过程中的组织方式，保证每个人都积极参与生产和管理就能根本改变现代人的处境。

当弗洛姆谈人的存在的矛盾，并认为这些矛盾无法解决时，他思考的问题带有存在主义色彩，他是一个悲观主义者；但当他认为人的存在的矛盾可以通过改造社会、通过发展人的生产性而得到解决时，他的思想带有犹太-基督教的救世主义色彩，他是一个乐观主义者。这种存在主义与救世主义、悲观主义与乐观主义的矛盾是他的思想的内在矛盾。从总体上看，犹太–基督教的救世主义精神和理性主义时代（从文艺复兴到19世纪）的乐观主义在其思想体系中占着主导地位。

这里涉及弗洛姆与存在主义的关系问题。许多评论者认为弗洛姆是存在主义者（如：季塔连科著，董进泉译，李国海校，1986），这是简单化的。第一，实际上，他很少接触和论及存在主义的代表著作。偶尔提到萨特，也只是声明他并非受到萨特的启发，只是在某些问题上两人有同感（如对孤独感的重视）。第二，他虽有存在主义色彩，集中表现在论人的存在的矛盾问题上。至于论“占有还是存在”，他是受了马克思的这句话的启发：“你存在得越少，你表现自己的生命越少，你就有得越多，你的外化了生命就越大，你的异化了的本质也积累得越多。”（马克思著，刘丕坤译，1979，第88页）不能仅仅因为弗洛姆集中讨论了占有与存在这一对范畴，就以此作为他走向存在主义的标志。第三，弗洛姆对存在主义的批评态度是明确的，他认为存在主义表达的是一种消极的人生观。弗洛姆与存在主义的主要区别是，存在主义只注重对人的存在的困境和体验做实体论上的揭示，而不做价值上的判断，存在主义对理性主义时代的价值论是持怀疑态度的，在人生观和社会观上是悲观主义的；而弗洛姆特别注重价值论的分析，把现代人的困境和心态看成是不健康的，他对理性主义时代的价值论抱有坚定不移的信念，字里行间透露出明朗的乐观主义气息。只是在新的时代，在怀疑主义和相对主义盛行的时代，仅仅对乐观主义抱有信念是远远不够的。弗洛姆对爱和理性的可能性（保持个人独立和自由的爱的可能性，以及人获得真理的可能性）没有进行深入讨论，这使他的理论缺乏与同时代的哲学思潮（如哲学家萨特、胡塞尔、波普尔）的对话，给人一种肤浅的乐观主义的印象。

在弗洛姆身上还存在着非理性主义和理性主义的矛盾。第一，他把社会心理归结为潜意识，并不由自主地“唱”起“潜意识赞歌”。他说：“潜意识通常代表整个的人，一个包含着一切光明与黑暗的潜在性的人；人对存在问题的不同答案，其基础都包含在潜意识中……在任何一种文化中，人都具有一切潜在的可能性，他是原始人、是野兽、是吃人者、是偶像崇拜者，但也具有理性、爱和正义的能力。潜意识的内容既不是善的也不是恶的，既不是合理的也不是不合理的，它两者都是，它是一切人性的总和。潜意识是整个的人——减去他与社会相符的部分。意识代表社会的人，代表个人所处的历史条件所造成的局限性。潜意识则代表着植根于宇宙中的普遍的人性，代表着整个的人；它体现了人身上的植物性和动物性，也体现了作为人的精神；它代表着人的过去，也代表着人的未来——到那时，人将成为充分的人，成为‘自然化’的人，而自然将成为人化的自然。”（孟祥森译，1986，第164—165页）用精神分析的话说，弗洛姆对非理性的崇尚是潜意识的，处于压抑状态，但在意识上，他是崇尚理性主义的。第二，他还把意识和意识形态与理性区别开来。意识和意识形态一概是虚假的，是对真实的潜意识和社会潜意识的压抑，理性则是对世界的本质的认识。但显然意识和意识形态与理性不是完全对立的，意识和意识形态包含着一定的理性因素。况且，一个社会中的意识形态是多元的，弗洛姆只看到占统治地位的（在阶级社会是统治阶级的）意识形态的虚假性和欺骗性，完全撇开了不占统治地位的意识形态，而这些意识形态中往往包含着更多的真理因素。

弗洛姆的心理学在概念上的混乱还表现在，他一方面沿用弗洛伊德生物学化的个体心理病理学的术语，如乱伦、自恋、恋尸癖等，另一方面又赋予它们完全不同的社会心理学的含义，如把对母亲的过分依恋说成是乱伦，把人因自己在技术上的种种改进所引起的生活和生产的高度机械化而产生的满足和自豪说成是自恋，把人对财产的崇拜、对秩序和整洁的偏好说成是恋尸癖，等等，都使人感到术语和概念的含义之间的脱节，即从习惯上讲，术语不能表达概念的全部含义。

在所有制问题上，弗洛姆的思想也是矛盾的。他反对人剥削人的制度，主张公有制。但他在分析当代资本主义世界的异化时，却抛弃了马克思关于异化劳动的根源是私有制的思想，把异化的根源归咎于大工业生产本身。而在如何克服异化的问题上，又说所有制不是根本的，根本的问题是让每个人都了解生产的全过程并积极主动地参与生产和管理。他还主张让工人买股票从而获得所有权问题的解决，这实际上是主张普遍的私有制，让每个人都成为资本家，根本不是公有制。

弗洛姆曾说他自己“没有抽象思维的天赋”（王建朗等译，1987，第168页），从以上的分析可以看出这不完全是自谦之词。他的思想在逻辑上确实存在许多矛盾，他比较擅长于具体经验的现象学描述。

改良主义乌托邦的社会改革思想

弗洛姆反对用暴力革命改变所有制，但他自己的改革理论并没有发生实际的影响，因为它带有浓厚的乌托邦色彩。就他所关心的如何解决计划经济和个人的主动合作的矛盾而言，他所提出的解决办法是空泛的。要解决这一问题，需要一种全新的经济学，但至今还没有这样的经济学，也没有成功的实践经验。弗洛姆完全没有研究过经济学，又抱着从总体上改革社会的理想，陷入空想是必然的。他的论调听起来“仿佛是《旧约》中的一位先知召唤人摆脱偶像崇拜。不幸，他的关于新人和新世界的倡议，空想的韵味重到极点”（宾克莱著，马元德等译，1984，第158页）。

3 对中国社会心理学者的启示

中国社会心理学还处在学习外国、自己的原创性研究还处在初级阶段，努力的方向无疑是创建中国特色的社会心理学。所谓中国特色的社会心理学，一般认为有两个基本特点：第一，运用马克思主义基本原理；第二，研究中国人自身和中国社会现实的心理学问题。弗洛姆的心理学在这两点上对我们都有启示。

第一，运用马克思主义研究社会心理学是能够取得成果的。有些心理学学者对运用马克思主义研究心理学能否取得成果持怀疑态度。在这个问题上，不能持教条主义和专制主义的态度。如果把马克思主义当作现成的“原理”，并将其从外部强加到研究者身上，当然是不会有效的，甚至是有害的。如果真正掌握了马克思主义的基本精神，并结合心理学的具体研究，创造性地运用和发展，是可以取得成果的。弗洛姆的社会心理学的基本范畴——社会性格和社会潜意识——的提出及其功能的分析，他对现代人的处境和心态的分析，都运用了马克思主义。同时，运用马克思主义本身要求批判地吸收现代心理学的成果，正如弗洛姆对精神分析的吸收和改造。当然，弗洛姆对马克思主义可能也有歪曲之处，但不能因此否定马克思主义对他的积极影响。

第二，社会心理学要研究与现代化进程有紧密关系的心理学问题，研究当代中国的现实和中国人自己。中国的社会心理学无疑要研究中国的社会问题和当代的中国人，弗洛姆的社会心理学的一个突出特点就是对现实社会的热切关怀和强烈的参与社会变革的精神。中国心理学为现代化建设服务，在很大程度上还停留在口头上，真正从心理学的角度研究中国的社会心理学问题，还做得很不够。社会问题往往需要多学科共同研究，心理学理应充当一个不可缺少的角色。例如“文化大革命”这样的问题就需要多学科的研究，而心理学显然是不可缺少的。如果亲身经历过的心理学工作者不去做这种研究，就会留下永久性的空白。因为后人只能根据历史文献进行研究，这种研究与亲身经历者的研究是不可同日而语的。与此相关联的“国民性”问题，本来主要是心理学问题，但从这个问题在20世纪初被提出以来，一直被局限在文学和文化学的范围内。由于缺乏心理学的参与，这个问题的研究难以取得新的突破。中国心理学特别是社会心理学，远远落后于现代化建设的实际，也落后于其他人文学科和社会科学，关键在于心理学学者缺乏对文化变革的关切，缺乏终极关怀，缺乏人文精神，集中表现在心理学对新时期文化界的中心议题反应冷淡。20世纪80年代以来，至少有五次大规模的讨论：真理标准、人生观、人性人道主义和异化、东西方文化比较、人文精神。这五次讨论都远远超出了学术的范围，是“五四”以来文化启蒙运动的继续和深化，也是对“文革”的反思，体现了中国现代知识分子的使命感。发起或积极参与这些讨论促成了哲学、文学、史学等领域的空前活跃、繁荣和人才辈出。可惜的是，这五次讨论对心理学并没有很大的影响，只有极少数心理学学者意识到这些讨论对心理学的意义，至于参与讨论的心理学学者就更少了。其实，这些问题都可以从心理学的角度去考虑，心理学家本可以从心理学的角度为启蒙运动做出一份贡献，而早在“五四”时期的人生观讨论中，心理学家唐钺、陆志韦就参加了讨论。

中国的现代化需要心理学，心理学也需要研究现代化过程中的中国人，这正是中国心理学的生命力之所在。

1993年12月21日初稿

1996年11月2日二稿

2020年3月22日修订版定稿

参考文献

说明：1. 在中文文献中，“Erich Fromm”有三种译法，即“弗洛姆”、“弗罗姆”和“佛洛姆”，为统一起见，本书只用一种译法。2. 下述文献中，凡注明两个出版年代者，一个为初版年代，另一个为本书作者所参考的译本或重印本出版年代。

马克思、恩格斯（1960、1979）：**马克思恩格斯全集**（第3卷、第42卷）。北京：人民出版社。

马克思（何思敬 译，1956）：**经济学-哲学手稿**。北京：人民出版社。

马克思（刘丕坤 译，1979）：**1844年经济学-哲学手稿**。北京：人民出版社。

马克思（1975）：**资本论**。北京：人民出版社。

王元（1996）：**弗洛姆“人性异化论”探析**。《福建学刊》，2期。

王元明（1990）：**弗洛姆人道主义精神分析学**。香港：三联书店（香港）有限公司。

王启康（1989）：**弗洛伊德的社会文化理论（一）**。《心理学探新》，3期。

王登峰（1992）：**精神分析理论的某些最新发展**。《心理学动态》，2期。

车文博（1996）：**西方心理学史**。台北：东华书局。

车文博（2001）：**人本主义心理学**。台北：东华书局。

车文博（主编，1992）：**弗洛伊德主义论评**。长春：吉林教育出版社。

戈布尔（吕明、陈红雯 译，1987）：**第三思潮**。上海：上海译文出版社。

巴尔扎克（傅雷 译，1978）：**幻灭**。北京：人民文学出版社。

布勒、埃伦（陈宝铠 译，1990）：**人本主义心理学导论**。北京：华夏出版社。

丛日云、马涛（2020）：**对以色列基布兹模式的历史考察及思考**。《当代世界与社会主义》，2期。

叶浩生（1994）：**现代西方心理学流派**。南京：江苏教育出版社。

叶浩生（主编，1998）：**西方心理学的历史与体系**。北京：人民教育出版社。

弗洛姆、铃木大拙（孟祥森 译，1986）：**禅与心理分析**。北京：中国民间文艺出版社。

弗洛姆、铃木大拙（洪修平 译，1988）：**禅宗与精神分析**。沈阳：辽宁教育出版社。

弗洛姆（王泽应、刘莉、雷希 译，1991）：**人的呼唤**。上海：上海三联书店。

弗洛姆（王建朗、胡晓春 译，1987）：**说爱**。合肥：安徽人民出版社。

弗洛姆（叶颂寿 译，1986）：**梦的精神分析**。台北：志文出版社。

弗洛姆（申荷永 译，1986）：**弗洛伊德思想的贡献与局限**。长沙：湖南人民出版社。

弗洛姆（关山 译，1980）：**弗洛姆的最后谈话**。《国外社会科学动态》，12期。

弗洛姆（关山 译，1988）：**占有还是生存**。北京：生活·读书·新知三联书店。

弗洛姆（许合平、朱士群 译，1988）：**对自由的恐惧**。北京：国际文化出版公司。

弗洛姆（许俊达、许俊农 译，1988）：**精神分析的危机**。北京：国际文化出版公司。

弗洛姆（孙月才、张燕 译，1989）：**人心**。北京：商务印书馆。

弗洛姆（孙依依 译，1986）：**爱的艺术**。北京：工人出版社。

弗洛姆（孙依依 译，1988）：**为自己的人**。北京：生活·读书·新知三联书店。

弗洛姆（孙恺祥 译，1994）：**健全的社会**。贵阳：贵州人民出版社。

弗洛姆（杨慧 译，1989）：**占有或存在**。北京：国际文化出版公司。

弗洛姆（张燕 译，1986）：**在幻想锁链的彼岸**。长沙：湖南人民出版社。

弗洛姆（陈学明 译，1987）：**逃避自由**。北京：工人出版社。

弗洛姆（陈学明 译，1988）：**寻找自我**。北京：工人出版社。

弗洛姆（欧阳谦 译，1988）：**健全的社会**。北京：中国文联出版公司。

弗洛姆（尚新建 译，1986）：**弗洛伊德的使命**。北京：生活·读书·新知三联书店。

弗洛姆（罗原 译，1988）：**生命之爱**。北京：工人出版社。

弗洛姆（郑维川 译，1988）：**精神分析与宗教**。昆明：云南人民出版社。

弗洛姆（赵鑫珊 译，1981）：**弗洛姆谈西方社会人的前途问题**。《哲学译丛》，2期。

弗洛姆（都本伟、赵桂琴 译，1988）：**人之心**。沈阳：辽宁大学出版社。

弗洛姆（涂纪亮、张庆熊 译，1983）：**马克思关于人的概念**。载于《西方学者论〈一八四四年经济学-哲学手稿〉》。上海：复旦大学出版社。

弗洛姆（黄颂杰 主编，1989）：**弗洛姆著作精选**。上海：上海人民出版社。

弗洛姆（晨欣、林平 译，1989）：**梦的精神分析**。石家庄：河北人民出版社。

刘文英（1989）：**梦的迷信与梦的探索**。北京：中国社会科学出版社。

刘翔平、张平（编著，1993）：**生命与梦**。北京：世界图书出版公司。

孙名之（1987）：**弗洛姆的精神分析社会心理学**。《湖南师范大学社会科学学报》，1期。

李青宜（1990）：**“西方马克思主义”的当代资本主义理论**。重庆：重庆出版社。

张国珍（1988）：**论弗洛姆的社会性格概念**。《湖南师范大学社会科学学报》，3期。

张春兴（1994）：**现代心理学**。上海：上海人民出版社。

陈学明（1989）：**弗洛伊德的马克思主义**。沈阳：辽宁人民出版社。

欧力同、张伟（1990）：**法兰克福学派研究**。重庆：重庆出版社。

季塔连科（董进泉 译，李国海 校，1986）：**弗洛姆—— 一位精神分析学家和存在主义者**。《现代外国哲学社会科学文摘》，1期。

金戈（1989）：**弗洛伊德主义在中国的兴衰及命运**。《心理学探新》，3期。

波波娃（张雅平 译，1992）：**精神分析学派的宗教观**。上海：上海人民出版社。

钟友彬（1988）：**中国心理分析**。沈阳：辽宁人民出版社。

科恩（陈荷清、范岱年 译，1988）：**当代哲学思潮的比较研究**。北京：社会科学文献出版社。

施良方（1994）：**学习论**。北京：人民教育出版社。

袁义江、李素新（1988）：**评弗洛姆心理革命的思想基础——社会无意识理论**。《重庆社会科学》，5期。

顾晓鸣（1990）：**犹太——充满“悖论”的文化**。杭州：浙江人民出版社。

徐崇温（1982）：**“西方马克思主义”**。天津：天津人民出版社。

爱因斯坦（许良英 等编译，1979）：**爱因斯坦文集**（第三卷）。北京：商务印书馆。

高觉敷（主编，1982）：**西方近代心理学史**。北京：人民教育出版社。

高觉敷（主编，1987）：**西方心理学的新发展**。北京：人民教育出版社。

郭永玉（1990）：**论弗洛姆的性格学**。《教育研究与实验》，4期。

郭永玉（1993）：**论弗洛姆心理学说的时代背景和思想渊源**。《教育研究与实验》，1期；中国人民大学复印报刊资料《心理学》月刊，6期。

郭永玉（1993）：**论弗洛姆的社会心理学**。《社会心理研究》，4期。

郭永玉（1994）：**论弗洛伊德的悲剧人格**。《心理学探新》，2期。

郭永玉（1994）：**狂欢、舞蹈、摇滚乐与社会无意识**。《社会心理研究》，4期。

郭永玉（1995）：**精神分析社会文化学派的形成**。《国外社会科学》，12期特刊；中国人民大学复印报刊资料《心理学》月刊，1996，6期。

郭永玉（1996）：**弗洛姆社会心理学的逻辑体系**。《社会心理研究》，2期。

郭永玉（1996）：**霍妮的社会文化神经症理论及其历史地位**。《中国临床心理学杂志》，2期。

郭永玉（1997）：**“逃避自由说”的文本解读**。《华中师范大学学报（哲学社会科学版）》，5期。

郭永玉（1997）：**沙利文精神医学的人际理论**。《中国临床心理学杂志》，3期。

郭永玉（1997）：**精神分析梦论的三个里程碑**。《医学与哲学》，3期。

宾克莱（马元德、陈白澄、王太庆、吴永泉等译，1983）：**理想的冲突**。北京：商务印书馆。

舒尔兹（李文湉 译，1988）：**成长心理学**。北京：生活·读书·新知三联书店。

普列汉诺夫（1961、1962）：**普列汉诺夫哲学著作选集**（第2卷、第3卷）。北京：生活·读书·新知三联书店。

歌德（钱春绮 译，1982）：**歌德诗集**。上海：上海译文出版社。

歌德（董问樵 译，1983）：**浮士德**。上海：复旦大学出版社。

戴明 等（刘建荣、杨承纮 译，1991）：**梦境与潜意识**。上海：复旦大学出版社。

Evans, R. I. (1966). *Dialogue with Erich Fromm*. New York: Harper & Row.

Fine, R. (1979). *A History of Psychoanalysis*. New York: Columbia University.

Fromm, E. (1941/1961). *Escape from Freedom*. New York: Holt, Rinehart & Winston.

Fromm, E. (1947/1986). *Man for Himself: An Inquiry into the Psychology of Ethics*. New York: Holt, Rinehart & Winston.

Fromm, E. (1950). *Psychoanalysis and Religion.* New Haven: Yale University Press.

Fromm, E. (1951/1957). *The Forgotten Language: An Introduction to the Understanding of Dreams, Fairytales, and Myths.* New York: Holt, Rinehart & Winston.

Fromm, E. (1955/1965). *The Sane Society.* New York: Holt, Rinehart & Winston.

Fromm, E. (1956/1974). *The Art of Loving.* New York: Harper & Row.

Fromm, E. (1959 /1978). *Sigmund Freud's Mission.* New York: Harper & Row.

Fromm, E., Suzuki, D. T., Martino, R. de. (1960). *Zen Buddhism and Psychoanalysis.* New York: Harper & Brotheros.

Fromm, E. (1961/1982). *Marx's Concept of Man.* New York: Frederick Ungar.

Fromm, E. (1962/1985). *Beyond the Chains of Illusion: My Encounter with Marx and Freud.* New York: Simon & Schuster.

Fromm, E. (1963). *The Dogma of Christ and Other Essays on Religion, Psychology and Culture.* New York: Holt, Rinehart & Winston. (1st ed. in German, 1931.)

Fromm, E. (1964). *The Heart of Man.* New York: Harper & Row.

Fromm, E. (1968). *The Revolution of Hope.* New York: Harper & Row.

Fromm, E., Xirau, R., eds. (1968).*The Nature of Man.* New York: Macmillan.

Fromm, E. (1970). *The Crisis of Psychoanalysis: Essays on Freud, Marx, and Social Psychology.* New York: Holt, Rinehart & Winston.

Fromm, E., Maccoby, M. (1970). *Social Character in a Mexican Village.* Englewood Cliffs, NJ: Prentice-hall.

Fromm, E. (1973).*The Anatomy of Human Destructiveness.* New York: Fawcett Crest.

Fromm, E. (1986). *For the Love of Life.* New York: The Free Press.

Hausdorff, D. (1972). *Erich Fromm.* Boston: Twayne.

Meinert, H. (1984). *Frankfurts Geschichte.* Frankfurt: Ffm.

Wolman, B. B. (1981). *Contemporary Theories and Systems in Psychology.* New York: Plenum Press.

修订版后记

本书初版于1999年，2000年台湾出了繁体字版，这次修订版正文部分在内容上没有修改，只做了文字上的再加工，因此勉强可以叫修订版，但不能叫第二版。为了弥补未能在内容上更新以使其成为当今研究弗洛姆的新著这一缺憾，我写了“修订版自序”，将其充实完善后投稿《心理学报》，经过五轮修改后才得以刊出。由于杂志竟比书先出，我只好将其改称为“代序”。这篇文章回答了这样一个问题：三十年了，我为什么还讲弗洛姆？或者，三十年了，为什么还有大量读者关注弗洛姆？这里说三十年，是从我1991年以弗洛姆为题完成硕士论文算起，而本书的基本框架来自我的硕士论文。当然，更深的背景是二十世纪八十年代的思想解放运动中弗洛姆著作在中国的畅销。

对弗洛姆感兴趣的读者，特别是希望对其生平和影响了解更多的读者，我推荐两本书：弗里德曼（Lawrence Friedman）的《爱的先知：弗洛姆传》（郑世彦、计羚 译，中国友谊出版公司2019年版）和汤姆森（Annette Thompson）的《弗洛姆：人类处境的探索者》（方红 译，上海教育出版社2022年版）。

感谢生活·读书·新知三联书店编辑李娟、杨学会两位女士的辛勤付出。感谢读者的关注并请指出其中的不足。

郭永玉

2022年3月于金陵随心斋